자기주도학습 체크리스트 ✓

KB085576

날짜	강의명	확인	날짜	강의명	확인
	강			강	
	강			강	
	강			강	
	강			강	
	강			강	
	강			강	
	강			강	
	강			강	
	강			강	
	강			강	
	강			강	
	강			강	
	강			강	
	강			강	
	강			강	
	강			강	
	강			강	
	강			강	
	강			강	
	강			강	
	강			강	
	강			강	
	강			강	

자기주도학습 체크리스트로 공부의 기쁨이 차곡차곡 쌓일 것입니다.

예습·복습·숙제까지 해결되는 교과서 완전 학습서

BOOK 1
개념책

만점왕

PENGSOO

과학 6-2

BOOK 1

개념책

BOOK 1 개념책으로
교과서에 담긴 **학습 개념**을
꼼꼼하게 공부하세요!

해설책 PDF 파일은 EBS 초등사이트(primary.ebs.co.kr)에서 내려받으실 수 있습니다.

| 교재
내용
문의 | 교재 내용 문의는 EBS 초등사이트
(primary.ebs.co.kr)의 교재 Q&A
서비스를 활용하시기 바랍니다. | 교 재
정오표
공 지 | 발행 이후 발견된 정오 사항을 EBS 초등사이트
정오표 코너에서 알려 드립니다.
교재 검색 ▶ 교재 선택 ▶ 정오표 | 교재
정정
신청 | 공지된 정오 내용 외에 발견된 정오 사항이
있다면 EBS 초등사이트를 통해 알려 주세요.
교재 검색 ▶ 교재 선택 ▶ 교재 Q&A |

BOOK1
개념책

만점왕 과학
6-2

이 책의 구성과 특징

BOOK
1
개념책

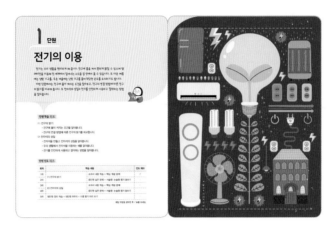

1 | 단원 도입

단원을 시작할 때마다 도입 그림을 눈으로 확인하며 안내 글을 읽으면, 학습할 내용에 대해 흥미를 갖게 됩니다.

2 | 교과서 내용 학습

본격적인 학습을 시작하는 단계입니다. 자세한 개념 설명과 그림을 통해 핵심 개념을 분명하게 파악할 수 있습니다.

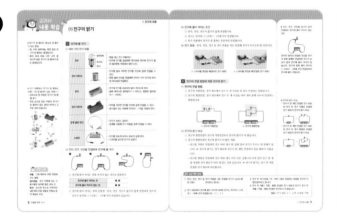

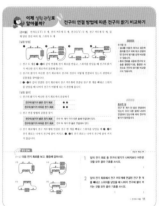

3 | 이제 실험 관찰로 알아볼까?

교과서 핵심을 적용한 실험·관찰을 집중 조명함으로써 학습 개념을 눈으로 확인하고 파악할 수 있습니다.

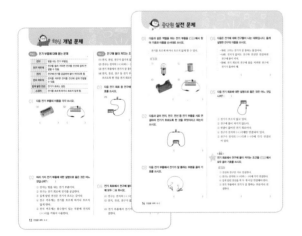

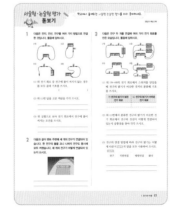

4 | 핵심 개념 + 실전 문제

[핵심 개념 문제 / 중단원 실전 문제]
개념별 문제, 실전 문제를 통해 교과서에 실린 내용을 하나하나 꼼꼼하게 살펴보며 빈틈없이 학습할 수 있습니다.

5 | 서술형·논술형 평가 돋보기

단원의 주요 개념과 관련된 서술형 문항을 심층적으로 학습하는 단계로, 강화될 서술형 평가에 대비할 수 있습니다.

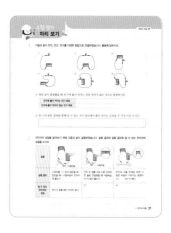

6 | 대단원 정리 학습

학습한 내용을 정리하는 단계입니다. 표를 통해 학습 내용을 보다 명확하게 정리할 수 있습니다.

7 | 대단원 마무리

대단원 평가를 통해 단원 학습을 마무리하고, 자신이 보완해야 할 점을 파악할 수 있습니다.

8 | 수행 평가 미리 보기

학생들이 고민하는 수행 평가를 대단원별로 구성하였습니다. 선생님께서 직접 출제하신 문제를 통해 수행 평가를 꼼꼼히 준비할 수 있습니다.

BOOK

2

실전책

1 | 핵심 복습 + 쪽지 시험

핵심 정리를 통해 학습한 내용을 복습하고, 간단한 쪽지 시험을 통해 자신의 학습 상태를 확인할 수 있습니다.

2 | 중단원 + 대단원 평가

[중단원 확인 평가 / 대단원 종합 평가] 앞서 학습한 내용을 바탕으로 보다 다양한 문제를 경험하여 단원별 평가를 대비할 수 있습니다.

3 | 서술형·논술형 평가

단원의 주요 개념과 관련된 서술형 문항을 심층적으로 학습하는 단계로, 강화될 서술형 평가에 대비할 수 있습니다.

자기 주도 활용 방법

BOOK 1 개념책

평상 시 진도 공부는

교재(북1 개념책)로 공부하기

만점왕 북1 개념책으로 진도에 따라 공부해 보세요.

개념책에는 학습 개념이 자세히 설명되어 있어요.

따라서 학교 진도에 맞춰 만점왕을 풀어 보면

혼자서도 쉽게 공부할 수 있습니다.

TV(인터넷) 강의로 공부하기

개념책으로 혼자 공부했는데, 잘 모르는 부분이 있나요?

더 알고 싶은 부분도 있다고요?

만점왕 강의가 있으니 걱정 마세요.

만점왕 강의는 TV를 통해 방송됩니다.

방송 강의를 보지 못했거나 다시 듣고 싶은 부분이 있다면

인터넷(EBS 초등사이트)을 이용하면 됩니다.

이 부분은 잘 모르겠으니 인터넷으로 다시 봐야겠어.

만점왕 방송 시간: EBS홈페이지 편성표 참조

EBS 초등사이트: primary.ebs.co.kr

시험 대비 공부는 북2 실전책으로! (북2 2쪽 자기 주도 활용 방법을 읽어 보세요.)

이 책의 **차례**

BOOK 1

개념책

1 단원

전기의 이용

전기는 우리 생활을 편리하게 해 줍니다. 전구에 불을 켜서 환하게 밝힐 수 있으며 텔레비전을 이용해 전 세계에서 일어나는 소식을 집 안에서 볼 수 있습니다. 또 더운 여름에는 냉방 기구를, 추운 겨울에는 난방 기구를 틀어 적당한 온도를 유지하기도 합니다.

이번 단원에서는 전구에 불이 켜지는 조건을 알아보고, 전구의 연결 방법에 따른 전구의 밝기를 비교해 봅니다. 또 전자석의 성질과 전기를 안전하게 사용하고 절약하는 방법을 알아봅니다.

단원 학습 목표

(1) 전구의 밝기
- 전구에 불이 켜지는 조건을 알아봅니다.
- 전구의 연결 방법에 따른 전구의 밝기를 비교합니다.

(2) 전자석의 성질
- 전자석을 만들고 전자석의 성질을 알아봅니다.
- 우리 생활에서 전자석을 이용하는 예를 알아봅니다.
- 전기를 안전하게 사용하고 절약하는 방법을 알아봅니다.

단원 진도 체크

회차	학습 내용		진도 체크
1차	(1) 전구의 밝기	교과서 내용 학습 + 핵심 개념 문제	✓
2차		중단원 실전 문제 + 서술형·논술형 평가 돋보기	✓
3차	(2) 전자석의 성질	교과서 내용 학습 + 핵심 개념 문제	✓
4차		중단원 실전 문제 + 서술형·논술형 평가 돋보기	✓
5차	대단원 정리 학습 + 대단원 마무리 + 수행 평가 미리 보기		✓

해당 부분을 공부한 후 ✓표를 하세요.

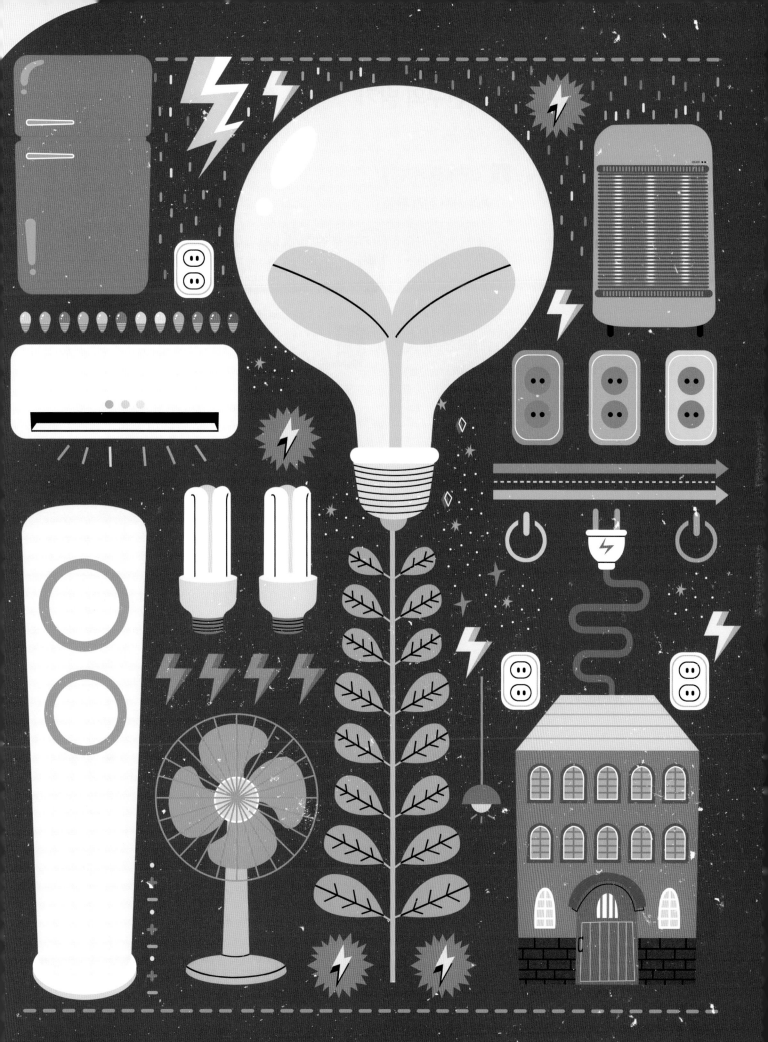

(1) 전구의 밝기

▶ 전기가 잘 통하는 물질과 잘 통하지 않는 물질
- 철, 구리, 알루미늄, 흑연 등은 전기가 잘 통하는 물질입니다.
- 종이, 유리, 비닐, 나무, 고무, 플라스틱 등은 전기가 잘 통하지 않는 물질입니다.

▶ 전기 부품에서 전기가 잘 통하는 부분(○)과 잘 통하지 않는 부분(×)
- 금속으로 된 부분은 전기가 잘 통합니다.
- 주로 손으로 잡는 부분이 전기가 잘 통하지 않는 플라스틱이나 고무로 되어 있습니다.

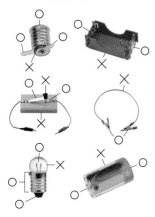

낱말 사전

부품 기계 따위의 어떤 부분에 쓰는 물품
필라멘트 전구 안쪽에 있는 구불구불한 실처럼 얇은 금속 선
흑연 순수한 탄소로 이루어진 검은색의 무른 광물로 연필심 등의 재료로 쓰임.

---

1 전구에 불 켜기

(1) 여러 가지 전기 부품

전구	필라멘트 / 꼭지쇠 / 꼭지	• 빛을 내는 전기 부품이다. • 전구에 전기를 공급하면 꼭지쇠와 꼭지에 전기가 흘러 필라멘트 부분에서 빛이 난다.
전구 끼우개		• 전구를 돌려 끼우면 전구를 전선에 쉽게 연결할 수 있다. • 양쪽 팔에 전선을 연결하면 전선이 각각 전구의 꼭지와 꼭지쇠에 연결된다.
전지		• 전구에 전기를 공급하여 불이 켜지도록 한다. • 볼록 튀어나온 끝부분이 (＋)극이고, 평평한 끝부분이 (－)극이다.
전지 끼우개		• 전지를 끼우면 전지를 전선에 쉽게 연결할 수 있다. • 용수철이 있는 부분에 전지의 (－)극을 끼워야 한다.
집게 달린 전선		• 전기가 흐르는 길이다. • 집게를 사용해 전기 부품을 쉽게 연결할 수 있다.
스위치		• 전기를 흐르게 하거나 흐르지 않게 한다. • 스위치를 닫으면 전기가 흐른다.

(2) 전지, 전구, 전선을 연결하여 전구에 불 켜기

① 전구에 불이 켜지는 것과 켜지지 않는 것으로 분류하기

전구에 불이 켜지는 것	❷, ❹
전구에 불이 켜지지 않는 것	❶, ❸

② 전구에 불이 켜지는 것의 공통점: 전지, 전선, 전구가 끊기지 않게 연결되어 있으며, 전구가 전지의 (＋)극과 (－)극에 각각 연결되어 있습니다.

(3) 전구에 불이 켜지는 조건

① 전지, 전선, 전구가 끊기지 않게 연결합니다.

② 전구는 전지의 (+)극과 (−)극에 각각 연결합니다.

③ 전기 부품에서 전기가 잘 통하는 부분끼리 연결합니다.

(4) **전기 회로**: 전지, 전선, 전구 등 전기 부품을 서로 연결해 전기가 흐르도록 한 것입니다.

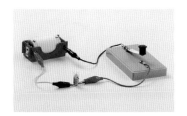
▲ 스위치를 열었을 때(끊어진 전기 회로)

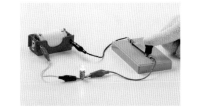
▲ 스위치를 닫았을 때(연결된 전기 회로)

▶ 전지, 전구, 전선을 끊기지 않게 연결해도 전구에 불이 켜지지 않는 경우

전지의 양극과 연결된 전선을 전구의 한쪽 팔에만 연결하면 전기가 흐르지 않아 전구에 불이 켜지지 않습니다. 전구의 양쪽 팔이 전지의 (+)극과 (−)극에 각각 연결되어야 전구에 불이 켜집니다.

2 전구의 연결 방법에 따른 전구의 밝기

(1) **전구의 연결 방법**

① 전구의 직렬연결: 전기 회로에서 전구 두 개 이상을 한 줄로 연결하는 방법입니다.

② 전구의 병렬연결: 전기 회로에서 전구 두 개 이상을 여러 개의 줄에 나누어 연결하는 방법입니다.

▲ 전구의 직렬연결

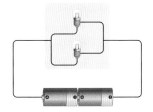
▲ 전구의 병렬연결

(2) **전구의 밝기 비교**

① 전구의 병렬연결이 전구의 직렬연결보다 전구의 밝기가 더 밝습니다.

② 전구의 병렬연결이 전구의 밝기가 더 밝은 까닭

• 전구를 직렬로 연결하면 전구 여러 개가 한 길에 있어 전기가 흐르는 데 방해가 됩니다. ➡ 전구의 밝기는 전기 회로에 전구가 한 개만 연결되어 있을 때보다 어둡습니다.

• 전구를 병렬로 연결하면 전구 여러 개가 각각 다른 길에 나누어져 있어 전구 한 개를 연결한 전기 회로가 여러 개 있는 것과 같습니다. ➡ 전구의 밝기는 전구 한 개를 연결한 전기 회로와 비슷합니다.

▶ 전구의 밝기 비교

• 전구가 한 개만 연결된 전기 회로와 전구 두 개가 직렬로 연결된 전기 회로의 전구의 밝기 비교

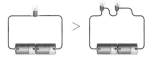

• 전구가 한 개만 연결된 전기 회로와 전구 두 개가 병렬로 연결된 전기 회로의 전구의 밝기 비교

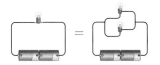

개념 확인 문제

1 전지, 전선, 전구 등 전기 부품을 서로 연결해 전기가 흐르도록 한 것을 (   )(이)라고 합니다.

2 전기 회로에서 전구에 불이 켜지게 하려면 전구는 전지의 (+)극과 (−)극에 각각 연결합니다. (○ , ×)

3 전구 두 개 이상을 (한 , 여러) 줄로 연결하는 방법을 전구의 직렬연결이라고 합니다.

4 전구 두 개를 (직렬 , 병렬)연결한 전기 회로의 전구가 전구 두 개를 (직렬 , 병렬)연결한 전구보다 더 밝습니다.

정답 1 전기 회로 2 ○ 3 한 4 병렬, 직렬

▶ 전지의 수에 따른 전구의 밝기 비교

전지 한 개를 연결할 때보다 전지 두 개를 서로 다른 극끼리 연결할 때가 더 밝습니다.

③ 전구의 병렬연결이 전구의 직렬연결보다 전구가 더 밝지만 더 많은 에너지를 소비하므로 전지가 더 빨리 닳습니다.

(3) 전구 한 개를 빼내고 스위치를 닫았을 때의 변화 비교

▲ 전구의 직렬연결

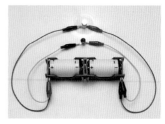

▲ 전구의 병렬연결

① 전구의 직렬연결에서는 한 전구의 불이 꺼지면 나머지 전구의 불도 꺼집니다.
② 전구의 병렬연결에서는 한 전구의 불이 꺼져도 나머지 전구의 불이 꺼지지 않습니다.
③ 전구의 병렬연결에서는 전구 두 개가 다른 줄에 나누어져 있어 한 전구의 불이 꺼져도 나머지 전구는 영향을 받지 않습니다.

(4) 장식용으로 사용하는 전구의 연결 방법

(가) 불이 켜진 전구
(나) 불이 꺼진 전구

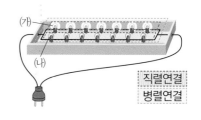

(가)
(나)

직렬연결
병렬연결

① 장식용 전구는 직렬연결과 병렬연결을 혼합해 사용합니다.
 • 전구 (가)가 연결된 전선과 전구 (나)가 연결된 전선은 전구가 각각 직렬로 연결되어 있습니다.
 • 전구 (가) 전체가 연결된 전선과 전구 (나) 전체가 연결된 전선의 전구는 서로 병렬로 연결되어 있으며, 두 전선이 서로 꼬여 있는 상태입니다.
② 전구를 직렬연결과 병렬연결 혼합 방식으로 연결한 까닭
 • 전구를 직렬로만 연결하면 전구 하나가 고장 났을 때 전체 전구가 모두 꺼지게 됩니다.
 • 전구를 병렬로만 연결하면 전기와 전선이 많이 소모됩니다.

▶ 전구의 직렬연결에서 전구 하나를 빼냈을 때의 변화

전구의 직렬연결에서 전구 끼우개에 연결된 전구 한 개를 빼내고 스위치를 닫으면 남은 전구에 불이 켜지지 않습니다. 전구 끼우개 때문에 전기 회로가 끊어지지 않은 것처럼 보이지만 전구 끼우개의 양쪽 팔 사이에 고무가 있어, 전구를 빼낸 전구 끼우개에는 전기가 흐르지 못하기 때문입니다.

🐭 개념 확인 문제

1 병렬연결한 전구는 직렬연결한 전구보다 더 (밝고 , 어둡고), 에너지 소비도 더 (많습니다 , 적습니다).
2 전구의 직렬연결에서는 한 전구의 불이 꺼지면 나머지 전구의 불이 꺼집니다. (○ , ×)
3 전구의 (직렬 , 병렬)연결에서는 전구 두 개가 다른 줄에 나누어져 있어 한 전구의 불이 꺼져도 나머지 전구는 영향을 받지 않습니다.

정답 1 밝고, 많습니다 2 ○ 3 병렬

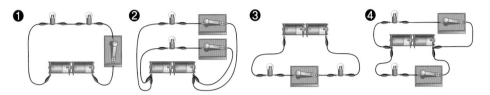

이제 실험 관찰로 알아볼까?

전구의 연결 방법에 따른 전구의 밝기 비교하기

[준비물] 전지(1.5 V) 두 개, 전지 끼우개 두 개, 전구(3 V) 두 개, 전구 끼우개 두 개, 집게 달린 전선 여러 개, 스위치 두 개

[실험 방법]

① 전구 두 개를 ❶~❹와 같이 연결해 전기 회로를 만들고, 스위치를 닫았을 때 전구의 밝기가 비슷한 전기 회로끼리 분류해 봅니다.

② 전구의 밝기가 비슷한 전기 회로에서 전구와 전선이 어떻게 연결되어 있는지 관찰하고 공통점을 찾아봅니다.

③ ❶~❹와 같이 연결한 전기 회로에서 전구 끼우개에 연결된 전구 한 개를 빼내고 스위치를 닫았을 때 나머지 전구가 어떻게 되는지 관찰해 봅니다.

주의할 점
· 실내를 어둡게 하거나 검은색 종이를 전구 뒤에 대고 관찰하면 전구의 밝기를 쉽게 비교할 수 있습니다.
· 휴대 전화를 사용해 전구의 모습을 촬영한 다음, 촬영한 사진으로 전구의 밝기를 비교할 수도 있습니다.

[실험 결과]

① 전구의 밝기가 비슷한 전기 회로끼리 분류하기

| 전구의 밝기가 밝은 전기 회로 | ❷, ❹ |
| 전구의 밝기가 어두운 전기 회로 | ❶, ❸ |

② 전구 연결 방법의 공통점 찾기

| 전구의 밝기가 밝은 전기 회로 | 전구 두 개가 각각 다른 줄에 연결되어 있다. |
| 전구의 밝기가 어두운 전기 회로 | 전구 두 개가 한 줄로 연결되어 있다. |

중요한 점
전구 두 개가 한 줄로 연결되어 있는지 각각 다른 줄에 나뉘어 연결되어 있는지에 따라 전구의 밝기가 달라집니다.

③ 전기 회로에서 전구 끼우개에 연결된 전구 한 개를 빼내고 스위치를 닫았을 때 ❷, ❹의 전기 회로는 나머지 전구에 불이 켜지고, ❶, ❸의 전기 회로는 나머지 전구에 불이 켜지지 않습니다.

탐구 문제

정답과 해설 2쪽

[1~2] 다음 전기 회로를 보고, 물음에 답하시오.

(가)

(나)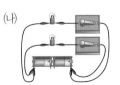

(다)

(라)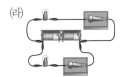

1 앞의 전기 회로 중 전구의 밝기가 나머지보다 어두운 것을 모두 골라 기호를 쓰시오.

(   )

2 앞의 전기 회로에서 전구 끼우개에 연결된 전구 한 개를 빼내고 스위치를 닫았을 때 나머지 전구에 불이 켜지는 것을 모두 골라 기호를 쓰시오.

(   )

1. 전기의 이용 **11**

개념 1 ► 전기 부품에 대해 묻는 문제

전구	빛을 내는 전기 부품임.
전구 끼우개	전구를 돌려 끼우면 전구를 전선에 쉽게 연결할 수 있음.
전지	전구에 전기를 공급하여 불이 켜지도록 함.
전지 끼우개	전지를 끼우면 전지를 전선에 쉽게 연결할 수 있음.
집게 달린 전선	전기가 흐르는 길임.
스위치	전기를 흐르게 하거나 흐르지 않게 함.

01 다음 전기 부품의 이름을 각각 쓰시오.

(1) 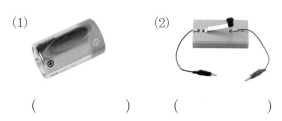 (2)

(   ) (   )

02 여러 가지 전기 부품에 대한 설명으로 옳은 것은 어느 것입니까? (   )

① 전지는 빛을 내는 전기 부품이다.
② 전구는 전기 회로에 전기를 공급한다.
③ 집게 달린 전선은 전기가 흐르는 길이다.
④ 전구 끼우개는 전기를 흐르게 하거나 흐르지 않게 한다.
⑤ 전지 끼우개는 용수철이 있는 부분에 전지의 (＋)극을 끼워서 사용한다.

개념 2 ► 전구에 불이 켜지는 조건을 묻는 문제

(1) 전지, 전선, 전구가 끊기지 않게 연결함.
(2) 전구는 전지의 (＋)극과 (－)극에 각각 연결함.
(3) 전기 부품에서 전기가 잘 통하는 부분끼리 연결함.
(4) 전지, 전선, 전구 등 전기 부품을 서로 연결해 전기가 흐르도록 한 것을 전기 회로라고 함.

03 다음 전기 회로 중 전구에 불이 켜지는 것을 골라 기호를 쓰시오.

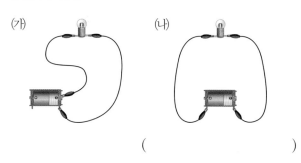
(가)   (나)

(   )

04 전기 회로에서 전구에 불이 켜지는 조건으로 옳은 것에 모두 ○표 하시오.

(1) 전구는 전지의 (＋)극에만 연결한다. (   )
(2) 전지, 전선, 전구가 끊기지 않게 연결한다.
(   )
(3) 전기 부품에서 전기가 잘 통하는 부분끼리 연결한다. (   )

개념 3 ◦ 전구의 연결 방법을 묻는 문제

(1) **전구의 직렬연결**: 전구 두 개 이상을 한 줄로 연결하는 방법임.

(2) **전구의 병렬연결**: 전구 두 개 이상을 여러 개의 줄에 나누어 연결하는 방법임.

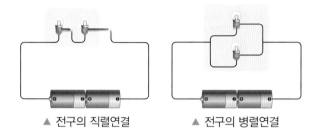

▲ 전구의 직렬연결   ▲ 전구의 병렬연결

05 다음 ( ) 안에 들어갈 알맞은 말을 각각 쓰시오.

> 전구의 (㉠)연결은 전구 두 개 이상을 한 줄로 연결하는 방법이며, 전구의 (㉡)연결은 전구 두 개 이상을 여러 개의 줄에 나누어 연결하는 방법이다.

㉠ (   ), ㉡ (   )

06 다음 전기 회로 중 전구의 연결 방법이 <u>다른</u> 하나를 골라 기호를 쓰시오.

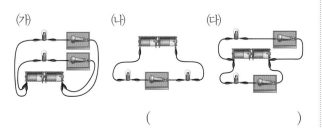

(가)   (나)   (다)

(   )

개념 4 ◦ 전구의 직렬연결과 전구의 병렬연결에 대해 묻는 문제

구분	전구의 직렬연결	전구의 병렬연결
전구의 밝기	어두움.	밝음.
전구 하나가 꺼졌을 때	나머지 전구의 불이 꺼짐.	나머지 전구의 불이 꺼지지 않음.
전지의 에너지 소비	적음. 전지를 더 오래 씀.	많음. 전지가 더 빨리 닳음.

07 다음과 같이 전기 회로를 만들고 스위치를 닫았을 때 전구의 밝기가 더 밝은 것을 골라 기호를 쓰시오.

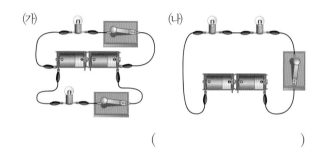

(가)   (나)

(   )   (   )

08 다음 ( ) 안에 들어갈 알맞은 말에 ○표 하시오.

> 전구의 ㉠(직렬 , 병렬)연결에서는 한 전구의 불이 꺼지면 나머지 전구의 불도 꺼지지만, 전구의 ㉡(직렬 , 병렬)연결에서는 한 전구의 불이 꺼져도 나머지 전구의 불이 꺼지지 않는다.

01 다음과 같은 역할을 하는 전기 부품을 보기 에서 찾아 기호와 이름을 순서대로 쓰시오.

전기를 흐르게 하거나 흐르지 않게 할 수 있다.

보기

(,   )

02 다음과 같이 전지, 전구, 전선 등 전기 부품을 서로 연결하여 전기가 흐르도록 한 것을 무엇이라고 하는지 쓰시오.

(   )

03 다음 전기 부품에서 전기가 잘 통하는 부분을 골라 기호를 쓰시오.

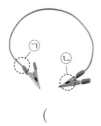

(   )

04 다음은 전기에 대해 친구들이 나눈 대화입니다. 옳게 설명한 친구의 이름을 쓰시오.

- 우리: 고무는 전기가 잘 통하는 물질이야.
- 나라: 전지가 없어도 전구와 전선만 연결하면 전구에 불이 켜져.
- 만세: 전기 회로의 전구에 불을 켜려면 전구에 전기가 흘러야 해.

(   )

05 다음 전기 회로에 대한 설명으로 옳은 것은 어느 것입니까? (   )

① 전기가 흐르지 않고 있다.
② 전구에 불이 켜지지 않는다.
③ 연결이 끊어진 전기 회로이다.
④ 전구가 전지의 (＋)극에만 연결되어 있다.
⑤ 전구가 전지의 (＋)극과 (－)극에 각각 연결되어 있다.

⌐중요⌐
06 전기 회로에서 전구에 불이 켜지는 조건을 보기 에서 모두 골라 기호를 쓰시오.

보기

㉠ 전선과 전구만 서로 연결한다.
㉡ 전구는 전지의 (＋)극과 (－)극에 각각 연결한다.
㉢ 집게 달린 전선을 꼭 두 개 이상 연결해야 한다.
㉣ 전기 부품에서 전기가 잘 통하는 부분끼리 연결한다.

(   )

07 다음 전기 회로 중 전구에 불이 켜지는 것을 모두 골라 기호를 쓰시오.

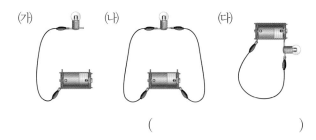

(　　　　　　　　　)

[10~12] 다음 전기 회로를 보고, 물음에 답하시오.

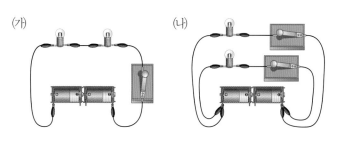

ㄷ서술형ㄱ

08 다음 전기 회로에서 전구에 불이 켜지지 <u>않는</u> 까닭을 쓰시오.

_____

_____

10 위 전기 회로에서 전구의 연결 방법을 각각 쓰시오.

(가) 전구의 (　　　　　　　　)

(나) 전구의 (　　　　　　　　)

11 위 (가)와 (나) 전기 회로 중 다음 전기 회로와 전구의 연결 방법이 같은 것을 골라 기호를 쓰시오.

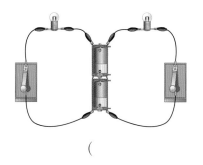

(　　　　　　　　　)

09 다음은 전구의 연결 방법에 대한 설명입니다. 관계있는 것끼리 바르게 선으로 연결하시오.

(1)	전구의 직렬연결	ㆍ	ㆍ㉠	전구 두 개 이상을 한 줄로 연결하는 방법
(2)	전구의 병렬연결	ㆍ	ㆍ㉡	전구 두 개 이상을 여러 개의 줄에 나누어 연결하는 방법

ㄷ중요ㄱ

12 위 (가)와 (나) 두 전기 회로의 스위치를 각각 닫았을 때 전구에 나타나는 변화를 설명한 것으로 옳은 것은 어느 것입니까? (　　　)

① (가)만 전구의 불이 켜진다.
② (나)만 전구의 불이 켜진다.
③ (가)와 (나) 두 전구의 밝기는 같다.
④ (가)가 (나)보다 전구의 밝기가 더 밝다.
⑤ (나)가 (가)보다 전구의 밝기가 더 밝다.

[13~15] 다음과 같이 전기 회로를 만들고 스위치를 닫았을 때 전구의 밝기를 비교해 보려고 합니다. 물음에 답하시오.

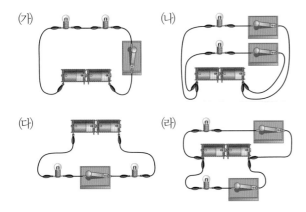

(가) (나) (다) (라)

13 위 실험을 통하여 알아보려는 것은 어느 것입니까?
( )

① 전지의 개수에 따른 전구의 밝기
② 전지의 위치에 따른 전구의 밝기
③ 전구의 연결 방법에 따른 전구의 밝기
④ 전지의 연결 방법에 따른 전구의 밝기
⑤ 두 전구 사이의 거리에 따른 전구의 밝기

⊏서술형⊐

14 위 전기 회로에서 전구의 밝기가 나머지보다 더 밝은 전기 회로를 두 가지 고르고, 두 전기 회로에서 전구의 연결 방법은 어떤 공통점이 있는지 쓰시오.

_____

_____

15 위 전기 회로 중 전구 끼우개에 연결된 전구 한 개를 빼내고 스위치를 닫았을 때 나머지 전구에 불이 꺼지지 않는 전기 회로를 두 가지 골라 기호를 쓰시오.

(,)

⊏서술형⊐

16 다음과 같이 전지, 전구, 전선, 스위치를 연결하여 전기 회로를 만들었습니다. 전지는 그대로 두고 전구의 밝기를 더 어둡게 하려면 전구를 어떻게 연결해야 하는지 쓰시오.

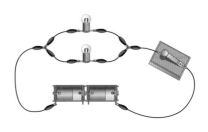

_____

_____

17 다음 전기 회로에 대한 설명으로 옳지 <u>않은</u> 것은 어느 것입니까? ( )

① 전구는 직렬연결되어 있다.
② 전구 두 개가 한 줄로 연결되어 있다.
③ 전구 한 개를 연결했을 때보다 밝기가 어둡다.
④ 전지 두 개가 서로 다른 극끼리 한 줄로 연결되어 있다.
⑤ 전구 끼우개에 연결된 전구 한 개를 빼내고 스위치를 닫으면 전구의 밝기가 더 밝아진다.

18 다음 ( ) 안에 들어갈 알맞은 말을 쓰시오.

장식용 나무에 설치된 전구 중 불이 켜진 전구와 불이 꺼진 전구는 ( )(으)로 연결되어 있다.

불이 켜진 전구 — 불이 꺼진 전구

( )

서술형·논술형 평가 돋보기

1 다음은 전지, 전선, 전구를 여러 가지 방법으로 연결한 것입니다. 물음에 답하시오.

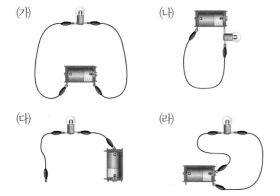

(1) 위 전기 회로 중 전구에 불이 켜지지 않는 경우를 모두 골라 기호를 쓰시오.

(   )

(2) 위 (1)번 답을 고른 까닭을 각각 쓰시오.

_____

_____

(3) 위 실험으로 보아 전기 회로에서 전구에 불이 켜지는 조건을 쓰시오.

_____

_____

2 다음과 같이 텐트 주변에 세 개의 전구가 연결되어 있습니다. 한 전구의 불을 끄니 나머지 전구도 동시에 모두 꺼졌습니다. 세 개의 전구가 어떻게 연결되어 있는지 쓰시오.

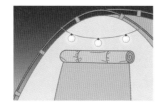

_____

_____

3 다음은 전구 두 개를 연결해 여러 가지 전기 회로를 만든 모습입니다. 물음에 답하시오.

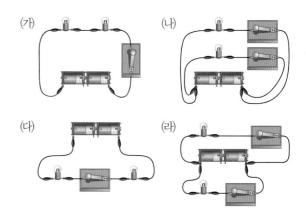

(1) 위 (가)~(라)의 전기 회로에서 스위치를 닫았을 때 전구의 밝기가 비슷한 것끼리 분류해 기호를 쓰시오.

㉠ 전구의 밝기가 밝은 전기 회로	㉡ 전구의 밝기가 어두운 전기 회로

(2) 위 (1)번에서 분류한 전구의 밝기가 비슷한 전기 회로에서 전구와 전선이 어떻게 연결되어 있는지 공통점을 찾아 각각 쓰시오.

_____

_____

(3) 전구의 연결 방법에 따라 전구의 밝기는 어떻게 다른지 보기 의 말을 모두 사용하여 쓰시오.

보기

| 전구 | 직렬연결 | 병렬연결 | 밝다 |

_____

_____

(2) 전자석의 성질

▶ 자석의 성질
- 철로 된 물체를 끌어당깁니다.
- 같은 극끼리는 서로 밀어 내고, 다른 극끼리는 서로 끌어당깁니다.
- 나침반 바늘도 자석이므로 막대자석에 나침반을 가까이 가져가면 나침반 바늘의 S극이 막대자석의 N극을, 나침반 바늘의 N극이 막대자석의 S극을 가리킵니다.

▶ 에나멜선
- 전선의 한 종류로 구리선의 겉면에 절연 물질인 에나멜을 입힌 전선을 말합니다.
- 사포로 문질러 겉면을 벗겨 내면 구리선이 드러나고 전기가 흐를 수 있습니다.

사포로 문지른 부분

낱말 사전

볼트 골이 파여 있는 철로 된 나사로 육각, 사각 또는 둥근머리 등 다양한 종류가 있음.
절연 전기 또는 열을 통하지 않게 하는 것.

1 전자석

(1) 전자석 만들기

① 둥근머리 볼트에 종이테이프를 감습니다.

에나멜선 양쪽 끝은 5 cm 정도 남기고 감습니다.

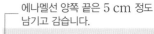
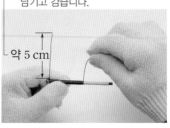

약 5 cm

② 종이테이프를 감은 둥근머리 볼트에 에나멜선을 100회 이상 한쪽 방향으로 촘촘하게 감습니다.

사포

③ 에나멜선 양쪽 끝부분을 사포로 문질러 겉면을 벗겨 냅니다.

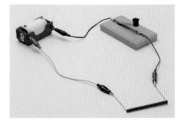

④ 에나멜선 양쪽 끝부분을 전기 회로에 연결해 전자석을 완성합니다.

(2) 전자석에 시침바늘을 가까이 가져갔을 때 나타나는 현상 ── 시침바늘 대신 클립, 빵 끈, 둥근 철고리를 사용해 실험할 수도 있습니다.

① 스위치를 닫지 않았을 때는 시침바늘이 붙지 않지만 스위치를 닫았을 때는 시침바늘이 붙습니다.

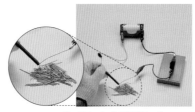
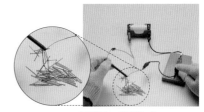

▲ 스위치를 닫지 않았을 때   ▲ 스위치를 닫았을 때

② 둥근머리 볼트에 에나멜선을 여러 번 감은 뒤, 에나멜선에 전기가 흐르게 하면 둥근머리 볼트가 철로 된 물체를 끌어당깁니다.

③ 에나멜선을 감은 둥근머리 볼트와 같이 전기가 흐를 때만 자석의 성질이 나타나는 자석을 전자석이라고 합니다.

④ 전자석은 전기가 흐를 때만 자석의 성질이 나타나고, 전기가 흐르지 않을 때는 자석의 성질이 나타나지 않습니다.

2 전자석의 성질

(1) 전지의 수와 전자석의 세기 관계

▲ 전지를 한 개 연결했을 때

▲ 전지를 두 개 연결했을 때

① 전자석에 전지 한 개를 연결했을 때보다 전지 두 개를 다른 극끼리 한 줄로 연결하고 스위치를 닫았을 때 더 많은 시침바늘이 붙습니다.

② 전자석에 연결된 전지의 개수를 다르게 하면 전자석의 세기를 조절할 수 있습니다.

(2) 전지의 두 극을 연결한 방향과 전자석의 극 관계

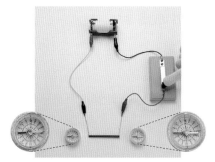

▲ 전지의 두 극을 바꾸기 전

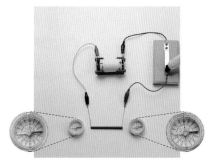

▲ 전지의 두 극을 바꾼 후

① 전지의 두 극을 연결한 방향이 바뀌면 전자석의 극이 반대로 바뀝니다.

② 전자석은 전지의 두 극을 연결한 방향을 바꾸어 전자석의 N극과 S극을 바꿀 수 있습니다.

3 전자석과 영구 자석

구분	전자석	영구 자석
자석의 성질	전기가 흐를 때만 자석의 성질이 나타난다.	전기가 흐르지 않아도 자석의 성질이 나타난다.
세기	연결하는 전지의 개수에 따라 자석의 세기가 달라진다.	자석의 세기가 일정하다.
두 극의 변화	전지의 극의 방향을 바꾸어 자석의 극을 바꿀 수 있다.	자석의 극이 변하지 않고 일정하다.

▶ 에나멜선을 감은 수와 전자석의 세기 비교
- 에나멜선을 감은 수에 따라 전자석의 세기가 달라집니다.
- 에나멜선을 100번 감은 전자석이 에나멜선을 50번 감은 전자석보다 자석의 세기가 더 셉니다.

▲ 에나멜선을 50번 감은 전자석

▲ 에나멜선을 100번 감은 전자석

▶ 영구 자석
막대자석과 같이 전기가 흐르지 않아도 자석의 성질이 나타나는 자석입니다.

개념 확인 문제

1 (　　　)은/는 전기가 흐를 때만 자석의 성질이 나타나고, 전기가 흐르지 않을 때는 자석의 성질이 나타나지 않습니다.

2 (영구 자석 , 전자석)은 연결된 전지의 개수를 다르게 하여 세기를 조절할 수 있습니다.

3 전자석은 영구 자석과 마찬가지로 자석의 극이 변하지 않고 항상 일정합니다. (○ , ×)

정답 1 전자석 2 전자석 3 ×

▶ **자기 부상 열차의 원리**

두 개의 자석 사이에는 밀어 내는 힘과 끌어당기는 힘이 작용합니다. 이 힘을 이용하면 물체를 공중에 띄우거나 원하는 방향으로 이동시킬 수 있습니다. 전자석을 자기 부상 열차 아랫부분과 철로에 설치하여 전기를 흐르게 하면 같은 극의 전자석이 서로 밀어 내어 자기 부상 열차가 철로 위에 떠서 이동하게 됩니다.

▶ **전자석의 성질을 우리 생활에 이용했을 때의 좋은 점**

• 자석의 성질이 필요할 때에만 사용할 수 있습니다.
• 자석의 세기를 조절할 수 있습니다.
• 자석의 극을 바꿀 수 있어서 자석의 밀어 내고 끌어당기는 힘을 조절하여 이용할 수 있습니다.

▶ **전동기**

모터라고도 하며, 내부의 전자석에 전기가 흐르면 물체를 회전시킬 수 있는 장치입니다.

🐦 **낱말 사전**

부상 떠오름.
누전 전기 시설이 불완전하여 전기가 새어 흐름.
감전 전기가 통하고 있는 물질에 신체의 일부가 닿아서 순간적으로 충격을 받는 것.

4 우리 생활에서 전자석을 이용하는 예

전자석 기중기		전기가 흐를 때만 자석이 되는 성질을 이용하여 무거운 철제품을 전자석에 붙여 다른 장소로 옮길 수 있다.
자기 부상 열차		전기가 흐를 때 자기 부상 열차와 철로기 서로 밀어 내어 열차가 철로 위에 떠서 이동하기 때문에 열차와 철로 사이의 마찰이 없어 빠르게 달릴 수 있으며 소음과 진동이 줄어든다.
선풍기		전동기 속 전자석에 전기가 흐르면 전자석의 세기나 극을 바꿀 수 있는 성질을 이용하여 전자석을 회전시켜 바람을 일으킨다.
세탁기		전동기 속 전자석이 회전하면서 통을 돌려 빨래를 한다.
머리 말리개		전동기 속 전자석을 이용해 날개를 돌려 바람을 일으킨다.
헤드폰 스피커		전자석과 영구 자석이 밀고 당기면서 얇은 판을 떨리게 해 소리를 낸다.
전자석 잠금 장치		문을 잠그려면 전자석에 전기를 흐르게 하고, 문 잠금을 해제하려면 전기가 흐르지 않게 한다.
전기 자동차		전동기 속 전자석을 이용해 바퀴를 돌려 자동차를 움직인다.

5 전기 안전과 전기 절약

(1) 전기를 안전하게 사용하는 방법

① 전선으로 장난치지 않습니다.

② 물 묻은 손으로 전기 기구를 만지지 않습니다.

③ 전기 제품의 플러그를 뽑을 때는 전선을 잡아당기지 않습니다.

④ 전기 기구를 사용하기 전 전선에 벗겨진 부분이 있는지 확인합니다.

⑤ 콘센트 한 개에 플러그 여러 개를 한꺼번에 꽂아서 사용하지 않습니다.

(2) 전기를 절약하는 방법

① 사용하지 않는 전등을 끕니다.

② 냉방 기기를 사용할 때는 문을 닫습니다.

③ 개별 스위치가 있는 멀티탭을 사용합니다.

④ 냉장고 문을 오랫동안 열어두지 않습니다.

⑤ 컴퓨터나 텔레비전을 사용하는 시간을 줄입니다.

사용하지 않는 전기 제품의 스위치만 끌 수 있어 플러그를 뽑지 않고도 편리하게 전기를 절약할 수 있습니다.

▲ 개별 스위치가 있는 멀티탭

(3) 전기를 안전하게 사용하고 절약해야 하는 까닭

① 전기를 위험하게 사용하면 감전되거나 화재가 발생할 수 있습니다.

② 전기를 절약하지 않으면 지구 자원이 낭비되고 환경 문제가 발생할 수 있습니다.

(4) 전기를 안전하게 사용하거나 절약하기 위해 사용하는 제품

① 감전 사고를 예방하는 콘센트 덮개가 있습니다.

② 누전 사고를 예방하는 과전류 차단 장치가 있습니다.

③ 원하는 시간이 되면 자동으로 전원이 차단되는 시간 조절 콘센트가 있습니다.

④ 스마트 기기를 이용하여 무선으로 전기 기구를 켜고 끌 수 있는 스마트 플러그가 있습니다.

⑤ 사람의 움직임을 감지하는 감지 등, 일반 전구보다 전기를 절약할 수 있는 발광 다이오드 전등 등이 있습니다.

▲ 콘센트 덮개

▲ 과전류 차단 장치

▲ 시간 조절 콘센트

▲ 스마트 플러그

▲ 감지 등

▲ 발광 다이오드 전등

▶ 전기 제품의 전선을 뽑는 방법

마른 손으로 플러그의 머리를 잡고 뽑습니다.

▶ 과전류 차단 장치와 퓨즈

• 과전류 차단 장치는 센 전기가 흐를 때에 자동으로 스위치를 열어 전기가 흐르는 것을 끊어 주는 장치입니다.

• 퓨즈는 전기 회로에 센 전기가 흐르면 순식간에 녹아 전기 회로를 끊게 해 사고를 예방할 수 있습니다.

▲ 퓨즈

전자석의 성질 알아보기

[준비물] 전자석, 전지(1.5V) 두 개, 전지 끼우개 두 개, 클립 한 통, 나침반 두 개

[실험 방법]

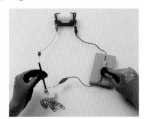

① 전자석에 전지 한 개를 연결하고 스위치를 닫았을 때 전자석의 끝부분에 붙은 클립의 개수를 세어 봅니다.

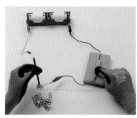

② 전자석에 전지 두 개를 서로 다른 극끼리 한 줄로 연결하고 스위치를 닫았을 때 전자석의 끝부분에 붙은 클립의 개수를 세어 봅니다.

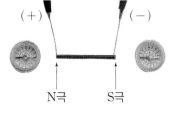

③ 전자석의 양 끝에 나침반을 놓고 스위치를 닫았을 때 나침반 바늘이 가리키는 방향을 관찰해 보고, 전자석의 양 끝이 어떤 극인지 추리해 봅니다.

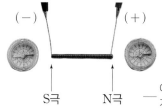

④ 전지의 극을 반대로 하고 스위치를 닫았을 때 나침반 바늘이 가리키는 방향을 관찰해 보고, 전자석의 양 끝이 어떤 극인지 추리해 봅니다.

주의할 점
• 전지의 극을 반대로 할 때 전지 끼우개를 180° 회전해 집게 달린 전선에 연결합니다.

[실험 결과]

① 전자석에 전지 한 개를 연결했을 때보다 전지 두 개를 서로 다른 극끼리 한 줄로 연결했을 때 더 많은 클립이 붙습니다.

② 전지의 두 극을 바꾸기 전과 바꾼 후 스위치를 닫았을 때 나침반 바늘이 가리키는 방향이 달라집니다.

중요한 점
전지의 개수와 전지의 연결 방향에 따른 전자석의 성질을 알아봅니다.

(+)　　(−)　　　　(−)　　(+)

N극　　S극　　　　S극　　N극

— 에나멜선을 감은 방향에 따라 나침반 바늘이 가리키는 방향이 바뀔 수도 있습니다.

탐구 문제

정답과 해설 4쪽

1 다음 두 전기 회로의 ○ 부분에 전자석을 연결한 뒤 스위치를 닫았을 때, 전자석에 클립이 더 많이 붙는 것을 골라 기호를 쓰시오.

(가) 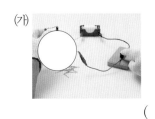　　(나)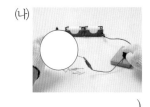

(　　　　　　　　　)

2 전자석의 극을 바꾸는 방법으로 옳은 것은 어느 것입니까? (　　　)

① 전구를 연결한다.
② 전지의 극을 바꾸어 연결한다.
③ 스위치를 반복해서 열었다가 닫는다.
④ 전자석 주위에 클립을 가까이 가져간다.
⑤ 전지 두 개를 서로 다른 극끼리 한 줄로 연결한다.

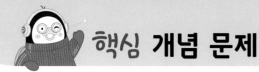
개념 1 전자석을 만드는 방법을 묻는 문제

(1) 둥근머리 볼트와 에나멜선을 이용하여 전자석을 만들수 있음.

(2) 전자석의 스위치를 닫지 않았을 때는 시침바늘이 붙지않지만, 스위치를 닫았을 때는 시침바늘이 붙음.

(3) 전자석은 전기가 흐를 때만 자석의 성질이 나타나고, 전기가 흐르지 않을 때는 자석의 성질이 나타나지 않음.

01 다음 (   ) 안에 들어갈 알맞은 말을 쓰시오.

> 전자석은 전기가 흐를 때만 (   )의 성질이나타나는 자석이다.

(   )

02 스위치를 닫지 않았을 때와 닫았을 때 전자석을 시침바늘에 가까이 가져가면 시침바늘이 어떻게 되는지바르게 선으로 연결하시오.

(1) 스위치를 닫지 않았을 때 •

• ㉠

▲ 시침바늘이 전자석에 붙지 않음.

(2) 스위치를 닫았을 때 •

• ㉡

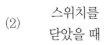

▲ 시침바늘이 전자석에 붙음.

개념 2 전지의 수와 전자석의 세기 관계를 알아보는 문제

(1) 전자석에 전지 한 개를 연결했을 때보다 전지 두 개를다른 극끼리 한 줄로 연결하고 스위치를 닫았을 때 더많은 시침바늘(또는 클립)이 붙음.

(2) 전자석에 연결된 전지의 개수를 다르게 하면 전자석의세기를 조절할 수 있음.

03 전자석의 세기에 영향을 주는 것으로 옳은 것은 어느것입니까? (   )

① 전선의 개수
② 스위치의 연결 여부
③ 직렬연결한 전구의 개수
④ 병렬연결한 전구의 개수
⑤ 서로 다른 극끼리 연결한 전지의 개수

04 다음과 같이 전자석에 연결한 전지의 개수를 다르게하고 스위치를 닫았을 때, 전자석의 끝부분에 붙는 시침바늘의 개수를 >, =, <로 비교하시오.

 (   )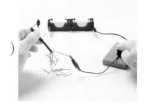

개념 3 **전지의 두 극을 연결한 방향과 전자석의 극 관계를 묻는 문제**

(1) 전지의 두 극을 연결한 방향이 바뀌면 전자석의 극이 반대로 바뀜.

(2) 전자석은 전지의 두 극을 연결한 방향을 바꾸어 전자석의 N극과 S극을 바꿀 수 있음.

[05~06] 다음과 같이 전자석의 양 끝에 나침반을 놓고 스위치를 닫았습니다. 물음에 답하시오.

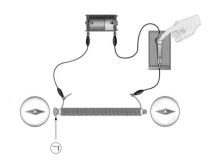

05 전자석의 ㉠ 부분은 무슨 극인지 쓰시오.

( )극

06 전지의 두 극을 반대로 연결하고 스위치를 닫으면 ㉠ 부분은 무슨 극이 되는지 쓰시오.

( )극

개념 4 **영구 자석과 비교하여 전자석의 성질을 묻는 문제**

(1) 전자석은 영구 자석과 달리 전기가 흐를 때만 자석의 성질이 나타남.

(2) 영구 자석은 자석의 극이 일정하지만, 전자석은 전지의 두 극을 연결한 방향이 바뀌면 전자석의 극도 바뀜.

(3) 영구 자석은 자석의 세기가 일정하지만, 전자석은 전자석에 연결된 전지의 개수를 다르게 하여 세기를 조절할 수 있음.

07 전자석에 대한 설명으로 옳은 것을 골라 기호를 쓰시오.

㉠ 전기가 흐를 때만 자석의 성질을 띤다.
㉡ 전자석에 연결된 전지의 개수가 많으면 전자석의 극이 바뀐다.
㉢ 전지의 두 극을 연결한 방향이 바뀌면 전자석의 세기가 약해진다.

( )

08 다음 설명 중 전자석에 대한 설명이면 ○표, 영구 자석에 대한 설명이면 △표 하시오.

(1) 자석의 세기가 일정하다. ( )
(2) 자석의 세기를 조절할 수 있다. ( )
(3) 자석의 N극과 S극을 바꿀 수 있다. ( )
(4) 자석의 N극과 S극을 바꿀 수 없다. ( )

개념 5 우리 생활에서 전자석을 이용하는 예를 묻는 문제

(1) 전자석 기중기를 사용하면 무거운 철제품을 전자석에 붙여 다른 장소로 옮길 수 있음.

(2) 자기 부상 열차는 전기가 흐를 때 자기 부상 열차 아랫 부분의 전자석과 철로가 서로 밀어 내어 열차가 철로 위에 떠서 이동하기 때문에 열차와 철로 사이의 마찰 이 없어 빠르게 달릴 수 있음.

(3) 선풍기는 전자석의 성질을 이용한 전동기에 날개를 부 착해 전동기를 회전시켜 바람을 일으킴.

(4) 헤드폰 스피커는 전자석과 영구 자석이 밀고 당기면서 얇은 판을 떨리게 해 소리를 발생시킴.

(5) 전기 자동차, 세탁기, 머리 말리개 등도 전자석의 성질 을 이용한 것임.

09 우리 생활에서 전자석을 이용한 예가 아닌 것을 보기 에서 골라 기호를 쓰시오.

보기
㉠ 선풍기   ㉡ 클립 통
㉢ 머리 말리개   ㉣ 자기 부상 열차

(   )

10 다음과 같이 전자석이 이용된 예는 어느 것입니까?
(   )

전기가 흐를 때만 자석이 되는 성질을 이용하여 무거운 철제품을 전자석에 붙여 다른 장소로 쉽 게 옮길 수 있다.

① 세탁기   ② 전기 자동차
③ 헤드폰 스피커   ④ 전자석 기중기
⑤ 자기 부상 열차

개념 6 전기를 안전하게 사용하는 방법을 묻는 문제

(1) 전선으로 장난치지 않음.

(2) 물 묻은 손으로 전기 기구를 만지지 않음.

(3) 전기 제품의 플러그를 뽑을 때는 전선을 잡아당기지 않음.

(4) 전기 기구를 사용하기 전 전선에 벗겨진 부분이 있는 지 확인함.

(5) 콘센트 한 개에 플러그 여러 개를 한꺼번에 꽂아서 사 용하지 않음.

(6) 전기를 안전하게 사용해야 하는 까닭: 전기를 위험하 게 사용하면 감전되거나 화재가 발생할 수 있음.

11 전기를 안전하게 사용하는 모습으로 옳은 것은 어느 것입니까? (   )

① 깜박이는 형광등을 손으로 만진다.
② 물 묻은 손으로 전기 기구를 만진다.
③ 콘센트에서 플러그를 뽑을 때 전선을 잡고 뽑 는다.
④ 전열 기구를 사용하지 않을 때는 플러그를 뽑 아 놓는다.
⑤ 콘센트 한 개에 플러그 여러 개를 한꺼번에 꽂 아서 사용한다.

12 다음은 전기를 안전하게 사용해야 하는 까닭을 설명 한 것입니다. (   ) 안에 들어갈 알맞은 말을 쓰시오.

전기를 위험하게 사용하면 (   )과/와 같 은 사고나 누전, 과열 등으로 인한 화재가 발생할 수 있으므로 전기를 안전하게 사용해야 한다.

(   )

개념 7 전기를 절약하는 방법을 묻는 문제

(1) 사용하지 않는 전등을 끔.
(2) 냉방 기기를 사용할 때는 문을 닫음.
(3) 전원 스위치가 있는 멀티탭을 사용함.
(4) 냉장고 문을 오랫동안 열어두지 않음
(5) 컴퓨터나 텔레비전을 사용하는 시간을 줄임.
(6) 전기를 절약해야 하는 까닭: 전기를 절약하지 않으면 지구 자원이 낭비되고 환경 문제가 발생할 수 있기 때문임.

13 전기를 절약하는 방법으로 옳은 것은 ○표, 옳지 않은 것은 ×표 하시오.

(1) 사용하지 않는 전등은 끈다. ( )
(2) 문을 열어 놓고 에어컨을 켠다. ( )
(3) 냉장고에 물건을 가득 넣어 둔다. ( )
(4) 쓰지 않는 전기 제품은 플러그를 뽑아 놓는다.
( )

14 다음은 전기를 절약해야 하는 까닭에 대한 친구들의 대화입니다. ( ) 안에 들어갈 알맞은 말을 각각 쓰시오.

- 지원: 전기를 절약하지 않으면 지구 ㉠( ) 이/가 낭비되기 때문이야.
- 하은: ㉡( ) 문제도 발생할 수 있어. 전기를 생산할 때 오염 물질이 많이 나오거든.

㉠ ( ), ㉡ ( )

개념 8 전기를 안전하게 사용하거나 절약하기 위해 사용하는 제품을 묻는 문제

(1) 감전 사고를 예방하는 콘센트 덮개
(2) 누전 사고를 예방하는 과전류 차단 장치
(3) 원하는 시간이 되면 자동으로 전원이 차단되는 시간 조절 콘센트
(4) 스마트 기기를 이용하여 무선으로 전기 기구를 끄는 스마트 플러그
(5) 일반 전구보다 전기를 절약할 수 있는 발광 다이오드 전등

15 전기를 안전하게 사용하거나 절약하기 위해 사용하는 제품이 아닌 것은 어느 것입니까? ( )

① 점화기
② 콘센트 덮개
③ 과전류 차단 장치
④ 시간 조절 콘센트
⑤ 발광 다이오드 전등

16 손으로 금속 물질을 넣거나 물이 흘러 들어가 발생할 수 있는 감전 사고를 예방하기 위해 사용하는 제품의 기호를 쓰시오.

(가)  (나)

▲ 콘센트 덮개   ▲ 과전류 차단 장치

( )

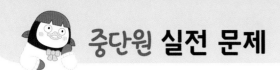

01 전자석을 만들 때 필요하지 <u>않은</u> 재료는 어느 것입니까? (   )

① 전지   ② 전구
③ 에나멜선   ④ 둥근머리 볼트
⑤ 집게 달린 전선

[02~03] 다음은 전자석을 만드는 방법입니다. 물음에 답하시오.

> ㈎ 둥근머리 볼트에 ㉠종이테이프를 감는다.
> ㈏ 종이테이프를 감은 둥근머리 볼트에 ㉡에나멜선을 100번 이상 감는 방향을 바꿔 가며 촘촘하게 감는다.
> ㈐ 에나멜선 양쪽 끝부분을 ㉢사포로 문질러 겉면을 벗겨 낸다.
> ㈑ 에나멜선 양쪽 끝부분을 ㉣전기 회로에 연결한다.

02 밑줄 친 ㉠~㉣ 중 옳지 <u>않은</u> 것을 골라 기호를 쓰시오.

(   )

ㄷ서술형ㄱ
03 위 02번에서 고른 답을 바르게 고쳐 쓰시오.

_____

_____

04 다음과 같이 전자석을 전기 회로에 연결한 뒤 스위치를 닫았을 때, 자석의 성질이 나타나는 부분은 어디인지 기호를 쓰시오.

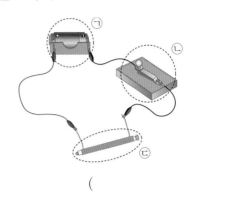

(   )

ㄷ중요ㄱ
05 오른쪽과 같이 전자석의 끝부분을 시침바늘에 가까이 가져갔습니다. 실험 결과로 옳은 것은 어느 것입니까? (   )

① 스위치를 닫았을 때만 전자석에 시침바늘이 붙는다.
② 스위치를 닫지 않았을 때만 전자석에 시침바늘이 붙는다.
③ 스위치를 닫지 않았을 때나 닫았을 때 모두 전자석에 시침바늘이 붙는다.
④ 스위치를 닫지 않았을 때나 닫았을 때 모두 전자석에 시침바늘이 붙지 않는다.
⑤ 스위치를 닫지 않았을 때가 닫았을 때보다 전자석에 시침바늘이 더 많이 붙는다.

06 다음 (   ) 안에 들어갈 알맞은 말에 ○표 하시오.

> ㉠(전자석 , 영구 자석)은 ㉡(전자석 , 영구 자석)과 달리 전기가 흐를 때만 자석의 성질이 나타난다.

[07~08] 다음과 같이 전자석을 연결한 전기 회로의 스위치를 닫고, 전자석의 끝부분을 시침바늘에 가까이 가져가 보았습니다. 물음에 답하시오.

(가)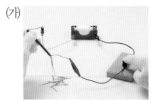

▲ 전지를 한 개 연결했을 때

(나)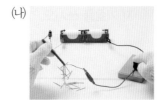

▲ 전지 두 개를 서로 다른 극끼리 한 줄로 연결했을 때

07 위의 실험 결과 전자석 끝부분에 붙는 시침바늘의 개수가 더 많은 것의 기호를 쓰시오.

( )

⊂중요⊃

08 다음 ( ) 안에 들어갈 알맞은 말을 쓰시오.

> 위 실험을 통해 전자석에 연결된 전지의 개수를 다르게 하면 전자석의 ( )을/를 조절할 수 있다는 것을 알 수 있다.

( )

09 다음과 같이 전자석에 연결한 전지의 개수를 다르게 한 뒤 스위치를 닫았을 때 전자석에 시침바늘이 더 많이 붙는 전기 회로의 기호를 쓰시오.

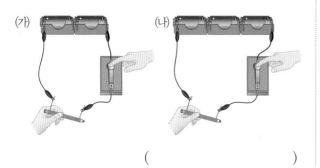

( )

[10~12] 다음은 전자석의 극을 알아보는 실험입니다. 물음에 답하시오.

> 전자석의 양 끝에 나침반을 놓고 스위치를 닫았을 때 나침반 바늘이 가리키는 방향을 관찰한다.

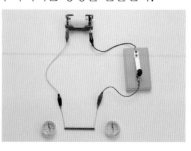

10 다음 그림은 위 전기 회로의 스위치를 닫았을 때의 모습입니다. 전자석의 ㉠과 ㉡ 부분의 극을 각각 쓰시오.

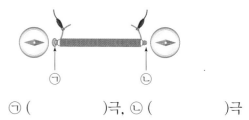

㉠ ( )극, ㉡ ( )극

11 위 전기 회로에서 전지의 극을 반대로 하고 스위치를 닫았습니다. (가)에 들어갈 나침반 바늘이 가리키는 방향으로 옳은 것은 어느 것입니까? ( )

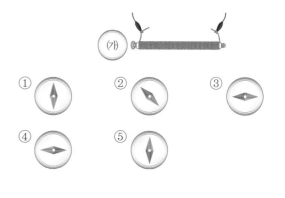

⊂서술형⊃

12 위 11번의 답을 고른 까닭을 쓰시오.

_____

_____

[13~14] 다음은 영구 자석과 전자석에 대한 친구들의 대화입니다. 물음에 답하시오.

전자석과 달리 영구 자석은 항상 자석의 성질이 나타나. — 재석

철로 된 물체뿐만 아니라 플라스틱으로 된 물체도 전자석에 붙어. — 소민

전자석은 자석의 세기를 조절할 수 있어. — 종국

전자석은 영구 자석과 달리 N극과 S극을 바꿀 수 있어. — 지효

⌐중요⌐

13 위 친구 중 잘못 설명한 친구의 이름을 쓰시오.

(   )

⌐서술형⌐

14 위 13번의 답으로 고른 친구의 설명을 바르게 고쳐 쓰시오.

_____

_____

15 우리 생활에서 전자석이 이용된 예를 모두 고르시오.

(   )

① 손전등   ② 나침반
③ 세탁기   ④ 스피커
⑤ 자석 다트

16 다음은 우리 생활에서 전자석을 이용하는 예입니다. 이 중에서 전기가 흐를 때 전자석에 시침바늘이 붙는 것과 같은 현상을 이용하는 예는 어느 것입니까?

(   )

①

②

③

④

⑤

17 다음은 자기 부상 열차에 대한 설명입니다. (   ) 안에 들어갈 알맞은 말에 ○표 하시오.

자기 부상 열차는 ㉠(전자석 , 영구 자석)을 이용한 것이다. 전기가 흐를 때 자기 부상 열차와 철로가 서로 ㉡(끌어당겨 , 밀어 내어) 열차가 철로 위에 떠서 이동하기 때문에 열차와 철로 사이의 마찰이 ㉢(있어 , 없어) 빠르게 달릴 수 있다.

⌐서술형⌐

18 다음 전기 제품을 사용하면 좋은 점은 무엇인지 쓰시오.

▲ 콘센트 덮개

_____

_____

[19~20] 다음은 동혁이가 만든 전기 안전 수칙입니다. 물음에 답하시오.

> #### 전기 안전 수칙
> ㉠ 깜박이는 형광등을 손으로 만지지 않기
> ㉡ 플러그를 뽑을 때 전선을 잡아당겨 뽑기
> ㉢ 물 묻은 손으로 전기 제품을 만지지 않기
> ㉣ 전기 기구를 사용하기 전에 전선에 벗겨진 부분이 있는지 확인하기

19 위 전기 안전 수칙 중 옳지 <u>않은</u> 것을 골라 기호를 쓰시오.

(   )

⊏서술형⊐
20 위 19번 답을 올바른 전기 안전 수칙으로 고쳐 쓰시오.

_____

_____

21 다음은 전기를 안전하게 사용하고 절약해야 하는 까닭을 설명한 것입니다. (   ) 안에 들어갈 알맞은 말을 각각 쓰시오.

> 전기를 안전하게 사용하지 않으면 감전 사고나 누전, 과열 등으로 인한 (㉠   )이/가 발생할 수 있으며, 전기를 절약하지 않으면 지구 자원이 낭비되고, (㉡   ) 문제가 발생할 수 있기 때문이다.

㉠ (   ), ㉡ (   )

22 전기를 절약하는 방법으로 옳지 <u>않은</u> 것은 어느 것입니까? (   )

①
문을 닫고 에어컨을 켠다.

②
냉장고에 물건을 가득 채우지 않는다.

③
텔레비전의 사용 시간을 줄인다.

④
냉장고 문을 열어 놓고 물을 마신다.

⑤
빈방에는 전등을 켜 놓지 않는다.

23 다음은 우리 생활에서 이용하는 전기 안전 제품 중 무엇에 대한 설명인지 쓰시오.

> 높은 온도에서 쉽게 녹는 금속으로 만들어져 전기 기구에 센 전기가 흐르면 순식간에 녹아 전기 회로를 끊기게 해 화재를 예방할 수 있다.

(   )

24 다음과 같은 제품을 사용하면 좋은 점은 무엇입니까?
(   )

> • 사람의 움직임을 감지하는 감지 등
> • 원하는 시간이 되면 자동으로 전원이 차단되는 시간 조절 콘센트

① 화재를 예방할 수 있다.
② 전기를 절약할 수 있다.
③ 누전 사고를 예방할 수 있다.
④ 감전 사고를 예방할 수 있다.
⑤ 전기 사고 발생 시 경보음이 발생한다.

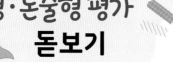
1 다음은 전자석을 만드는 과정입니다. (대)의 (　) 안에 들어갈 알맞은 내용을 쓰시오.

> (가) 둥근머리 볼트에 종이테이프를 감는다.
> (나) 종이테이프를 감은 둥근머리 볼트에 에나멜선을 100번 이상 한쪽 방향으로 촘촘하게 감는다.
> (다) 에나멜선 양쪽 끝부분을 (　　　　　　　).
> (라) 에나멜선 양쪽 끝부분을 전기 회로에 연결한다.

_____

_____

2 다음은 전자석의 성질을 알아보기 위한 실험입니다. 물음에 답하시오.

> (가) 전자석의 양 끝에 나침반을 놓고 스위치를 닫았을 때 나침반 바늘이 가리키는 방향을 관찰한다.
>
>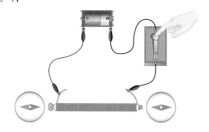
>
> (나) 전지의 극을 반대로 하고 스위치를 닫았을 때 나침반 바늘이 가리키는 방향을 관찰한다.

(1) 위 (나) 실험의 결과를 (가) 실험 결과와 비교하여 쓰시오.

_____

_____

(2) 위 실험을 통해 알 수 있는 전자석의 성질을 쓰시오.

_____

_____

3 다음 막대자석과 전자석의 다른 점을 두 가지 쓰시오.

▲ 막대자석　　　　　▲ 전자석

_____

_____

4 다음 그림에서 전기를 안전하지 않게 사용하는 모습을 두 가지 찾아 전기를 안전하게 사용하는 방법을 쓰시오.

_____

_____

대단원
정리 학습

이 단원의 핵심 개념을 정리해 보세요.

1 전기 회로의 전구에 불이 켜지는 조건

- 전기 회로: 전지, 전선, 전구 등 전기 부품을 서로 연결해 전기가 흐르도록 한 것
- 전기 회로의 전구에 불이 켜지는 조건
  - 전지, 전선, 전구가 끊기지 않게 연결함.
  - 전구는 전지의 (+)극과 (−)극에 각각 연결함.
  - 전기 부품의 전기가 잘 통하는 부분끼리 연결함.

2 전구의 밝기 비교

- 전구의 직렬연결: 전구 두 개 이상을 한 줄로 연결하는 방법
- 전구의 병렬연결: 전구 두 개 이상을 여러 개의 줄에 나누어 연결하는 방법
- 전구 두 개를 직렬연결한 전기 회로의 전구보다 전구 두 개를 병렬연결한 전기 회로의 전구가 더 밝음.
- 전구의 직렬연결은 전구 한 개를 빼내면 나머지 전구의 불도 꺼지지만, 전구의 병렬연결은 전구 한 개를 빼내도 나머지 전구의 불이 꺼지지 않음.

▲ 전구의 직렬연결   ▲ 전구의 병렬연결

3 전자석

- 전자석은 전기가 흐를 때만 자석의 성질이 나타남.
- 전자석에 연결한 전지의 개수를 다르게 하면 전자석의 세기를 조절할 수 있음.
- 전지의 두 극을 연결한 방향이 바뀌면 전자석의 극이 바뀜.
- 우리 생활에서 전자석을 이용한 예

▲ 전자석 기중기   ▲ 자기 부상 열차   ▲ 세탁기   ▲ 헤드폰 스피커   ▲ 선풍기

4 전기를 안전하게 사용하고 절약하는 방법

전기를 안전하게 사용하는 방법	• 물 묻은 손으로 전기 기구 만지지 않기 • 콘센트 한 개에 플러그 여러 개를 한꺼번에 꽂아서 사용하지 않기 • 플러그를 뽑을 때 전선을 잡아당기지 않기
전기를 절약하는 방법	• 문을 열고 냉방 기구 틀어 놓지 않기 • 컴퓨터나 텔레비전을 사용하는 시간 줄이기 • 사용하지 않는 전등 끄기

대단원 마무리

01 전구에 전기를 공급하여 불이 켜지도록 하는 전기 부품은 어느 것입니까? ( )

① ② ③
④ ⑤

02 다음 두 전기 부품의 공통점으로 옳은 것은 어느 것입니까? ( )

① (+)극과 (−)극이 있다.
② 전기가 흐르는 통로이다.
③ 빛을 내는 전기 부품이다.
④ 전기가 잘 통하지 않는 물질로만 이루어져 있다.
⑤ 전기가 통하는 부분과 통하지 않는 부분이 있다.

03 전구에 불이 켜지는 전기 회로를 모두 고른 것은 어느 것입니까? ( )

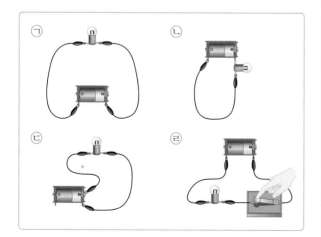

① ㉠, ㉢ ② ㉡, ㉢ ③ ㉢, ㉣
④ ㉠, ㉡, ㉢ ⑤ ㉠, ㉡, ㉣

1. 전기의 이용

04 오른쪽과 같이 전지, 전선, 전구를 연결하였더니 전구에 불이 켜지지 않았습니다. 그 까닭으로 옳은 것은 어느 것입니까? ( )

① 전구가 고장 났다.
② 전지가 오래되었다.
③ 전구가 전지의 (+)극에만 연결되어 있다.
④ 전지, 전선, 전구가 끊어지지 않게 연결되어 있다.
⑤ 전기 부품의 전기가 통하는 부분끼리 연결되어 있다.

⌐중요⌐
05 다음은 전구에 불이 켜지는 전기 회로에 대한 설명입니다. ( ) 안에 들어갈 말을 짝 지은 것으로 옳지 <u>않은</u> 것은 어느 것입니까? ( )

> 전지, 전선, 전구 등을 서로 연결하여 전기가 흐르도록 한 것을 (㉠)(이)라고 한다. 이때 전지, 전선, 전구를 (㉡) 연결하고, (㉢)은/는 (㉣)의 (+)극과 (−)극에 각각 연결한다. 또한 전기 부품의 전기가 잘 (㉤) 부분끼리 연결해야 전구에 불이 켜진다.

① ㉠ – 전기 부품 ② ㉡ – 끊기지 않게
③ ㉢ – 전구 ④ ㉣ – 전지
⑤ ㉤ – 통하는

06 다음 ( ) 안에 들어갈 알맞은 말에 ○표 하시오.

> 전구의 ㉠(직렬 , 병렬)연결은 전구 두 개 이상을 한 줄로 연결하는 방법이며, 전구의 ㉡(직렬 , 병렬) 연결은 전구 두 개 이상을 여러 개의 줄에 나누어 연결하는 방법이다.

[07~09] 다음 전기 회로를 보고, 물음에 답하시오.

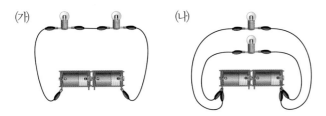

07 전구가 직렬로 연결되어 있는 전기 회로의 기호를 쓰시오.

( )

⌐중요⌐
08 두 전기 회로의 전구의 밝기를 비교한 것으로 옳은 것에 ○표 하시오.

(1) 전구의 밝기가 같다. ( )

(2) (가) 전구의 밝기가 더 밝다. ( )

(3) (나) 전구의 밝기가 더 밝다. ( )

09 위 전기 회로 (가)와 (나) 중 다음 전기 회로의 스위치를 닫았을 때 전구의 밝기와 비슷한 것은 어느 것인지 기호를 쓰시오.

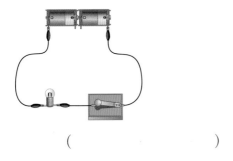

( )

10 스위치를 닫아 전기 회로의 전구에 불을 켠 상태에서 전구 하나를 빼면 나머지 전구의 불이 꺼지는 전기 회로를 모두 고르시오. ( )

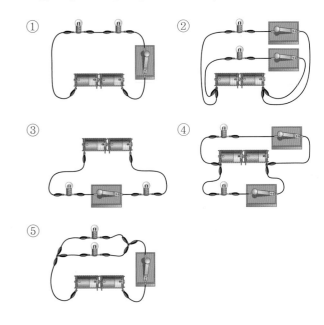

⌐서술형⌐
11 교실에 있는 전등은 병렬로 연결되어 있습니다. 전등이 병렬로 연결되어 있어 편리한 점은 무엇인지 쓰시오.

_____

_____

12 전자석을 만드는 과정에 맞게 순서대로 기호를 쓰시오.

┌───┐
│ ㉠ 둥근머리 볼트에 종이테이프를 감는다.
│ ㉡ 에나멜선 양쪽 끝부분을 전기 회로에 연결한다.
│ ㉢ 에나멜선 양쪽 끝부분을 사포로 문질러 겉면을 벗겨 낸다.
│ ㉣ 종이테이프를 감은 둥근머리 볼트에 에나멜선을 100번 이상 한쪽 방향으로 촘촘하게 감는다.
└───┘

( ) → ( ) → ( ) → ( )

ㄷ서술형ㄱ

13 다음 실험을 보고 알 수 있는 전자석의 성질을 쓰시오.

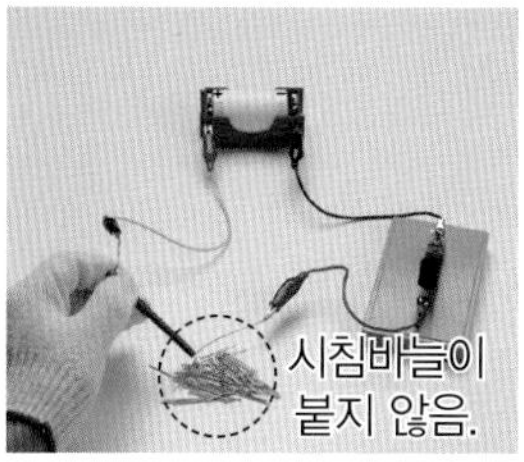

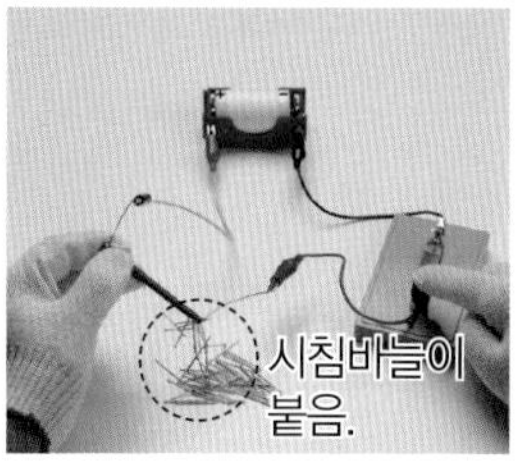

14 오른쪽 전기 회로에서 전자석에 클립이 더 많이 붙게 할 수 있는 방법으로 옳은 것은 어느 것입니까? (　　)

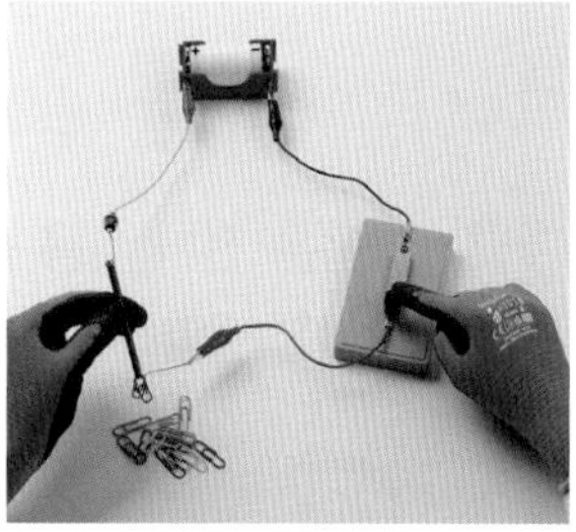

① 스위치를 더 세게 누른다.
② 전자석을 전지에 문지른다.
③ 전지의 극을 반대로 연결한다.
④ 에나멜선 양쪽 끝부분을 사포로 더 문지른다.
⑤ 전지 여러 개를 서로 다른 극끼리 한 줄로 연결한다.

15 나침반 바늘이 가리키는 방향을 보고 전자석의 극을 바르게 추리한 것은 어느 것입니까? (　　)

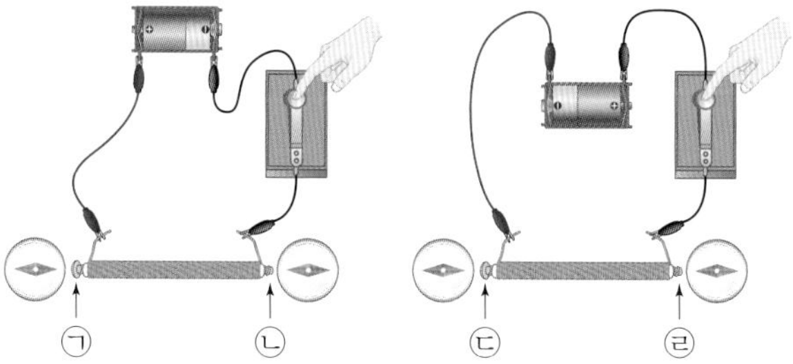

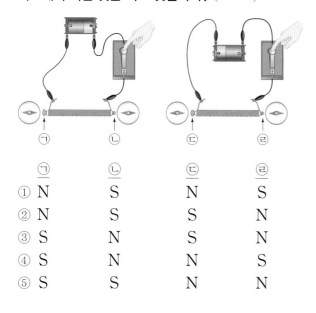

	㉠	㉡	㉢	㉣
①	N	S	N	S
②	N	S	S	N
③	S	N	S	N
④	S	N	N	S
⑤	S	S	N	N

16 전자석의 극을 바꾸는 방법으로 알맞은 것은 어느 것입니까? (　　)

① 전지 여러 개를 연결한다.
② 전지의 두 극을 반대로 하여 연결한다.
③ 전자석을 만들 때 에나멜선을 더 많이 감는다.
④ 전자석을 만들 때 에나멜선 끝부분을 사포로 더 많이 벗긴다.
⑤ 전자석을 만들 때 둥근머리 볼트 대신 나무젓가락을 사용한다.

ㄷ중요ㄱ

17 다음은 영구 자석과 전자석의 성질을 비교한 표입니다. ㉠~㉥ 중 옳지 않은 것을 골라 기호를 쓰시오.

구분	영구 자석	전자석
자석의 성질	㉠ 전기가 흐르지 않아도 자석의 성질이 나타남.	㉡ 전기가 흐를 때만 자석의 성질이 나타남.
세기	㉢ 자석의 세기가 일정함.	㉣ 자석의 세기를 조절할 수 있음.
두 극의 변화	㉤ 자석의 극이 변하지 않고 일정함.	㉥ 자석의 극이 변하지 않고 일정함.

(　　　　　　　　)

18 자기 부상 열차에 이용된 성질로 옳은 것은 어느 것입니까? (　　)

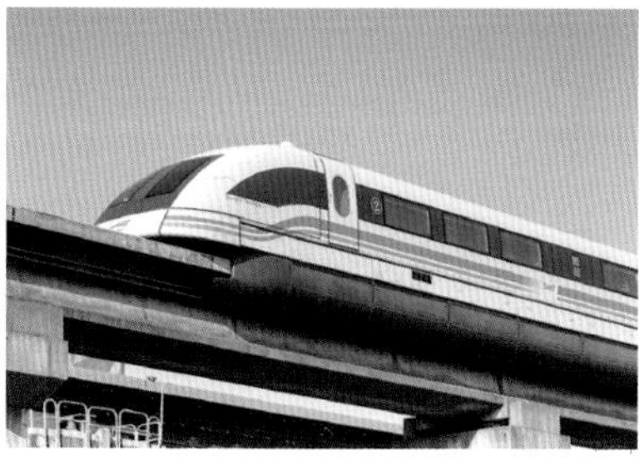

① 수평의 원리
② 마찰의 성질
③ 소리의 성질
④ 용수철의 원리
⑤ 전자석의 성질

19 다음은 전자석이 이용된 예와 관련된 설명입니다. 무엇에 대한 설명인지 보기 에서 골라 기호를 쓰시오.

보기
ㄱ 전기 자동차   ㄴ 머리 말리개
ㄷ 헤드폰 스피커   ㄹ 전자석 잠금 장치

(1) 전동기 속 전자석을 이용해 날개를 돌려 바람을 일으킨다.   (   )
(2) 전자석의 세기나 극을 바꿀 수 있는 성질을 이용해 떨림을 만들어 소리를 낸다.   (   )

〔서술형〕

20 다음은 전자석 기중기를 사용하는 모습입니다. 전자석 기중기에 전자석을 이용해서 좋은 점은 무엇인지 쓰시오.

_____

_____

21 우리가 지켜야 할 전기 안전 수칙으로 옳은 것은 어느 것입니까? (   )

① 깜박거리는 형광등을 손으로 만진다.
② 플러그를 뽑을 때 전선을 잡아당긴다.
③ 물에 젖은 행주를 전기 제품에 걸쳐 둔다.
④ 콘센트에 젓가락과 같은 물체를 집어넣지 않는다.
⑤ 콘센트 한 개에 가능하면 많은 전기 제품을 연결해 사용한다.

〔서술형〕

22 전기 안전 수칙을 지키지 않으면 일어날 수 있는 일을 쓰시오.

_____

_____

23 다음은 전기 사용 습관에 대한 친구들의 대화입니다. 전기를 절약하는 친구는 누구인지 쓰시오.

민규 〔 난 밝은 것이 좋아서 항상 전등을 켜 둬. 〕

보경 〔 난 사용하지 않는 전기 제품의 플러그도 항상 꽂아 둬. 〕

희선 〔 난 냉방 기구를 사용할 때는 창문을 닫아. 〕

(   )

24 전기를 절약하기 위해 사용하는 제품을 두 가지 고르시오. (,   )

① 전동기   ② 콘센트
③ 감지 등   ④ 과전류 차단 장치
⑤ 스마트 플러그

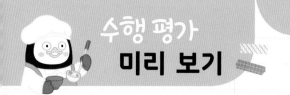

1 다음과 같이 전지, 전선, 전구를 다양한 방법으로 연결하였습니다. 물음에 답하시오.

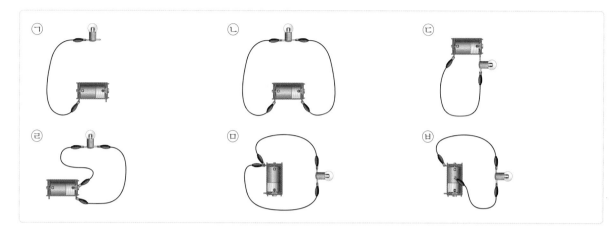

(1) 위와 같이 연결했을 때 전구에 불이 켜지는 것과 켜지지 않는 것으로 분류하시오.

전구에 불이 켜지는 전기 회로	
전구에 불이 켜지지 않는 전기 회로	

(2) 위 (1)의 분류 결과를 통해 알 수 있는 전기 회로에서 불이 켜지는 조건을 두 가지 이상 쓰시오.

2 전자석의 성질을 알아보기 위해 다음과 같이 실험하였습니다. 실험 결과와 실험 결과로 알 수 있는 전자석의 성질을 쓰시오.

실험	시침바늘	시침바늘	
실험 결과	스위치를 (1) (닫지 않았을 때 , 닫았을 때) 시침바늘이 전자석에 붙는다.	전지 두 개를 서로 다른 극끼리 한 줄로 연결했을 때 시침바늘이 더 많이 붙는다.	전지의 극을 반대로 하면 나침반 바늘이 가리키는 방향이 (3) ( )이/가 된다.
알 수 있는 전자석의 성질	전기가 흐를 때만 자석이 된다.	(2)	(4)

2 단원

계절의 변화

우리나라는 봄, 여름, 가을, 겨울의 사계절이 있고 계절에 따라 자연환경과 생활 모습이 다양하게 변화합니다. 계절에 따라 자연의 모습이 변하는 것은 시간의 흐름에 따라 태양의 높이가 달라지는 것과 관계가 있습니다. 태양의 높이가 달라짐에 따라 지표면이 데워지는 정도가 다르고 기온도 달라집니다.

이 단원에서는 계절에 따라 달라지는 우리의 생활 모습을 알아보고, 하루 중 태양의 위치에 따른 그림자 길이와 기온의 변화를 알아봅니다. 또한 계절에 따른 태양의 남중 고도와 낮의 길이, 기온의 변화를 살펴보고 계절이 변하는 까닭을 알아봅니다.

단원 학습 목표

(1) 태양 고도, 그림자 길이, 기온
  • 하루 동안 태양 고도와 그림자 길이, 기온의 관계를 알아봅니다.
(2) 계절에 따른 태양의 남중 고도, 낮과 밤의 길이, 기온 변화
  • 계절에 따른 태양의 남중 고도와 낮의 길이의 관계를 알아봅니다.
  • 계절에 따라 기온이 달라지는 까닭을 알아봅니다.
(3) 계절의 변화가 생기는 까닭
  • 계절의 변화가 생기는 까닭을 알아봅니다.

단원 진도 체크

회차	학습 내용		진도 체크
1차	(1) 태양 고도, 그림자 길이, 기온	교과서 내용 학습 + 핵심 개념 문제	✓
2차		중단원 실전 문제 + 서술형·논술형 평가 돋보기	✓
3차	(2) 계절에 따른 태양의 남중 고도, 낮과 밤의 길이, 기온 변화	교과서 내용 학습 + 핵심 개념 문제	✓
4차		중단원 실전 문제 + 서술형·논술형 평가 돋보기	✓
5차	(3) 계절의 변화가 생기는 까닭	교과서 내용 학습 + 핵심 개념 문제	✓
6차		중단원 실전 문제 + 서술형·논술형 평가 돋보기	✓
7차	대단원 정리 학습 + 대단원 마무리 + 수행 평가 미리 보기		✓

해당 부분을 공부한 후 ✓표를 하세요.

(1) 태양 고도, 그림자 길이, 기온

▶ 하루 동안 태양의 위치

하루 동안 태양은 동쪽 하늘에서 떠서 남쪽 하늘을 지나 서쪽 하늘로 지며, 이때 태양이 떠 있는 높이도 달라집니다.

▶ 태양 고도를 측정할 때 주의할 점

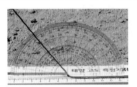

각도기 눈금 아래에 공간이 있으면 오차가 생깁니다. 각도기 아래에 공간이 없는 것을 사용하거나 각도기의 중심에 구멍을 뚫고 그곳에 실을 넣으면 태양 고도를 정확하게 측정할 수 있습니다.

▶ 백엽상

기온을 정확하게 측정하기 위해서는 직사광선을 피할 수 있고 공기의 흐름이 안정된 백엽상에 있는 온도계를 이용하는 것이 좋습니다.

📖 낱말 사전

고도 평균 해수면을 기준으로 측정한 물체의 높이
지표면 땅의 겉면
기온 대기의 온도로, 보통 지표면에서 1.5 m 높이의 온도

1 태양의 높이를 나타내는 방법

(1) 태양 고도

① 태양의 높이는 태양 고도를 이용하여 정확하게 나타낼 수 있습니다.

② 태양 고도는 태양이 지표면과 이루는 각으로 나타냅니다.

③ 지표면에 수직으로 막대기를 세우고 바닥에 생긴 막대기의 그림자를 이용하여 태양 고도를 측정합니다. ─ 태양 고도가 높으면 태양이 지표면과 이루는 각이 크고, 태양 고도가 낮으면 태양이 지표면과 이루는 각이 작습니다.

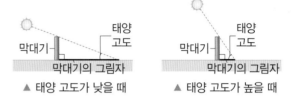

▲ 태양 고도가 낮을 때   ▲ 태양 고도가 높을 때

(2) 막대기의 길이에 따른 태양 고도

① 지구에 들어오는 태양 빛은 평행하기 때문에 막대기의 길이에 따라 그림자의 길이는 달라지지만, 막대기와 그림자가 이루는 각은 일정합니다.

② 태양 고도는 막대기의 길이에 상관없이 일정하게 측정됩니다.

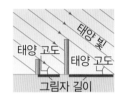

2 태양 고도, 그림자 길이, 기온

(1) 하루 동안 태양 고도, 그림자 길이, 기온 측정하기

① 태양 고도 측정기로 태양 고도와 그림자 길이 측정하기

㉠ 태양 빛이 잘 드는 편평한 곳에 태양 고도 측정기를 놓습니다.

㉡ 막대기의 그림자가 측정기의 눈금과 평행하게 되도록 조정합니다.

㉢ 막대기의 그림자 길이를 측정합니다.

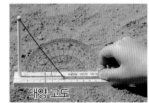

─ 실을 잡아당길 때 막대기가 휘어지지 않도록 주의합니다.

㉣ 각도기의 중심을 막대기의 그림자 끝에 맞춘 다음 그림자 끝과 실이 이루는 각을 측정합니다.

② 같은 시각에 기온 측정하기: 기온은 백엽상에서 측정하는 것이 가장 좋으나, 백엽상이 없다면 그늘진 곳에서 1.5 m 높이에 온도계를 매달고 측정하거나 기상청 누리집에서 검색한 자료를 활용합니다.

③ 일정한 시간 간격을 두고 태양 고도, 그림자 길이, 기온을 측정하여 표에 기록합니다. 예

측정 시각	태양 고도(°)	그림자 길이(cm)	기온(℃)
09시 30분	35	14.3	22.7
10시 30분	44	10.4	23.7
11시 30분	50	8.4	25.1
12시 30분	52	7.8	25.9
13시 30분	49	8.7	26.8
14시 30분	42	11.1	27.6
15시 30분	33	15.4	27.1

- 하루 중 태양 고도가 가장 높은 때: 낮 12시 30분
- 하루 중 그림자 길이가 가장 짧은 때: 낮 12시 30분
- 하루 중 기온이 가장 높은 때: 14시 30분

(2) 하루 동안 태양 고도, 그림자 길이, 기온 사이의 관계 알아보기

① 태양 고도가 높아질수록 그림자 길이는 짧아집니다.

② 태양 고도가 높아질수록 기온은 높아집니다.

③ 하루 중 태양 고도는 낮 12시 30분 무렵에 가장 높고, 기온은 14시 30분 무렵에 가장 높습니다.

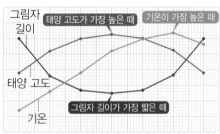

④ 따라서 하루 동안 기온이 가장 높게 나타나는 시각은 태양 고도가 가장 높은 때보다 약 두 시간 정도 뒤입니다.

(3) 태양의 남중 고도

① 하루 중 태양 고도가 가장 높은 때인 낮 12시 30분 무렵에 태양은 정남쪽 방향에 있습니다.

② 하루 중 태양이 정남쪽에 위치하면 태양이 남중했다고 합니다.

③ 태양이 남중했을 때의 고도를 태양의 남중 고도라고 하며, 이때 태양 고도는 하루 중 가장 높습니다.

④ 태양이 남중했을 때 그림자 길이는 하루 중 가장 짧고, 그림자는 정북쪽을 향합니다.

▶ 인터넷을 이용한 태양 고도와 기온 조사하기
- 한국천문연구원 천문 우주 지식 정보 누리집—생활 천문관에서 지역별 '태양 고도'를 조사할 수 있습니다.
- 기상청 날씨누리 누리집 – 관측 · 기후 – 육상 – 도시별 관측에서 지역별 '기온'을 조사할 수 있습니다.

▶ 태양 고도, 그림자 길이, 기온을 꺾은선그래프로 나타내는 까닭
- 꺾은선그래프는 시간의 흐름에 따라 측정값이 어떻게 변하는지 알아보는 데 편리하기 때문입니다.
- 꺾은선그래프는 조사하지 않은 중간값도 짐작할 수 있기 때문입니다.

▶ 하루 동안 태양 고도가 달라지는 까닭
- 아침에는 태양이 동쪽 하늘 지표면 근처에 있어 태양 고도가 낮고, 점심이 될수록 남쪽으로 점점 높이 이동하기 때문에 태양 고도가 높아지며, 저녁에는 서쪽 하늘 지표면 근처에 있어 태양 고도가 낮습니다.
- 이것은 태양이 움직이는 것이 아니라 지구가 서쪽에서 동쪽으로 자전하기 때문에 나타나는 현상입니다.

개념 확인 문제

1 태양 고도는 태양이 (   )과/와 이루는 각으로 나타냅니다.
2 하루 중 태양이 정남쪽에 위치하면 태양이 (   )했다고 합니다.

3 태양 고도가 높아지면 그림자 길이는 (길어지고 , 짧아지고), 기온은 (높아집니다 , 낮아집니다).

정답 1 지표면 2 남중 3 짧아지고, 높아집니다

태양 고도, 그림자 길이, 기온 그래프 그리기

[준비물] 투명 모눈종이, 색깔이 다른 유성 펜 세 개, 자, 셀로판테이프

[실험 방법]

① 투명 모눈종이 가로축에는 측정 시각, 세로축에는 태양 고도(°)를 각각 씁니다.

② 하루 동안 측정한 태양 고도를 꺾은선그래프로 나타냅니다.

③ 색깔이 다른 유성펜을 사용하여 그림자 길이, 기온을 꺾은선그래프로 나타냅니다.

④ 각각의 꺾은선그래프를 셀로판테이프를 이용해 서로 겹치도록 붙입니다.

⑤ 태양 고도와 그림자 길이, 기온 그래프를 서로 비교해 봅니다.

주의할 점
- 투명 모눈종이마다 세로축의 값이 다르므로 주의합니다.
- 가로선과 세로선을 따라 두 선이 만나는 곳에 점을 찍고 그 점을 선으로 연결합니다.
- 측정 시각이 서로 잘 맞도록 겹쳐 붙입니다.

[실험 결과]

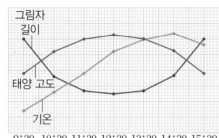

① 그래프 해석하기

태양 고도	오전에 높아지기 시작하여 낮 12시 30분경에 가장 높고, 그 후에 낮아진다.
그림자 길이	오전에 짧아지기 시작하여 낮 12시 30분경에 가장 짧고, 그 후에 길어진다.
기온	오전에 높아지기 시작하여 14시 30분경에 가장 높고, 그 후에 다시 낮아진다.

② 그래프 모양 비교하기

태양 고도 변화와 비슷한 모양의 그래프	기온 그래프
태양 고도 변화와 다른 모양의 그래프	그림자 길이 그래프

➡ 태양 고도가 높아지면 그림자 길이가 짧아지고, 기온은 높아집니다.

③ 태양 고도가 가장 높은 때와 기온이 가장 높은 때는 두 시간 정도 차이가 납니다.

중요한 점
태양 고도 그래프와 기온 그래프, 그림자 길이 그래프의 모양을 비교하면서 태양 고도, 그림자 길이, 기온의 관계를 아는 것이 중요합니다.

탐구 문제

정답과 해설 10쪽

[1~2] 하루 동안 태양 고도, 그림자 길이, 기온을 측정하여 그래프로 나타낸 것을 보고, 물음에 답하시오.

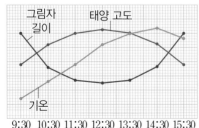

1 왼쪽 그래프에서 태양 고도 그래프와 모양이 비슷한 그래프는 무엇인지 쓰시오. (   )

2 왼쪽 그래프를 해석한 것으로 옳지 <u>않은</u> 것은 어느 것입니까? (   )

① 태양 고도는 오전에 점점 높아진다.

② 그림자 길이는 오후에 점점 길어진다.

③ 기온은 오후 2시 30분경에 가장 높다.

④ 태양 고도가 높을수록 기온은 높아진다.

⑤ 그림자 길이가 길수록 기온은 높아진다.

정답과 해설 10쪽

개념 1 ● 태양 고도를 묻는 문제

(1) 하루 동안 태양의 높이는 달라짐.
(2) 태양의 높이는 태양 고도를 이용하여 정확하게 나타낼 수 있음.
(3) 태양 고도는 태양이 지표면과 이루는 각으로 나타냄.
(4) 태양 고도는 지표면에 세운 막대기의 그림자를 이용하여 측정할 수 있음.

01 다음 ( ) 안에 공통으로 들어갈 알맞은 말을 쓰시오.

> • 태양의 높이는 ( )을/를 이용하여 정확하게 나타낼 수 있다.
> • ( )은/는 태양이 지표면과 이루는 각으로 나타낸다.

( )

02 다음 ㈎와 ㈏ 중 태양 고도가 높을 때의 기호를 쓰시오.

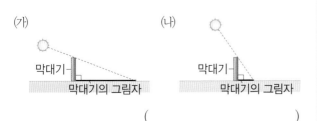

( )

개념 2 ● 태양 고도를 측정하는 방법을 묻는 문제

(1) 태양 빛이 잘 드는 편평한 곳에 태양 고도 측정기를 놓음.
(2) 막대기의 그림자가 측정기의 눈금과 평행하게 되도록 조정함.
(3) 막대기의 그림자 길이를 측정함.
(4) 각도기의 중심을 막대기의 그림자 끝에 맞춘 다음 그림자 끝과 실이 이루는 각을 측정함.

[03~04] 다음은 어느 맑은 날 오전 9시 30분 무렵에 태양 고도와 그림자 길이를 측정하는 모습입니다. 물음에 답하시오.

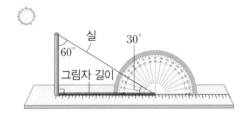

03 태양 고도를 측정하는 방법으로 옳은 것은 어느 것입니까? ( )

① 경사진 곳에서 측정한다.
② 그늘지고 서늘한 곳에서 측정한다.
③ 막대기의 그림자가 길게 변할 때 측정한다.
④ 각도기의 중심을 막대기의 그림자 끝에 맞춘다.
⑤ 막대기가 휘어지도록 실을 팽팽하게 당겨 태양 고도를 측정한다.

04 위에서 측정한 태양 고도는 얼마인지 쓰시오.

( )

개념 3 태양 고도, 그림자 길이, 기온의 관계를 묻는 문제

(1) 태양 고도가 높아질수록 그림자 길이는 짧아짐.
(2) 태양 고도가 높아질수록 기온은 높아짐.
(3) 하루 동안 기온이 가장 높게 나타나는 시각은 태양 고도가 가장 높은 시각보다 두 시간 정도 뒤임.

[05~06] 다음은 하루 동안 태양 고도, 그림자 길이, 기온 그래프입니다. 물음에 답하시오.

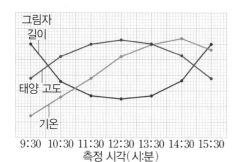

05 위 그래프에서 태양 고도 변화와 모양이 전혀 다른 그래프는 무엇인지 쓰시오.

( ) 그래프

06 위 그래프에서 태양 고도가 높아질 때 그림자 길이와 기온의 변화를 나타낸 것으로 옳은 것은 어느 것입니까? ( )

	그림자 길이	기온
①	짧아진다.	낮아진다.
②	짧아진다.	높아진다.
③	길어진다.	낮아진다.
④	길어진다.	높아진다.
⑤	변화 없다.	변화 없다.

개념 4 태양의 남중 고도에 대해 묻는 문제

(1) 하루 중 태양이 정남쪽에 위치하면 태양이 남중했다고 함.
(2) 태양이 남중했을 때의 고도를 태양의 남중 고도라고 하며, 이때 태양 고도는 하루 중 가장 높음.
(3) 태양이 남중했을 때 그림자는 정북쪽을 향하고 그림자 길이는 하루 중 가장 짧음.

07 다음에서 태양이 남중했을 때의 위치를 골라 기호를 쓰시오.

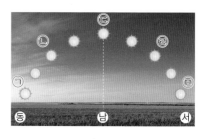

( )

08 태양의 남중 고도에 대한 설명으로 옳은 것은 어느 것입니까? ( )

① 낮 12시 30분 무렵에 측정할 수 있다.
② 하루 중 기온이 가장 높을 때의 고도이다.
③ 하루 중 태양이 정북쪽에 위치했을 때이다.
④ 하루 중 태양 고도가 가장 낮을 때의 고도이다.
⑤ 하루 중 그림자의 길이가 가장 길 때의 고도이다.

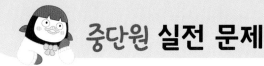
01 다음은 태양 고도를 측정하는 모습입니다. 막대기의 길이를 더 길게 할 때에 대한 설명으로 옳은 것은 어느 것입니까? ( )

① 태양 고도가 더 낮아진다.
② 태양 고도가 더 높아진다.
③ 그림자 길이가 더 짧아진다.
④ 태양 고도는 변하지 않는다.
⑤ 그림자 길이는 변하지 않는다.

02 하루 동안 태양 고도, 그림자 길이, 기온을 측정하는 방법으로 옳은 것은 어느 것입니까? ( )

① 장소를 옮겨 가면서 측정한다.
② 일정한 시간 간격을 두고 측정한다.
③ 태양 고도 측정기는 경사진 곳에서 사용한다.
④ 태양 고도 측정기의 막대기가 휘어지도록 실을 당긴다.
⑤ 햇빛이 비치는 운동장 바닥에 온도계를 올려두고 기온을 측정한다.

03 다음은 어느 날 오전 8시 30분과 오전 11시 30분 무렵에 태양 고도를 측정한 모습입니다. 오전 8시 30분에 태양 고도를 측정한 모습은 어느 것인지 기호를 쓰시오.

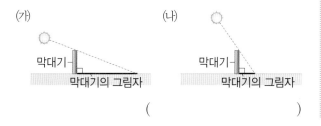

( )

04 하루 중 태양 고도가 가장 높은 때에 대한 설명으로 옳은 것은 어느 것입니까? ( )

① 기온이 가장 높다.
② 그림자 길이가 가장 짧다.
③ 태양이 정북쪽에 위치한다.
④ 그림자는 정남쪽을 향한다.
⑤ 우리나라에서는 오후 2시 30분 무렵이다.

[05~06] 다음은 어느 날 하루 동안 태양 고도, 그림자 길이, 기온을 측정하여 나타낸 표입니다. 물음에 답하시오.

측정 시각 (시:분)	태양 고도 (°)	(가)	(나)
09:30	35	14.3	22.7
10:30	44	10.4	23.7
11:30	50	8.4	25.1
12:30	52	7.8	25.9
13:30	49	8.7	26.8
14:30	42	11.1	27.6
15:30	33	15.4	27.1

05 위 표를 볼 때 이날 태양의 남중 고도는 몇 °인지 쓰시오.

( )

06 위 표에서 (가)와 (나) 중 그림자 길이를 측정한 것은 어느 것인지 기호를 쓰고, 그렇게 생각한 까닭을 쓰시오.

(1) 기호: ( )
(2) 까닭: _____

_____

〔중요〕

07 다음은 태양의 남중 고도에 대한 설명입니다. ( ) 안에 들어갈 알맞은 말에 ○표 하시오.

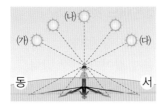

> 태양의 남중 고도는 태양이 위 그림의 ㉠(㈎ , ㈏ , ㈐)에 위치할 때의 고도이다. 이때 태양 고도는 하루 중 가장 ㉡(낮고 , 높고), 그림자 길이는 하루 중 가장 ㉢(짧으며 , 길며) 그림자는 ㉣(정남쪽 , 정북쪽)을 향한다.

[08~12] 다음은 하루 동안 태양 고도, 그림자 길이, 기온을 측정하여 나타낸 그래프입니다. 물음에 답하시오.

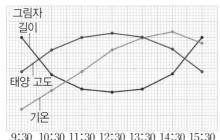

08 시각에 따른 그래프의 변화 모양이 비슷한 것끼리 바르게 묶은 것은 어느 것입니까? ( )

① 태양 고도, 기온
② 기온, 그림자 길이
③ 태양 고도, 그림자 길이
④ 태양 고도, 그림자 길이, 기온
⑤ 비슷한 모양의 그래프가 없다.

09 위 그래프에서 하루 중 태양 고도와 기온이 가장 높은 때는 각각 언제인지 시각을 쓰시오.

(1) 태양 고도가 가장 높은 시각: ( )
(2) 기온이 가장 높은 시각: ( )

10 앞 그래프에 대한 설명으로 옳은 것은 어느 것입니까? ( )

① 태양 고도는 하루 동안 계속 높아진다.
② 그림자 길이는 하루 동안 계속 짧아진다.
③ 그림자 길이가 가장 짧을 때는 14시 30분 무렵이다.
④ 그림자 길이가 가장 길 때 태양 고도가 가장 높다.
⑤ 태양 고도가 가장 높을 때 그림자 길이는 가장 짧다.

〔서술형〕

11 앞의 그래프를 통해 알 수 있는 사실을 **〔보기〕**의 말을 모두 사용하여 쓰시오.

〔보기〕

> 태양 고도, 그림자 길이, 기온

_____

_____

12 15시 30분에서 한 시간이 지난 뒤인 16시 30분에 태양 고도와 그림자 길이의 변화를 예상한 것으로 옳은 것은 어느 것입니까? ( )

① 태양 고도와 그림자 길이는 변하지 않는다.
② 태양 고도는 높아지고, 그림자 길이는 길어진다.
③ 태양 고도는 높아지고, 그림자 길이는 짧아진다.
④ 태양 고도는 낮아지고, 그림자 길이는 길어진다.
⑤ 태양 고도는 낮아지고, 그림자 길이는 짧아진다.

1 다음은 하루 동안 태양 고도, 그림자 길이, 기온을 측정하는 과정입니다. 물음에 답하시오.

> (가) 태양 고도 측정기를 태양 빛이 잘 드는 편평한 곳에 놓고, 막대기의 그림자 길이를 측정한다.
> (나) 실을 막대기의 그림자 끝에 맞춘 다음,
>   (㉠   ).
> (다) 같은 시각에 기온을 측정한다.
> (라) 일정한 시간 간격을 두고 태양 고도, 그림자 길이, 기온을 측정한다.

(1) 위 (나) 과정은 태양 고도를 측정하는 방법입니다. ㉠에 들어갈 알맞은 방법을 쓰시오.

_____

_____

(2) 위 실험에서 태양 고도 측정기의 막대기 길이가 길어지면 그림자 길이와 태양 고도는 어떻게 되는지 쓰시오.

_____

_____

2 하루 중 태양이 정남쪽에 위치할 때 태양 고도와 그림자 길이는 어떠한지 쓰시오.

_____

_____

3 오전 10시 30분에 태양 고도와 그림자 길이, 기온을 측정하였습니다. 한 시간이 지난 뒤 태양 고도와 그림자 길이, 기온의 변화를 쓰시오.

_____

_____

4 다음은 하루 동안 1시간 간격으로 태양 고도와 기온을 측정하여 표로 나타낸 것입니다. 물음에 답하시오.

측정 시각(시:분)	태양 고도(°)	기온(℃)
09:30	35	22.7
10:30	44	㉠ 23.7
11:30	50	25.1
12:30	52	㉡ 25.9
13:30	49	26.8
14:30	42	㉢ 25.1
15:30	33	27.1

(1) 위 표의 ㉠~㉢ 중 기온을 잘못 측정한 것은 어느 것인지 기호를 쓰시오.

(   )

(2) 위 (1)번 답을 고른 까닭을 쓰시오.

_____

_____

(2) 계절에 따른 태양의 남중 고도, 낮과 밤의 길이, 기온 변화

▶ 계절에 따라 창문으로 들어오는 햇빛의 모습

▲ 여름 점심

▲ 겨울 점심

· 여름에는 낮에 햇빛이 교실 안까지 들어오지 않지만, 겨울에는 낮에 햇빛이 교실 안까지 들어옵니다.
· 태양의 남중 고도가 여름에는 높고, 겨울에는 낮기 때문입니다.

1 계절별 태양의 위치 변화

(1) 천체 관측 프로그램을 이용한 계절별 태양의 남중 고도 관찰

① 왼쪽 메뉴의 '위치 창'에서 우리나라를 찾아 선택합니다.

② 왼쪽 메뉴의 '날짜/시간 창'에서 3월 21일 낮 12시 30분으로 설정합니다.

③ 화면을 남쪽으로 향하게 하고, 마우스 휠을 움직여 태양이 보일 수 있도록 화면을 확대하거나 축소합니다.

④ 월을 변경하여 매월 태양이 남중했을 때의 태양 위치를 비교합니다.

▲ 3월 21일(봄) ▲ 6월 21일(여름) ▲ 9월 21일(가을) ▲ 12월 21일(겨울)

(2) 계절에 따른 태양의 남중 고도 변화

① 태양의 남중 고도는 여름에 가장 높고, 겨울에 가장 낮습니다.

② 봄, 가을에는 태양의 남중 고도가 여름과 겨울의 중간 정도입니다.

2 계절별 태양의 남중 고도와 낮과 밤의 길이

(1) 월별 태양의 남중 고도와 낮과 밤의 길이 그래프

▶ 월별 태양의 남중 고도와 낮의 길이 조사하기

· '한국 천문 연구원 천문 우주 지식 정보 누리집 – 생활 천문관 – 태양 고도/방위각 계산'에서 월별 태양의 남중 고도를 조사합니다.

· '한국 천문 연구원 천문 우주 지식 정보 누리집 – 생활 천문관 – 일출 일몰 시각 계산'에서 월별 낮의 길이를 조사합니다.

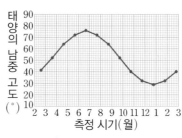

▲ 월별 태양의 남중 고도

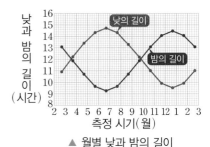

▲ 월별 낮과 밤의 길이

① 태양의 남중 고도는 여름(6월)에 가장 높고, 겨울(12월)에 가장 낮습니다.

② 낮의 길이는 여름(6월)에 가장 길고, 겨울(12월)에 가장 짧습니다.

③ 밤의 길이는 여름(6월)에 가장 짧고, 겨울(12월)에 가장 깁니다.

(2) 태양의 남중 고도와 낮과 밤의 길이 사이의 관계

① 태양의 남중 고도가 높아질수록 낮의 길이가 길어지고, 태양의 남중 고도가 낮아질수록 낮의 길이는 짧아집니다.

② 낮의 길이가 길어지면 밤의 길이는 짧아지고, 낮의 길이가 짧아지면 밤의 길이는 길어집니다.

태양의 남중 고도가 높은 여름에는 태양이 지평선 위로 떠 있는 시간이 길어 낮의 길이가 깁니다. 태양의 남중 고도가 낮은 겨울에는 태양이 지평선 위로 떠 있는 시간이 짧아 낮의 길이가 짧습니다.

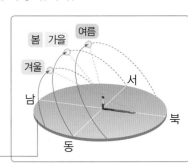

▲ 계절별 태양의 위치 변화

낱말 사전

남중 태양이 남쪽 하늘의 중앙에 왔음을 의미함.
지평선 편평한 대지의 끝과 하늘이 맞닿아 경계를 이루는 선

3 **계절별 기온 변화**

(1) 계절별 태양의 남중 고도, 낮의 길이, 기온 그래프

① 기온은 여름에 가장 높고, 겨울에 가장 낮습니다.

② 태양의 남중 고도가 높은 여름에 낮의 길이가 길고 기온이 높으며, 태양의 남중 고도가 낮은 겨울에 낮의 길이가 짧고 기온이 낮습니다.

(2) 계절에 따라 기온이 달라지는 까닭

① 계절별 기온은 태양의 남중 고도와 관련이 깊습니다.

② 태양의 남중 고도가 높아질수록 같은 면적의 지표면에 도달하는 태양 에너지양이 많아집니다.

③ 지표면에 도달하는 태양 에너지양이 많아지면 지표면이 더 많이 데워져 기온이 높아집니다.

④ 태양의 남중 고도가 낮아지면 같은 면적의 지표면에 도달하는 태양 에너지양이 적어져 지표면이 덜 데워지고 기온이 낮아집니다.

〈태양의 남중 고도가 높을 때〉 태양의 남중 고도 높음.

빛이 좁은 면적을 비추기 때문에 같은 면적에 도달하는 에너지양이 많다.

〈태양의 남중 고도가 낮을 때〉 태양의 남중 고도 낮음.

빛이 넓은 면적을 비추기 때문에 같은 면적에 도달하는 에너지양이 적다.

▶ 우리 나라의 절기

• 태양의 위치 변화에 따라 1년을 24절기로 나누어 계절을 구분한 것입니다.
  – 봄(3월 20일경): 춘분
  – 여름(6월 21일경): 하지
  – 가을(9월 23일경): 추분
  – 겨울(12월 22일경): 동지
• 태양의 남중 고도가 가장 높고 낮의 길이가 가장 긴 날은 하지인 6월 21일 무렵이며, 태양의 남중 고도가 가장 낮고 낮의 길이가 가장 짧은 날은 동지인 12월 22일 무렵입니다.

▶ 오늘과 비교하여 한 달 뒤 태양의 남중 고도와 낮의 길이, 기온의 변화 예

7월부터 12월까지 태양의 남중 고도는 낮아지고, 낮의 길이는 짧아집니다. 지금은 가을이므로 한 달 뒤에는 오늘보다 태양의 남중 고도는 낮아지고, 낮의 길이는 짧아질 것입니다.

🐾 **개념 확인 문제**

1 태양의 남중 고도는 (여름 , 겨울)에 가장 높고, (여름 , 겨울)에 가장 낮습니다.

2 태양의 남중 고도가 높아질수록 낮의 길이가 (짧아 , 길어)집니다.

3 계절에 따라 기온이 달라지는 까닭은 계절별 태양의 (   )이/가 달라지기 때문입니다.

4 태양의 남중 고도가 높아지면 같은 면적의 지표면에 도달하는 태양 에너지양이 적어집니다. (○ , ×)

정답 **1** 여름, 겨울 **2** 길어 **3** 남중 고도 **4** ×

태양의 남중 고도에 따른 기온 변화 비교하기

[준비물] 태양 전지판 두 개, 소리 발생기 두 개, 두꺼운 종이 두 장, 전등(150 W 열 전구) 두 개, 자(30 cm)

[실험 방법]

① 태양 전지판에 소리 발생기를 연결하고 두꺼운 종이 위에 올려놓습니다.

② 전등과 태양 전지판이 이루는 각을 하나는 크게, 다른 하나는 작게 하여 전등을 설치합니다.

③ 태양 선시판과 전등 사이의 거리가 25 cm가 되게 조절합니다.

④ 동일한 밝기의 두 전등을 동시에 켜고 전등의 기울기에 따른 빛이 닿는 면적을 비교합니다.

⑤ 소리 발생기에서 나는 소리의 크기를 비교하고 소리의 크기가 다른 까닭을 알아봅니다.

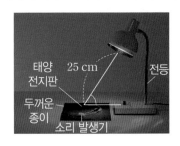
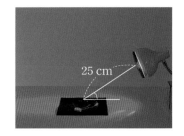

> **주의할 점**
> • 실험에서 다르게 해야 할 조건은 전등과 태양 전지판이 이루는 각이며, 같게 해야 할 조건은 전등과 태양 전지판 사이의 거리, 전등의 종류, 태양 전지판의 크기, 소리 발생기의 종류 등입니다.
> • 열 전구를 만지거나 오랜 시간 동안 열 전구에서 나오는 빛을 쐬면 위험하므로 주의합니다.
> • 태양 전지판과 소리 발생기를 연결할 때, 색깔이 같은 전선끼리 연결합니다.

[실험 결과]

① 전등과 태양 전지판이 이루는 각의 크기에 따른 빛이 닿는 면적과 소리의 크기 비교

전등과 태양 전지판이 이루는 각의 크기	빛이 닿는 면적	소리의 크기
클 때	좁다.	크다.
작을 때	넓다.	작다.

• 전등과 태양 전지판이 이루는 각의 크기가 클 때는 같은 면적에 도달하는 에너지양이 더 많기 때문에 소리가 더 큽니다.

• 전등과 태양 전지판이 이루는 각의 크기가 작을 때는 같은 면적에 도달하는 에너지양이 더 적기 때문에 소리가 더 작습니다.

② 계절에 따라 기온이 달라지는 까닭: 계절에 따라 태양의 남중 고도가 다르기 때문입니다. 태양의 남중 고도가 높아지면 일정한 면적의 지표면에 도달하는 태양 에너지양이 많아져 기온이 높아집니다.

> **중요한 점**
> 전등은 태양, 태양 전지판은 지표면, 전등과 태양 전지판이 이루는 각은 태양의 남중 고도를 의미합니다. 태양의 남중 고도에 따라 같은 면적의 지표면에 도달하는 태양 에너지양을 비교하여 계절에 따라 기온이 달라지는 까닭을 이야기합니다.

탐구 문제

정답과 해설 12쪽

1 태양의 남중 고도에 따른 기온 변화를 비교하는 실험을 설계할 때 다르게 해야 할 조건은 어느 것입니까?

( )

① 전등의 종류
② 태양 전지판의 크기
③ 소리 발생기의 종류
④ 전등과 태양 전지판이 이루는 각
⑤ 전등과 태양 전지판 사이의 거리

2 다음 실험에서 소리 발생기의 소리가 더 큰 경우에 ○표 하시오.

(1)

( )

(2)

( )

핵심 개념 문제

정답과 해설 12쪽

개념 1 · 계절별 태양의 남중 고도에 대해 묻는 문제

(1) 태양의 남중 고도는 여름에 가장 높고, 겨울에 가장 낮음.
(2) 봄, 가을에는 태양의 남중 고도가 여름과 겨울의 중간 정도임.

01 다음은 계절에 따라 태양이 남중했을 때의 모습입니다. 겨울에 해당하는 것을 골라 기호를 쓰시오.

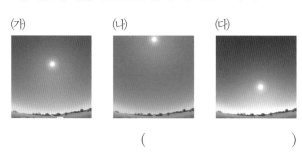

( )

02 월별 태양의 남중 고도를 측정한 그래프의 모양으로 옳은 것은 어느 것입니까? ( )

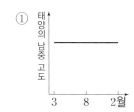
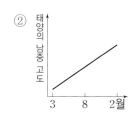

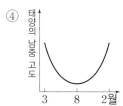
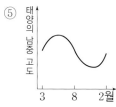

개념 2 · 계절별 태양의 남중 고도와 낮의 길이를 비교하는 문제

(1) 태양의 남중 고도는 여름(6월)에 가장 높고, 겨울(12월)에 가장 낮음.
(2) 낮의 길이는 여름(6월)에 가장 길고, 겨울(12월)에 가장 짧음.
(3) 태양의 남중 고도가 높으면 낮의 길이가 길어지고, 태양의 남중 고도가 낮으면 낮의 길이가 짧아짐.

[03~04] 다음 그래프를 보고, 물음에 답하시오.

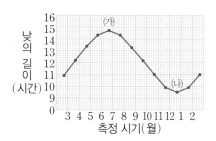

03 위 그래프의 (가) 계절에 해당하는 태양의 위치를 골라 기호를 쓰시오.

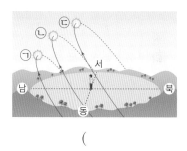

( )

04 위 그래프에 대한 설명으로 옳은 것을 모두 골라 기호를 쓰시오.

> ㉠ 계절에 따라 낮의 길이가 달라진다.
> ㉡ 여름에는 낮의 길이가 길고, 겨울에는 낮의 길이가 짧다.
> ㉢ 봄에는 낮의 길이가 여름보다 길고, 겨울보다 짧다.
> ㉣ 겨울에는 태양의 남중 고도가 높기 때문에 낮의 길이가 짧다.

( )

개념 **3** 태양의 남중 고도에 따른 기온 변화를 비교하는 실험에 대해 묻는 문제

(1) 실험 설계하기: 전등을 태양, 태양 전지판을 지표면이라고 생각하고 전등과 태양 전지판이 이루는 각을 다르게 하여 소리 발생기에서 나는 소리의 크기를 비교함.

(2) 다르게 해야 할 조건과 같게 해야 할 조건

다르게 해야 할 조건	전등과 태양 전지판이 이루는 각
같게 해야 할 조건	전등의 종류, 태양 전지판의 크기, 소리 발생기의 종류, 전등과 태양 전지판 사이의 거리 등

(3) 실험 결과: 전등과 태양 전지판이 이루는 각이 클 때 소리가 더 큼.

[05~06] 태양의 남중 고도에 따른 기온 변화를 알아보기 위해 다음과 같이 실험을 하였습니다. 물음에 답하시오.

(가)  (나)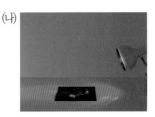

05 위 실험에 대한 설명으로 옳지 <u>않은</u> 것은 어느 것입니까? (   )

① 전등은 태양을 의미한다.
② 태양 전지판은 지표면을 의미한다.
③ 태양 전지판의 크기는 같게 해야 한다.
④ 전등과 태양 전지판 사이의 거리는 다르게 해야 한다.
⑤ 전등과 태양 전지판이 이루는 각은 태양의 남중 고도를 의미한다.

06 위 실험에서 소리 발생기의 소리가 더 큰 경우를 골라 기호를 쓰시오.

(   )

개념 **4** 계절에 따라 기온이 달라지는 까닭을 묻는 문제

(1) 지표면에 도달하는 태양 에너지양이 많아지면 지표면이 더 많이 데워져 기온이 높아짐.

(2) 계절에 따라 태양의 남중 고도가 달라지기 때문에 기온이 달라짐.

(3) 여름에는 태양의 남중 고도가 높기 때문에 기온이 높고, 겨울에는 태양의 남중 고도가 낮기 때문에 기온이 낮음.

07 계절에 따른 기온 변화에 대한 설명으로 옳은 것을 두 가지 고르시오. (,   )

① 여름에는 태양의 남중 고도가 높아 기온이 높다.
② 여름에는 태양의 남중 고도가 낮아 기온이 높다.
③ 겨울에는 태양의 남중 고도가 높아 기온이 낮다.
④ 겨울에는 태양의 남중 고도가 낮아 기온이 낮다.
⑤ 여름과 겨울에 태양의 남중 고도가 같아 기온이 같다.

08 다음 (   ) 안에 들어갈 알맞은 말을 각각 쓰시오.

태양의 남중 고도가 높을수록 같은 면적의 지표면에 도달하는 태양 에너지양이 (㉠) 때문에 기온이 (㉡).

㉠ (   ), ㉡ (   )

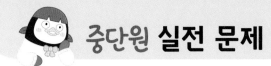
[01~02] 다음은 계절별 태양의 위치 변화를 나타낸 것입니다. 물음에 답하시오.

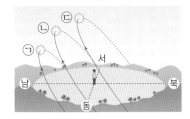

01 ㉠~㉢ 중 여름의 태양 위치를 나타낸 것의 기호를 쓰시오.

(   )

02 ㉠~㉢에 해당하는 계절에 태양의 남중 고도를 비교한 것으로 옳은 것은 어느 것입니까? (   )

① ㉠=㉡=㉢
② ㉠<㉡<㉢
③ ㉠>㉡>㉢
④ ㉡<㉠<㉢
⑤ ㉡>㉠>㉢

ㄷ중요ㄱ
03 계절에 따라 태양의 남중 고도가 변하면서 함께 달라지는 것을 모두 골라 기호를 쓰시오.

㉠ 지구 자전축의 기울기
㉡ 계절에 따른 낮의 길이
㉢ 계절에 따른 밤의 길이
㉣ 태양과 지구 사이의 거리

(   )

[04~06] 다음은 월별 태양의 남중 고도와 낮의 길이를 나타낸 그래프입니다. 물음에 답하시오.

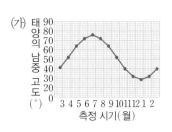
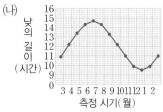

▲ 월별 태양의 남중 고도   ▲ 월별 낮의 길이

04 위 (나) 그래프에 대한 설명으로 옳은 것을 두 가지 고르시오. (,   )

① 낮의 길이는 3월에 가장 짧다.
② 낮의 길이는 9월에 가장 길다.
③ 낮의 길이는 계절마다 달라진다.
④ 낮의 길이는 계절에 따라 변화가 없다.
⑤ 2월에서 6월까지는 낮의 길이가 점점 길어진다.

05 10월 24일에 태양의 남중 고도와 낮의 길이를 측정하였습니다. 한 달 뒤 태양의 남중 고도와 낮의 길이의 변화에 대한 설명으로 옳은 것은 어느 것입니까?

(   )

① 태양의 남중 고도와 낮의 길이는 모두 변화가 없다.
② 태양의 남중 고도는 높아지고, 낮의 길이는 짧아진다.
③ 태양의 남중 고도는 높아지고, 낮의 길이는 길어진다.
④ 태양의 남중 고도는 낮아지고, 낮의 길이는 짧아진다.
⑤ 태양의 남중 고도는 낮아지고, 낮의 길이는 길어진다.

ㄷ서술형ㄱ
06 위 (가)와 (나) 그래프를 보고, 태양의 남중 고도와 낮의 길이의 관계를 쓰시오.

_____

_____

중단원 실전 문제

⌐중요⌐

다음은 월별 태양의 남중 고도와 낮의 길이, 월평균 기온을 나타낸 그래프를 보고 알 수 있는 점을 설명한 것입니다. (   ) 안에 들어갈 알맞은 말에 ○표 하시오.

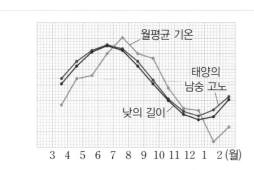

- 태양의 남중 고도가 높은 여름에는 낮의 길이가 ㉠(짧아 , 길어)지고 기온은 ㉡(높아 , 낮아)진다.
- 태양의 남중 고도가 낮은 겨울에는 낮의 길이가 ㉢(짧아 , 길어)지고 기온은 ㉣(높아 , 낮아)진다.

[08~12] 다음과 같이 태양 전지판에 소리 발생기를 연결하고 전등과 태양 전지판이 이루는 각을 다르게 하여 소리의 크기를 비교하는 실험을 하였습니다. 물음에 답하시오.

(가)

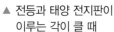
▲ 전등과 태양 전지판이 이루는 각이 클 때

(나)

▲ 전등과 태양 전지판이 이루는 각이 작을 때

08 위 실험에서 알아보고자 하는 것은 어느 것입니까?
(   )

① 계절에 따른 태양 고도의 변화
② 태양의 남중 고도에 따른 기온의 변화
③ 태양의 남중 고도에 따른 낮의 길이 변화
④ 태양의 남중 고도에 따른 밤의 길이 변화
⑤ 태양의 남중 고도에 따른 그림자 길이 변화

09 앞 실험에서 다음에 해당하는 것이 의미하는 것을 찾아 바르게 선으로 연결하시오.

(1)	전등	•	• ㉠	태양
(2)	태양 전지판	•	• ㉡	지표면
(3)	전등과 태양 전지판이 이루는 각	•	• ㉢	태양의 남중 고도

10 다음은 앞 실험의 결과를 나타낸 표입니다. 빈칸에 (가)와 (나) 중 알맞은 것을 각각 쓰시오.

전등과 태양 전지판이 이루는 각의 크기	빛이 닿는 면적	소리의 크기
(1) ( )	좁다.	크다.
(2) ( )	넓다.	작다.

11 앞 실험을 실제 계절과 비교할 때, (가)와 (나)는 여름과 겨울 중 어느 계절에 해당하는지 각각 쓰시오.

(가) (   )
(나) (   )

⌐서술형⌐

12 앞 실험 결과를 통해 알 수 있는 사실을 보기 의 말을 모두 사용하여 쓰시오.

보기
태양의 남중 고도, 기온, 지표면

_____
_____

1 다음은 계절별 태양의 위치 변화를 나타낸 것입니다. 물음에 답하시오.

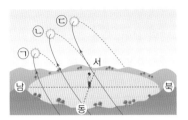

(1) ㉠, ㉡, ㉢에 해당하는 계절을 각각 쓰시오.

㉠ (   )

㉡ (   )

㉢ (   )

(2) ㉠, ㉡, ㉢의 태양의 남중 고도를 비교하여 쓰시오.

_____

_____

(3) 태양의 위치가 ㉡에서 ㉢으로 변할 때 나타나는 자연 현상을 한 가지만 쓰시오.

_____

_____

2 다음은 동지에 대한 두 친구의 대화입니다. (   ) 안에 들어갈 알맞은 말을 쓰시오.

- 연우: 오늘 어머니께서 팥죽을 끓여 주셨어.
- 예솔: 아! 오늘이 동지잖아. 예로부터 동지에는 팥죽을 끓여 먹는 풍습이 있어.
- 연우: 동지?
- 예솔: 응. 동지는 1년 중 낮이 가장 짧고 밤이 가장 긴 날이야.
- 연우: 아하! 그렇다면 오늘은 태양의 남중 고도가 가장 낮겠구나. 왜냐하면 (   ).

_____

_____

3 다음은 여름과 겨울의 태양의 남중 고도를 나타낸 것입니다. 여름과 겨울의 기온을 태양의 남중 고도에 따라 지표면이 받는 태양 에너지양과 관련지어 비교하여 쓰시오.

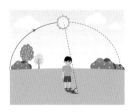

▲ 여름

▲ 겨울

_____

_____

(3) 계절의 변화가 생기는 까닭

▶ 태양의 남중 고도를 측정하는 방법
• 태양이 정남쪽에 있을 때의 고도를 측정합니다.
• 하루 동안 그림자 길이가 가장 짧을 때 태양 고도를 측정하여 알 수 있습니다.

1 계절이 변화하는 까닭

(1) 계절에 따라 달라지는 현상

① 계절이 달라지면 태양의 남중 고도, 낮의 길이, 기온, 그림자 길이 등이 달라집니다.

② 태양의 남중 고도는 낮의 길이와 기온에 영향을 줍니다.

③ 여름에는 태양의 남중 고도가 높아져서 낮의 길이가 길고, 기온이 높습니다.

④ 겨울에는 태양의 남중 고도가 낮아져서 낮의 길이가 짧고, 기온이 낮습니다.

⑤ 태양의 남중 고도가 달라지기 때문에 계절의 변화가 생깁니다.

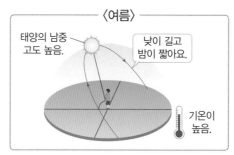
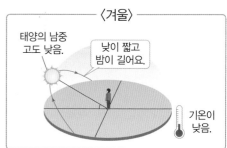

(2) 계절에 따라 태양의 남중 고도가 달라지는 까닭

지구본의 자전축이 수직인 채 공전할 때	지구본의 자전축이 기울어진 채 공전할 때
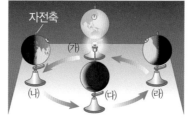	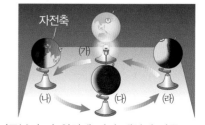
지구본의 각 위치에 따라 태양의 남중 고도가 변하지 않는다.	지구본의 각 위치에 따라 태양의 남중 고도가 변한다.

▶ 지구의 자전과 공전
• 지구의 자전축: 지구의 북극과 남극을 연결한 가상의 직선으로, 공전 궤도면에 대해 기울어져 있습니다.
• 지구의 자전: 지구는 자전축을 중심으로 하여 하루에 한 바퀴씩 회전합니다.
• 지구의 공전: 지구는 태양을 중심으로 1년에 한 바퀴씩 회전합니다.

(3) 계절 변화의 원인

① 계절이 변하는 까닭은 지구 자전축의 기울기와 지구의 공전과 관련이 있습니다.

② 지구의 북극과 남극을 이은 가상의 직선인 자전축은 공전 궤도면에 대해 기울어져 있습니다.

③ 지구의 자전축이 공전 궤도면에 대하여 기울어진 채 태양 주위를 공전하면 지구의 위치에 따라 태양의 남중 고도가 달라집니다.

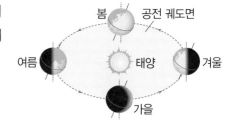

낱말 사전

공전 궤도면 지구가 태양 주위를 회전할 때 지구가 지나간 길이 이루는 평면
북반구 적도를 기준으로 지구를 둘로 나누었을 때의 북쪽 부분

(4) 지구의 자전축이 공전 궤도면에 대하여 수직이거나 지구가 태양 주위를 공전하지 않을 경우 나타나는 현상
① 지구의 자전축이 공전 궤도면에 대하여 수직인 채로 지구가 태양 주위를 공전한다면 태양의 남중 고도는 변하지 않고, 계절도 변하지 않습니다.
② 지구의 자전축만 기울어져 있고, 지구가 태양 주위를 공전하지 않는다면 지구의 위치가 변하지 않기 때문에 낮과 밤의 변화만 생기고 계절은 변하지 않습니다.

2 북반구와 남반구의 계절

(1) 우리나라와 같이 북반구에 있는 나라의 여름과 겨울
① 여름에 북반구에서는 태양의 남중 고도가 높습니다.
② 겨울에 북반구에서는 태양의 남중 고도가 낮습니다.

※ 이 그림은 태양과 지구의 상대적인 크기와 거리를 고려하지 않았습니다.

(2) 뉴질랜드와 같이 남반구에 있는 나라의 계절
① 남반구의 계절은 북반구와 반대입니다.
② 북반구에서 여름이 되면 남반구의 위치에서는 태양의 남중(북중) 고도가 낮아져 겨울이 됩니다.
③ 북반구에서 겨울이 되면 남반구의 위치에서는 태양의 남중(북중) 고도가 높아져 여름이 됩니다.
④ 우리나라는 겨울에 크리스마스를 즐기지만, 남반구에 있는 나라는 크리스마스가 여름입니다.

▶ 계절이 변화하는 원인에 대한 오개념
• 태양이 보이는 위치는 뜨겁고, 태양이 보이지 않는 위치는 춥기 때문에 우리나라가 태양을 향하면 여름이고, 그렇지 않으면 겨울이 된다는 생각은 잘못된 생각입니다.
• 지구가 자전을 하면서 태양을 향하면 낮이 되고, 태양을 향하지 않으면 밤이 되는 것입니다.
• 계절에 따른 기온 변화를 지구 사이의 거리로 설명할 수 없습니다. 북반구가 여름인 7월에 태양과 지구 사이의 거리보다 겨울인 1월에 태양과 지구 사이의 거리가 가깝습니다.

▶ 남반구의 크리스마스

이제 실험 관찰로 알아볼까?

계절이 변화하는 까닭 알아보기

[준비물] 태양 고도 측정기(원형), 각도를 조절할 수 있는 지구본, 갓 없는 전등, 자

[실험 방법]

① 실험에서 다르게 해야 할 조건과 같게 해야 할 조건을 생각해 봅니다.

다르게 해야 할 조건	지구본의 자전축 기울기
같게 해야 할 조건	전등과 지구본 사이의 거리, 태양 고도 측정기를 붙이는 위치 등

② 실험으로 계절이 변화하는 원인을 알아봅니다.

- 태양 고도 측정기를 지구본의 우리나라 위치에 붙입니다.
- 지구본의 자전축을 수직으로 맞추고, 전등으로부터 30 cm 정도 떨어진 거리에 둡니다.
- 전등의 높이를 태양 고도 측정기의 높이와 비슷하게 조절하고 전등을 켠 다음, 태양의 남중 고도를 측정해 봅니다.
- 지구본을 시계 반대 방향으로 공전시켜 각 위치에서 태양의 남중 고도를 측정해 봅니다.
- 지구본의 자전축을 23.5° 기울이고, 같은 방법으로 각 위치에서 태양의 남중 고도를 측정해 봅니다.

주의할 점

- 태양 고도 측정기는 자석이나 양면테이프를 이용하여 붙입니다.
- 전등의 높이를 조절하여 태양 고도 측정기에 빛이 평행하게 오도록 조절합니다.
- 태양 고도 측정기의 그림자 길이가 가장 짧아질 때의 고도를 측정하며 그림자 끝이 가리키는 곳의 각도를 읽습니다.

▲ 지구본의 자전축이 수직인 채 공전할 때　　▲ 지구본의 자전축이 기울어진 채 공전할 때

중요한 점

태양의 남중 고도가 지구본의 위치에 따라 변하는 경우와 변하지 않는 경우를 확인하는 것이 중요합니다.

[실험 결과] 지구본의 자전축이 수직인 채 공전하면 지구본의 각 위치에 따라 태양의 남중 고도가 변하지 않고, 지구본의 자전축이 기울어진 채 공전하면 지구본의 각 위치에 따라 태양의 남중 고도가 변합니다.

[실험을 통해 알게 된 점] 지구의 자전축이 공전 궤도면에 대해 기울어진 채 태양 주위를 공전하면 태양의 남중 고도가 달라지고, 계절이 변합니다.

탐구 문제

정답과 해설 14쪽

1 계절이 변화하는 까닭을 알아보는 실험에서 다르게 해야 할 조건은 어느 것입니까? (　　)

① 전등의 밝기
② 지구본의 종류
③ 지구본의 자전축 기울기
④ 지구본과 전등 사이의 거리
⑤ 태양 고도 측정기를 붙이는 위치

2 (가)와 (나) 중 지구본의 각 위치에 따라 태양의 남중 고도가 달라지는 것은 어느 것인지 기호를 쓰시오.

▲ 지구본의 자전축이 수직인 채 공전할 때

▲ 지구본의 자전축이 기울어진 채 공전할 때

(　　　　　)

개념 1 · 계절에 따라 달라지는 현상을 묻는 문제

(1) 계절이 달라지면 태양의 남중 고도, 낮의 길이, 기온, 그림자 길이 등이 달라짐.

(2) 태양의 남중 고도는 낮의 길이와 기온에 영향을 줌.

(3) 여름에는 태양의 남중 고도가 높아져서 낮의 길이가 길고, 기온이 높음.

(4) 겨울에는 태양의 남중 고도가 낮아져서 낮의 길이가 짧고, 기온이 낮음.

(5) 태양의 남중 고도가 달라지기 때문에 계절의 변화가 생김.

01 다음 [보기] 에서 계절에 따라 달라지는 것이 아닌 것을 골라 기호를 쓰시오.

> [보기]
> ㉠ 기온　　　　　㉡ 낮의 길이
> ㉢ 그림자 길이　　㉣ 태양의 남중 고도
> ㉤ 지구의 자전축 기울기

(　　　　　　　　　)

02 각 계절과 관련 있는 자연 현상을 찾아 바르게 선으로 연결하시오.

(1) 여름 ·

· ㉠ 태양의 남중 고도가 낮다.

· ㉡ 태양의 남중 고도가 높다.

· ㉢ 낮의 길이가 길고, 기온이 높다.

(2) 겨울 ·

· ㉣ 낮의 길이가 짧고, 기온이 낮다.

개념 1 · 계절이 변화하는 까닭을 알아보는 실험에 대해 묻는 문제

(1) 실험 설계하기: 지구본의 자전축이 수직인 채 공전할 때와 지구본의 자전축이 기울어진 채 공전할 때 태양의 남중 고도를 측정함.

(2) 다르게 해야 할 조건과 같게 해야 할 조건

다르게 해야 할 조건	지구본의 자전축 기울기
같게 해야 할 조건	전등과 지구본 사이의 거리, 태양 고도 측정기를 붙이는 위치 등

(3) 실험 결과: 지구본의 자전축이 수직인 채 공전할 때에는 태양의 남중 고도에 변화가 없지만, 지구본의 자전축이 기울어진 채 공전할 때에는 태양의 남중 고도가 달라짐.

[03~04] 다음은 지구본의 자전축 기울기에 따른 태양의 남중 고도를 측정하는 실험입니다. 물음에 답하시오.

(가)

▲ 지구본의 자전축이 수직인 채 공전할 때

(나)

▲ 지구본의 자전축이 기울어진 채 공전할 때

03 위 (가) 실험에서 지구본의 위치에 따른 태양의 남중 고도에 대해 바르게 설명한 것에 ◯표 하시오.

(1) ㉠ 위치에서 태양의 남중 고도가 가장 높다.

(　　　)

(2) ㉣ 위치에서 태양의 남중 고도가 가장 낮다.

(　　　)

(3) ㉠~㉣ 위치에서 태양의 남중 고도는 모두 같다.

(　　　)

04 위 (가)와 (나) 중 태양의 남중 고도가 달라져 계절이 변함을 설명할 수 있는 실험은 어느 것인지 기호를 쓰시오.

(　　　　　　　　　)

개념 3 계절 변화의 원인을 묻는 문제

(1) 지구의 자전축이 공전 궤도면에 대하여 기울어진 채 태양 주위를 공전하기 때문에 지구의 각 위치에 따라 태양의 남중 고도가 달라지고, 계절이 변함.

(2) 지구의 자전축이 공전 궤도면에 대하여 수직이거나 지구가 태양 주위를 공전하지 않는다면 태양의 남중 고도는 변하지 않고, 계절도 변하지 않음.

05 계절 변화가 생기는 까닭으로 옳은 것을 두 가지 고르시오. (,   )

① 지구가 자전하기 때문이다.
② 지구가 공전하기 때문이다.
③ 지구의 자전축이 기울어져 있기 때문이다.
④ 지구와 태양 사이의 거리가 변하기 때문이다.
⑤ 지구가 태양을 향할 때가 있고 향하지 않을 때가 있기 때문이다.

06 지구의 자전축이 수직인 채 태양 주위를 공전한다면 생기는 현상에 대해 바르게 설명한 친구의 이름을 쓰시오.

> • 영웅: 월별 낮의 길이가 달라지지 않을 거야.
> • 가인: 월별 태양의 남중 고도는 달라질 것 같아.
> • 지은: 봄, 여름, 가을, 겨울 사계절의 변화가 더 뚜렷해질 것 같아.

(   )

개념 4 북반구와 남반구의 계절에 대해 묻는 문제

• 남반구의 계절은 북반구와 반대임.
• 북반구에서 태양의 남중 고도가 높은 여름이 되면 남반구의 위치에서는 태양의 남중(북중) 고도가 낮아져 겨울이 됨.
• 북반구에서 태양의 남중 고도가 낮은 겨울이 되면 남반구의 위치에서는 태양의 남중(북중) 고도가 높아져 여름이 됨.

[07~08] 다음은 태양과 지구의 모습을 나타낸 것입니다. 물음에 답하시오. (단, 태양과 지구의 상대적인 크기와 거리는 고려하지 않았습니다.)

07 위에서 ㈎와 ㈏ 중 북반구에서 태양의 남중 고도가 낮은 때의 위치를 골라 기호를 쓰시오.

(   )

08 지구가 ㈎ 위치에 있을 때 남반구는 어느 계절인지 쓰시오.

(   )

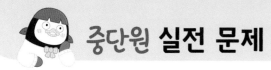

01 계절에 따라 달라지는 것이 <u>아닌</u> 것은 어느 것입니까? (   )

① 기온
② 밤의 길이
③ 태양의 남중 고도
④ 지구의 공전 방향
⑤ 지표면에 도달하는 태양 에너지양

[02~04] 다음은 지구본의 자전축이 수직인 채로 전등 주위를 공전할 때 태양의 남중 고도 변화를 알아보는 실험을 순서에 관계 없이 나타낸 것입니다. 물음에 답하시오.

ⓐ 지구본의 자전축을 수직으로 맞추고, 전등으로부터 30 cm 정도 떨어진 거리에 둔다.
ⓑ 지구본을 시계 반대 방향으로 공전시켜 각 위치에서 태양의 남중 고도를 측정한다.
ⓒ 전등의 높이를 태양 고도 측정기의 높이와 비슷하게 조절하고 전등을 켠 다음, 태양의 남중 고도를 측정한다.
ⓓ 태양 고도 측정기를 지구본의 우리나라 위치에 붙인다.

02 위 실험 과정을 순서에 맞게 기호를 쓰시오.

ⓓ → (   ) → (   ) → (   )

03 위 실험에서 지구본의 위치에 따른 태양의 남중 고도에 대한 설명으로 옳은 것은 어느 것입니까? (   )

① 변하지 않는다.
② (나) 위치에 있을 때 가장 높다.
③ (라) 위치에 있을 때 가장 높다.
④ (가)에서 (라)로 이동할수록 점점 높아진다.
⑤ (가)에서 (라)로 이동할수록 점점 낮아진다.

⊏서술형⊐
04 앞 실험에서 지구본의 각 위치에 따라 태양의 남중 고도가 변화하는 모습을 보기 위해서 바꾸어야 할 실험 조건을 쓰시오.

_____

_____

[05~06] 계절 변화의 원인을 알아보기 위하여 다음과 같이 우리나라에 태양 고도 측정기를 붙이고 지구본을 공전시키면서 태양의 남중 고도를 측정하였습니다. 물음에 답하시오.

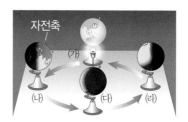

05 다음은 위 실험에서 태양의 남중 고도를 측정한 결과를 나타낸 표입니다. (나)와 (라)에 해당하는 계절을 각각 쓰시오.

지구본의 위치	(가)	(나)	(다)	(라)
태양의 남중 고도(°)	52	76	52	29

(나) (   )
(라) (   )

⊏중요⊐
06 위 실험과 같이 지구의 자전축이 기울어진 채 공전할 때 나타날 수 있는 현상을 보기 에서 골라 기호를 쓰시오.

보기
ⓐ 계절이 변하지 않는다.
ⓑ 여름에는 덥고 겨울에는 춥다.
ⓒ 여름과 겨울의 낮과 밤의 길이가 같다.

(   )

07 계절에 따라 태양의 남중 고도가 달라지는 까닭으로 옳은 것은 어느 것입니까? (   )

① 태양이 자전하지 않고 공전하기 때문이다.
② 지구가 공전하지 않고 자전하기 때문이다.
③ 지구의 자전축이 공전 궤도면에 수평인 채 공전하기 때문이다.
④ 지구의 자전축이 공전 궤도면에 대하여 수직인 채 공전하기 때문이다.
⑤ 지구의 자전축이 공전 궤도면에 대하여 기울어진 채 공전하기 때문이다.

ㄷ중요ㄱ
08 계절이 변하는 까닭과 관련이 깊은 것을 두 가지 고르시오. (,   )

① 태양의 크기
② 지구의 공전
③ 지구의 자전
④ 태양과 지구의 거리
⑤ 지구 자전축의 기울기

ㄷ서술형ㄱ
09 만약 지구의 자전축이 수직인 채 태양 주위를 공전한다면 계절의 변화가 생길지 쓰고, 그렇게 생각한 까닭을 쓰시오.

_____

_____

[10~12] 다음은 지구의 위치에 따른 태양의 남중 고도를 나타낸 것입니다. 물음에 답하시오.

10 우리나라와 같이 북반구에 있는 나라에서는 지구가 ㈎와 ㈏에 위치할 때 태양의 남중 고도가 어떠한지 크기를 비교하여 (   ) 안에 알맞은 표시(>, <, =)를 하시오.

㈎ (   ) ㈏

11 지구가 ㈎와 ㈏의 위치에 있을 때에 대한 설명으로 옳은 것을 보기 에서 골라 기호를 쓰시오.

보기
㉠ ㈎와 ㈏의 위치에 있을 때 우리나라의 기온은 같다.
㉡ ㈎보다 ㈏ 위치에 있을 때 우리나라의 낮의 길이가 더 짧다.
㉢ 우리나라는 ㈎ 위치에 있을 때 봄이고, ㈏ 위치에 있을 때 가을이다.

(   )

ㄷ서술형ㄱ
12 지구가 ㈏ 위치에 있을 때 남반구에 있는 나라는 어느 계절인지 쓰고, 그렇게 생각한 까닭을 쓰시오.

_____

1 다음은 계절이 변하는 까닭을 알아보는 실험입니다. 물음에 답하시오.

(가)　　　　　　　　(나)

▲ 지구본의 자전축이　　▲ 지구본의 자전축이
수직인 채 공전할 때　　기울어진 채 공전할 때

(1) 위 실험에서 다르게 해야 할 조건과 같게 해야 할 조건은 무엇인지 쓰시오.

(2) 위의 실험 (나)에서 ㉠~㉢의 각 위치에서 측정한 태양의 남중 고도를 비교하여 쓰시오.

(3) 위 실험 결과를 바탕으로 계절이 변하는 까닭을 쓰시오.

2 지구의 자전축은 기울어져 있지만 지구가 공전하지 않는다면 어떻게 될지 쓰고, 그렇게 생각한 까닭을 쓰시오.

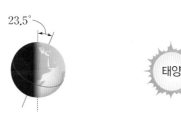

3 다음은 안나와 세찬이가 크리스마스에 대하여 이야기하는 것입니다. 물음에 답하시오.

> • 안나: 이번 크리스마스에는 뉴질랜드로 여행을 가고 싶어. 뉴질랜드에서는 산타가 수영복을 입고 있대.
> • 세찬: 북반구에 있는 우리나라는 크리스마스가 (㉠)이지만, 남반구에 있는 뉴질랜드는 (㉡)이구나.

(1) 위의 ㉠과 ㉡에 들어갈 알맞은 계절을 각각 쓰시오.
㉠ (　　　　　), ㉡ (　　　　　)

(2) 위 (1)번의 답과 같이 북반구와 남반구의 계절이 다른 까닭을 태양의 남중 고도와 관련하여 쓰시오.

대단원 정리 학습

이 단원의 핵심 개념을 정리해 보세요.

1 태양 고도, 그림자 길이, 기온

• 태양 고도: 태양과 지표면이 이루는 각으로 나타냄.

• 태양의 남중 고도
  - 태양이 남중했을 때의 고도를 태양의 남중 고도라고 함.
  - 이때 태양 고도는 하루 중 가장 높고 그림자 길이는 하루 중 가장 짧으며 그림자가 정북쪽을 향함.

낮 12시 30분 무렵 남중

동   서

• 하루 동안 태양 고도, 그림자 길이, 기온의 관계

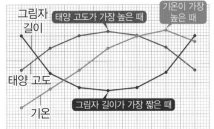

  - 태양 고도가 높을수록 그림자 길이는 짧아짐.
  - 태양 고도가 높을수록 기온은 높아짐.

2 계절에 따른 태양의 남중 고도와 낮과 밤의 길이 변화

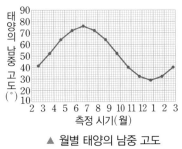

▲ 월별 태양의 남중 고도

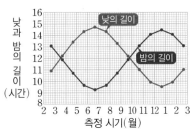

▲ 월별 낮과 밤의 길이

• 태양의 남중 고도가 높으면 낮의 길이가 길어지고, 태양의 남중 고도가 낮으면 낮의 길이가 짧아짐.
• 낮의 길이가 길어지면 밤의 길이는 짧아지고, 낮의 길이가 짧아지면 밤의 길이는 길어짐.

3 계절에 따른 태양의 남중 고도와 기온 변화

• 기온은 여름에 가장 높고, 겨울에 가장 낮음.
• 태양의 남중 고도에 따라 기온이 달라짐.
  - 태양의 남중 고도가 높아지면 같은 면적의 지표면에 도달하는 태양 에너지양이 많아짐.
  - 지표면에 도달하는 태양 에너지양이 많아지면 지표면이 더 많이 데워져 기온이 높아짐.

▲ 여름

▲ 겨울

4 계절이 변하는 까닭

• 지구의 자전축이 공전 궤도면에 대하여 기울어진 채 태양 주위를 공전하면 지구의 각 위치에 따라 태양의 남중 고도가 달라지고, 계절이 변함.
• 남반구의 계절은 북반구와 반대임.

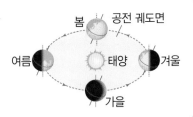

2. 계절의 변화

[01~02] 다음은 어느 맑은 날 오전 9시 무렵에 10 cm 길이의 막대기로 태양 고도를 측정하는 모습입니다. 물음에 답하시오.

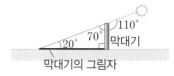

01 같은 시각에 20 cm 길이의 막대기로 측정한 태양 고도로 옳은 것은 어느 것입니까? (   )

① 20°   ② 40°   ③ 70°
④ 90°   ⑤ 110°

02 2시간 후 다시 태양 고도를 측정하면 어떻게 될지 기호를 쓰시오.

> ㉠ 태양 고도가 그대로이다.
> ㉡ 태양 고도가 높아진다.
> ㉢ 태양 고도가 낮아진다.

(   )

^{⌐중요⌐}
03 다음은 하루 동안 태양의 위치를 나타낸 것입니다. 태양이 ㉠ 위치에 있을 때에 대한 설명으로 옳지 <u>않은</u> 것은 어느 것입니까? (   )

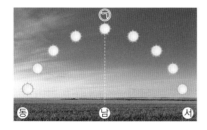

① 태양 고도가 가장 높다.
② 태양이 남중했을 때이다.
③ 태양의 온도가 가장 높다.
④ 그림자 길이가 가장 짧다.
⑤ 그림자는 정북쪽을 향한다.

[04~06] 다음은 하루 동안 태양 고도, 기온, 그림자 길이를 그래프로 나타낸 것입니다. 물음에 답하시오.

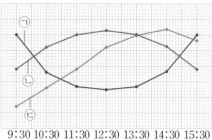

04 ㉠~㉢ 그래프가 나타내는 것을 바르게 선으로 연결하시오.

(1) ㉠ •

(2) ㉡ •

(3) ㉢ •

• 기온

• 태양 고도

• 그림자 길이

05 위 그래프에 대한 설명으로 옳지 <u>않은</u> 것을 골라 기호를 쓰시오.

> ㉠ 태양 고도 그래프와 모양이 비슷한 그래프는 기온 그래프이다.
> ㉡ 태양 고도 그래프와 모양이 다른 그래프는 그림자 길이 그래프이다.
> ㉢ 하루 중 태양 고도가 가장 높은 때는 낮 12시 30분이고 이때 기온이 가장 높다.
> ㉣ 하루 중 그림자 길이가 가장 짧은 때는 낮 12시 30분이다.

(   )

^{⌐서술형⌐}
06 위 **05**번에서 틀린 문장을 바르게 고쳐 쓰시오.

_____

_____

07 같은 날 오전에 측정한 태양 고도가 다음과 같을 때, 기온이 더 낮은 경우를 골라 기호를 쓰시오.

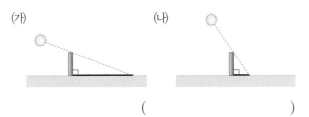

( )

[08~09] 다음은 월별 태양의 남중 고도를 측정하여 나타낸 표입니다. 물음에 답하시오.

날짜	남중 고도	날짜	남중 고도
1월 15일	㉠	7월 16일	71°
2월 14일	㉡	8월 17일	62°
3월 15일	㉢	9월 16일	50°
4월 15일	㉣	10월 17일	39°
5월 15일	㉤	11월 16일	30°
6월 16일	71°	12월 15일	27°

08 위 표에서 ㉠~㉤ 중 태양의 남중 고도가 가장 높은 것의 기호를 쓰시오.

( )

09 계절에 따른 태양의 남중 고도 변화에 대한 설명으로 옳은 것은 어느 것입니까? ( )

① 가을에 가장 높다.
② 겨울에 가장 낮다.
③ 여름보다 봄에 더 높다.
④ 가을보다 겨울에 더 높다.
⑤ 봄에서 겨울까지 계속 높아진다.

10 다음은 계절별 태양의 위치 변화를 나타낸 것입니다. ㉢에 해당하는 계절에 대한 설명으로 옳은 것은 어느 것입니까? ( )

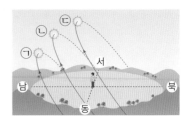

① 기온이 가장 낮다.
② 낮의 길이가 길다.
③ 그림자 길이가 가장 길다.
④ 태양의 남중 고도가 가장 낮다.
⑤ 햇빛이 교실 안쪽까지 가장 많이 들어온다.

[11~12] 다음은 월별 낮의 길이와 밤의 길이를 나타낸 그래프입니다. 물음에 답하시오.

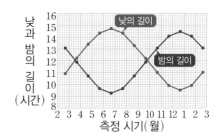

11 가장 일찍 해가 지는 계절과 가장 늦게 해가 지는 계절을 각각 쓰시오.

(1) 가장 일찍 해가 지는 계절: ( )
(2) 가장 늦게 해가 지는 계절: ( )

┌중요┐
12 월별 낮의 길이 그래프와 모양이 비슷한 그래프는 어느 것입니까? ( )

① 하루 동안 기온 그래프
② 월별 그림자 길이 그래프
③ 하루 동안 태양 고도 그래프
④ 하루 동안 그림자 길이 그래프
⑤ 월별 태양의 남중 고도 그래프

13 다음 ( ) 안에 들어갈 말을 바르게 짝 지은 것은 어느 것입니까? ( )

> • (㉠)에는 태양의 남중 고도가 가장 높고 낮의 길이가 가장 (㉡).
> • (㉢)에는 태양의 남중 고도가 가장 낮고, 낮의 길이가 가장 (㉣).

	㉠	㉡	㉢	㉣
①	봄	길다	여름	짧다
②	여름	길다	가을	짧다
③	여름	길다	겨울	짧다
④	겨울	짧다	봄	길다
⑤	겨울	짧다	여름	길다

[14~17] 다음은 태양의 남중 고도에 따른 기온 변화를 알아보기 위한 실험입니다. 물음에 답하시오.

 (가)

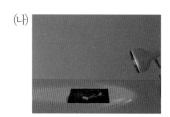 (나)

14 위 실험에서 전등, 태양 전지판, 전등과 태양 전지판이 이루는 각이 의미하는 것으로 옳은 것은 어느 것입니까? ( )

	전등	태양 전지판	전등과 태양 전지판이 이루는 각
①	지구	지표면	태양의 남중 고도
②	지구	태양 표면	태양의 남중 고도
③	태양	지표면	태양의 남중 고도
④	태양	지표면	지구 자전축의 기울기
⑤	태양	태양 표면	지구 자전축의 기울기

15 앞의 실험에서 같게 해야 할 조건이 <u>아닌</u> 것은 어느 것입니까? ( )

① 전등의 밝기
② 태양 전지판의 크기
③ 소리 발생기의 종류
④ 전등과 태양 전지판이 이루는 각
⑤ 전등과 태양 전지판 사이의 거리

16 앞 실험 (가)와 (나) 중 같은 면적에 도달하는 에너지양이 더 많은 것을 골라 기호를 쓰시오.

( )

17 앞 실험 (가)와 (나)가 의미하는 실제 자연의 모습을 찾아 바르게 선으로 연결하시오.

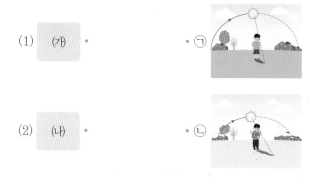

(1) (가) •

(2) (나) •

• ㉠

• ㉡

⊏ 서술형 ⊐

18 다음은 계절에 따라 기온이 변하는 까닭에 대한 친구들의 대화입니다. 잘못 말한 친구의 이름을 쓰고, 바르게 고쳐 쓰시오.

> • 준서: 계절에 따라 기온이 변하는 것은 태양의 남중 고도와 관계가 있어.
> • 서후: 태양의 남중 고도가 높아질수록 같은 면적의 지표면에 도달하는 태양 에너지양이 적어져.
> • 예린: 같은 면적의 지표면에 도달하는 태양 에너지양이 적을수록 기온이 낮아져.

19 계절이 변하는 까닭과 가장 거리가 <u>먼</u> 것은 어느 것입니까? (   )

① 지구의 공전
② 지구의 자전
③ 기온의 변화
④ 지구 자전축의 기울기
⑤ 태양의 남중 고도의 변화

[20~22] 다음은 지구본의 우리나라 위치에 태양 고도 측정기를 붙인 뒤, 지구본을 공전시켜 각 위치에서 태양의 남중 고도를 측정하는 실험입니다. 물음에 답하시오.

▲ 지구본의 자전축이 수직인 채 공전할 때

▲ 지구본의 자전축이 기울어진 채 공전할 때

20 위 실험에서 다르게 해야 할 조건을 쓰시오.

(   )

21 위의 (가)와 (나)에서 태양의 남중 고도가 가장 높은 지구본의 위치를 바르게 짝 지은 것은 어느 것입니까?

(   )

	(가)	(나)
①	㉠	㉠
②	모두 같다.	㉡
③	㉢	㉢
④	㉣	㉣
⑤	모두 같다.	모두 같다.

┌중요┐
22 앞의 (나) 실험처럼 지구의 자전축이 기울어진 채 태양 주위를 공전할 때 생기는 현상으로 옳지 <u>않은</u> 것을 모두 고르시오. (   )

① 계절의 변화가 생긴다.
② 월별 낮의 길이가 달라진다.
③ 월별 태양의 남중 고도가 비슷하다.
④ 계절에 따라 그림사 길이가 일정하다.
⑤ 기온이 높은 계절과 낮은 계절이 생긴다.

[23~24] 다음은 태양 주위를 공전하는 지구의 모습을 나타낸 것입니다. 물음에 답하시오. (단, 태양과 지구의 상대적인 크기와 거리는 고려하지 않았습니다.)

23 북반구에서 태양의 남중 고도, 기온, 낮의 길이를 비교한 것으로 옳은 것은 어느 것입니까? (   )

① 기온은 (가)보다 (나)가 높다.
② 낮의 길이는 (가)보다 (나)가 짧다.
③ 낮의 길이는 (가)와 (나)가 비슷하다.
④ 태양의 남중 고도는 (가)와 (나)가 같다.
⑤ 태양의 남중 고도는 (가)보다 (나)가 높다.

24 북반구가 여름일 때 남반구의 모습에 대한 설명으로 옳은 것은 어느 것입니까? (   )

① 기온이 높다.
② 낮의 길이가 길다.
③ 밤의 길이가 길다.
④ 그림자의 길이가 더 짧다.
⑤ 태양의 남중 고도가 높다.

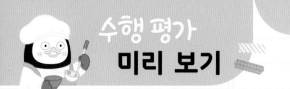

1 다음은 계절에 따라 기온이 달라지는 까닭을 알아보기 위한 실험입니다. 물음에 답하시오.

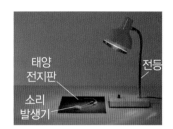

▲ 전등과 태양 전지판이 이루는 각이 클 때

▲ 전등과 태양 전지판이 이루는 각이 작을 때

(1) 위 실험으로 알아보려는 가설을 쓰시오.

(2) 위 실험에서 소리 발생기에서 나오는 소리가 더 큰 것을 쓰고, 그 까닭을 쓰시오.

2 다음은 지구 자전축의 기울기에 따라 태양의 남중 고도의 변화가 생기는지 알아보는 실험입니다. 물음에 답하시오.

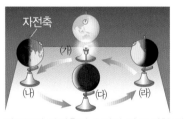

▲ 지구본의 자전축이 수직인 채 공전할 때

▲ 지구본의 자전축이 기울어진 채 공전할 때

(1) 위 실험 ⑺와 ⑻에서 지구본의 위치에 따라 태양의 남중 고도는 어떻게 되는지 각각 쓰시오.

(가)	(나)

(2) 위 실험을 통해 알 수 있는 점을 쓰시오.

3단원

연소와 소화

폭죽은 쇠막대 등에 잘 타는 물질을 발라 놓은 것으로, 폭죽에 불을 붙이면 밝은 불꽃을 내면서 타지만, 쇠막대에 발라 놓은 물질이 다 타고 나면 더 이상 폭죽이 타지 않습니다. 우리는 일상생활 속에서 불을 사용합니다. 불은 우리가 생활하는 데 있어 꼭 필요하지만, 화재가 발생할 경우에는 매우 위험하기도 합니다.

이 단원에서는 물질이 탈 때 나타나는 현상을 관찰하고, 물질이 연소할 때 필요한 조건과 물질이 연소한 후에 생기는 물질에 대해서 알아봅니다. 또한, 불을 끄는 방법에 대해서 알아보고, 화재가 발생했을 때 바르게 대처하는 방법에 대해서도 알아봅니다.

단원 학습 목표

(1) 연소
- 물질이 탈 때 나타나는 공통적인 현상을 알아봅니다.
- 연소의 조건에 대해 알아봅니다.
- 연소 후에 생성되는 물질에 대해 알아봅니다.

(2) 소화
- 연소의 조건과 관련지어 소화의 방법을 알아봅니다.
- 화재가 발생했을 때의 대처 방법에 대해 알아봅니다.

단원 진도 체크

회차	학습 내용		진도 체크
1차	(1) 연소	교과서 내용 학습 + 핵심 개념 문제	✓
2차		중단원 실전 문제 + 서술형·논술형 평가 돋보기	✓
3차	(2) 소화	교과서 내용 학습 + 핵심 개념 문제	✓
4차		중단원 실전 문제 + 서술형·논술형 평가 돋보기	✓
5차	대단원 정리 학습 + 대단원 마무리 + 수행 평가 미리 보기		✓

해당 부분을 공부한 후 ✓표를 하세요.

교과서 내용 학습

(1) 연소

▶ 양초가 탈 때 불꽃의 모양

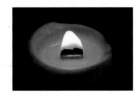

심지의 모양에 따라 불꽃의 모양이 다릅니다.

▶ 숯이 타는 모습

숯은 고체 상태 그대로 타기 때문에 불꽃이 잘 보이지 않습니다.

▶ 물질이 탈 때 주변이 따뜻해지는 정도 알아보기

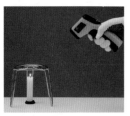

• 불꽃 주변에 금속 물질을 놓고, 불을 켠 뒤 적외선 온도계로 온도를 측정합니다.
• 물질이 타기 전보다 탈 때 온도가 더 높습니다.

낱말 사전

도가니 흙이나 흑연 따위로 우묵하게 만든 그릇으로 물질을 녹일 때 사용함.

1 물질이 탈 때 나타나는 현상

(1) 초와 알코올이 탈 때 나타나는 현상

▲ 초가 타는 모습

▲ 알코올이 타는 모습

구분	초가 탈 때	알코올이 탈 때
불꽃의 모양, 색깔, 밝기	• 불꽃 모양은 위아래로 길쭉하다. • 불꽃 색깔은 주황색, 노란색, 붉은색 등이다. • 중간 부분이 가장 밝다. • 불꽃 주변이 밝아진다.	• 불꽃 모양은 위아래로 길쭉하다. • 불꽃 색깔은 푸른색, 주황색, 붉은색 등이다. • 중간 부분이 가장 밝다. • 불꽃 주변이 밝아진다.
손을 가까이 했을 때의 느낌	• 손이 따뜻해진다. • 불꽃의 아랫부분보다 윗부분이 더 뜨겁다.	• 손이 따뜻해진다. • 불꽃의 아랫부분보다 윗부분이 더 뜨겁다.
기타	• 시간이 지날수록 초가 짧아진다. • 시간이 지날수록 초가 녹아 촛농이 흘러내린다. • 흘러내린 촛농이 다시 굳는다. • 공기나 바람에 불꽃이 흔들린다.	• 시간이 지날수록 알코올의 양이 줄어든다. • 공기나 바람에 불꽃이 흔들린다.

(2) 초와 알코올이 탈 때 공통점과 차이점

공통점	• 빛과 열이 발생한다. • 불꽃 주변이 밝고 따뜻해진다. • 타는 물질이 줄어든다. • 불꽃 아래나 주변보다 윗부분이 더 뜨겁다. • 공기나 바람에 불꽃이 흔들린다.
차이점	• 불꽃의 색깔이나 모양이 조금씩 다르다. • 물질에 따라 불꽃의 밝기나 열이 다르다.

(3) 우리 주변에서 물질이 탈 때 나타나는 빛이나 열을 이용하는 사례

▲ 캠핑장에서 장작불을 피워 주변을 밝게 하거나 따뜻하게 합니다.

▲ 가스레인지의 가스를 태워 생기는 열로 요리를 합니다.

▲ 나무 등을 태워 발생하는 열로 난방을 합니다.

▲ 숯불의 열로 고기나 음식 등을 익혀서 먹습니다.

2 물질이 탈 때 필요한 조건을 실험으로 알아보기

(1) 크기가 다른 초 태워 보기

[준비물] 4 g 짜리 초와 1 g 짜리 초, 도가니 두 개, 점화기 두 개

[실험 방법]

① 4 g 짜리 초와 1 g 짜리 초를 도가니에 넣습니다.

② 두 초에 점화기로 동시에 불을 붙입니다.

③ 다 탈 때까지 기다리며 관찰합니다.

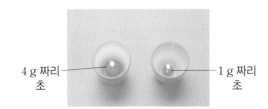

4 g 짜리 초 —— —— 1 g 짜리 초

[실험 결과]

① 1 g 짜리 초가 먼저 꺼집니다.

② 크기가 작은 초가 먼저 꺼진 까닭

- 크기가 작은 초가 모두 타서 탈 물질이 없어졌 기 때문입니다.
- 물질이 타려면 탈 물질이 필요함을 알 수 있습 니다.

(2) 산소를 발생시켜 초 태워 보기

[준비물] 작은 초 두 개, 크기가 같은 삼각 플라스크 두 개, 크기가 같은 투명 아크릴 통 두 개, 묽은 과산화 수소수, 이산화 망가니즈, 점화기 두 개

[실험 방법]

① 초 두 개에 불을 붙입니다.

② 한쪽 초 옆에는 빈 삼각 플라스크를 놓아두고, 다른 초 옆에는 산소가 발생하는 삼각 플라스크를 놓아둡니다. ─산소는 물질이 타는 것을 돕는 성질이 있습니다.

③ 크기가 같은 투명한 아크릴 통으로 초와 삼각 플라스크를 동시에 덮습니다.

이산화 망가니즈+ 묽은 과산화 수소수

[실험 결과]

① 빈 삼각 플라스크를 놓아둔 쪽의 초가 먼저 꺼진다.

② 산소가 발생하는 아크릴 통 속에서 초가 더 오래 타는 것으로 보아 산소가 잘 공급되 면 촛불이 더 오래 탑니다.

③ 물질이 타려면 산소가 필요함을 알 수 있습니다.

▶ 크기가 다른 아크릴 통으로 촛불 동시에 덮어 보기

- 작은 아크릴 통 속의 촛불이 먼저 꺼집니다.
- 큰 아크릴 통보다 작은 아크릴 통 속에 공기가 더 적게 들어 있기 때문입니다.

▶ 모닥불을 피울 때 부채질을 하는 까닭

- 공기를 공급하기 위해서입니다.
- 불이 잘 붙게 하기 위해서입니다.

▶ 초가 탈 때 필요한 기체 알아보기

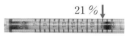

▲ 초가 타기 전 산소 비율

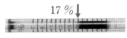

▲ 초가 탄 후 산소 비율

- 기체 채취기의 손잡이를 당기면 기체가 검지관을 통과하면서 검 지관의 색깔이 변해 비커 속의 산 소 비율을 알 수 있습니다.
- 초가 타기 전 비커 속의 산소 비 율은 약 21 %였으나, 초가 타고 난 후에는 약 17 %로 줄어들었 습니다.
- 초가 타기 전보다 타고 난 후의 산소 비율이 줄었습니다. → 물질 이 타기 위해서는 산소가 필요함 을 알 수 있습니다. 또 산소가 충 분히 공급되지 못하면 물질이 더 이상 타지 못한다는 것을 알 수 있습니다.

▶ 직접 불을 붙이지 않고 물질을 태우는 다양한 방법

▲ 볼록 렌즈로 햇빛을 모아 태웁니다.

▲ 부싯돌과 쇳조각을 마찰하여 태웁니다.

▲ 성냥의 머리 부분을 성냥갑에 마찰하여 불을 켭니다.

▶ 푸른색 염화 코발트 종이

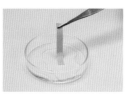

푸른색 염화 코발트 종이는 물에 닿으면 붉게 변합니다.

(3) 불을 붙이지 않고 서로 다른 물질 태워 보기

[준비물] 철판, 삼발이, 성냥, 알코올램프, 점화기

[실험 방법]

① 철판의 가운데로부터 같은 거리에 성냥의 머리 부분과 나무 부분을 올려놓습니다.

② 철판의 가운데 부분을 가열 장치로 가열해 봅니다.

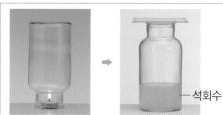

성냥의 머리 부분   성냥의 나무 부분

[실험 결과]

① 성냥의 머리 부분이 먼저 타기 시작합니다.

② 철판에 올려놓은 성냥의 머리 부분은 철판의 온도가 높아지면 불이 붙습니다. 이처럼 불을 직접 붙이지 않아도 물질이 타기 시작하는 온도를 발화점이라고 합니다.

③ 성냥의 머리 부분과 나무 부분을 같은 조건에서 가열하더라도 성냥의 머리 부분에 먼저 불이 붙는 것은 물질마다 발화점이 다르기 때문입니다. ─ 성냥의 머리 부분이 나무 부분보다 발화점이 낮습니다.

④ 물질이 타려면 발화점 이상의 온도가 필요하고, 물질마다 불이 붙기 시작하는 온도가 다름을 알 수 있습니다.

(4) 물질이 탈 때 필요한 조건

① 물질이 산소와 빠르게 반응하여 빛과 열을 내는 현상을 연소라고 합니다.

② 연소가 일어나려면 탈 물질이 있어야 하고, 산소가 공급되어야 하며, 온도가 발화점 이상이 되어야 합니다. → 세 가지 조건 중 한 가지라도 없으면 연소가 일어나지 않습니다.

3 물질이 연소하면서 생성되는 물질

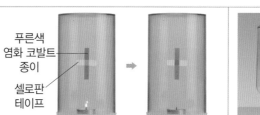

푸른색 염화 코발트 종이

셀로판 테이프

석회수

초가 연소한 후 아크릴 통의 안쪽 벽면에 붙인 푸른색 염화 코발트 종이가 붉은색으로 변했다.	초가 연소한 후 촛불을 덮었던 집기병에 부은 석회수가 뿌옇게 흐려졌다.

① 초가 연소한 후 푸른색 염화 코발트 종이가 붉은색으로 변하는 현상을 통해 물이 생성되는 것을 알 수 있습니다.

② 초가 연소한 후 석회수가 뿌옇게 흐려지는 현상을 통해 이산화 탄소가 생성되는 것을 알 수 있습니다.

③ 물질이 연소하면 물, 이산화 탄소 등이 생성됩니다.

🐭 개념 확인 문제

1 물질이 산소와 빠르게 반응하여 빛과 열을 내는 현상을 (   )(이)라고 합니다.

2 물질이 연소하려면 탈 물질, 산소, 발화점 이하의 온도가 필요합니다. (○ , ×)

3 물질이 연소하면서 생성되는 물질을 두 가지 쓰시오.
(,   )

정답 1 연소 2 × 3 물, 이산화 탄소

이제 실험 관찰로 알아볼까?

물질이 연소한 후 생성되는 물질 알아보기

[준비물] 작은 초, 푸른색 염화 코발트 종이, 집기병, 석회수, 유리판, 핀셋, 스탠드, 링, 집게 잡이, 점화기, 보안경, 실험복, 면장갑

[실험 방법]

① 핀셋으로 푸른색 염화 코발트 종이를 집어 집기병 안쪽 벽면에 문지른 후 꺼내어 색깔 변화를 관찰합니다.

② 스탠드에 초를 올린 후, 스탠드에 고정한 링 위에 집기병을 거꾸로 엎어 놓습니다.

③ 점화기로 초에 불을 붙인 후 집기병 안쪽 벽면에 나타나는 변화를 관찰합니다.

④ 약 3분이 지난 후 촛불을 끄고, 핀셋으로 푸른색 염화 코발트 종이를 집어 집기병 안쪽 벽면에 문지르면서 색깔 변화를 관찰합니다.

⑤ 과정 ②와 같이 장치를 꾸미고 초에 불을 붙입니다.

⑥ 약 3분이 지난 후 촛불을 끄고 유리판으로 입구를 막고 똑바로 세웁니다.

⑦ 유리판을 열어 석회수를 넣고 다시 뚜껑을 덮은 채로 집기병을 살살 흔들면서 석회수의 변화를 관찰합니다.

주의할 점
· 염화 코발트 종이를 사용하기 전에 종이가 푸른색을 띠는지 확인하고, 만약 붉은색으로 변했을 경우에는 머리 말리개로 잘 말린 후 사용합니다.
· 집기병 입구를 초보다 조금 높게 위치시켜야 합니다.
· 초가 타는 동안 집기병이 넘어지지 않도록 면장갑을 낀 손으로 잡고 있습니다.
· 유리판으로 집기병을 덮을 때, 뜨거워진 집기병 입구 쪽에 손을 데지 않도록 조심합니다.

[실험 결과]

① 변화 관찰하기 ┌ 집기병 안쪽 벽면에 뿌옇게 생긴 것은 집기병에 모인 수증기가
         └ 천천히 식으면서 응결하여 만들어진 작은 물방울입니다.

집기병 안쪽 벽면	푸른색 염화 코발트 종이로 문질렀을 때	석회수를 넣고 살살 흔들었을 때
뿌옇게 흐려진다.	푸른색 염화 코발트 종이가 붉게 변한다.	석회수가 뿌옇게 흐려진다.

② 연소한 후 생성되는 물질: 푸른색 염화 코발트 종이의 색깔이 변하고 석회수가 뿌옇게 흐려지는 것으로부터 초가 연소하면 물과 이산화 탄소가 생기는 것을 알 수 있습니다.

중요한 점
푸른색 염화 코발트 종이와 석회수의 색깔 변화를 통해 초가 연소한 후 생성되는 물질이 무엇인지 추론하는 것이 중요합니다.

탐구 문제

정답과 해설 19쪽

1 오른쪽 실험에서 초가 연소함에 따라 집기병에 나타나는 변화를 바르게 설명한 것에 ○표 하시오.

(1) 아무 변화 없다. ( )

(2) 집기병 안쪽 벽면이 뿌옇게 흐려진다. ( )

(3) 집기병 안쪽 벽면이 푸른색으로 변한다. ( )

2 초가 연소한 후 생성되는 물질을 알아보는 오른쪽 실험을 다음과 같이 정리하였습니다. ( ) 안에 들어갈 알맞은 말을 각각 쓰시오.

푸른색 염화 코발트 종이

· 실험 결과: 푸른색 염화 코발트 종이를 집기병 안쪽에 문지르면 ⊙( ) 변한다.
· 알 수 있는 점: 초가 연소하면 ⓒ( ) 이/가 생긴다.

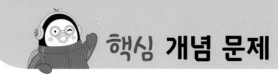

개념 1 · 물질이 탈 때 공통적으로 나타나는 현상을 묻는 문제

(1) 물질이 탈 때 주변을 밝혀 주는 빛이 생김.

(2) 물질이 탈 때 열이 발생함.

(3) 타는 물질의 양이 변함.

01 알코올램프 심지에 불을 붙인 후 알코올이 탈 때 관찰할 수 있는 현상이 <u>아닌</u> 것은 어느 것입니까? (   )

① 불꽃 주변이 밝아진다.

② 불꽃 주변이 따뜻해진다.

③ 불꽃의 모양은 위아래로 길쭉하다.

④ 용기 속 알코올의 양은 줄어들지 않는다.

⑤ 불꽃의 윗부분과 아랫부분의 색이 다르다.

02 다음은 물질이 탈 때 공통적으로 나타나는 현상에 대해 설명한 것입니다. (   ) 안에 들어갈 말을 바르게 짝 지은 것은 어느 것입니까? (   )

> 물질이 탈 때에는 (㉠   )과/와 (㉡   )이/가 발생한다.

	㉠	㉡
①	빛	열
②	빛	숯
③	숯	물방울
④	열	그을음
⑤	숯	그을음

개념 2 · 초가 탈 때 필요한 기체를 묻는 문제

(1) 빈 삼각 플라스크를 놓아둔 쪽보다 산소가 공급되는 삼각 플라스크를 놓아둔 쪽의 초가 더 오래 탐. → 물질이 타려면 산소가 필요함을 알 수 있음.

이산화 망가니즈＋
묽은 과산화 수소수

(2) 크기가 다른 아크릴 통으로 두 촛불을 동시에 덮었을 때 크기가 큰 아크릴 통 속에 있는 초가 더 오래 타고, 크기가 작은 아크릴 통 속에 있는 초가 더 빨리 꺼짐. → 작은 아크릴 통보다 큰 아크릴통 속에 공기(산소)의 양이 많기 때문임.

[03~04] 작은 초 두 개에 동시에 불을 붙인 후, 다음과 같이 장치하여 초가 타는 시간을 비교해 보았습니다. 물음에 답하시오.

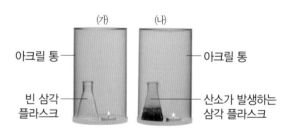

03 위 실험에서 촛불이 더 오래 타는 쪽의 기호를 쓰시오.

(   )

04 위 실험에서 아크릴 통 속의 초가 타는 시간에 영향을 미친 조건은 어느 것입니까? (   )

① 초의 크기

② 아크릴 통의 크기

③ 산소 공급의 유무

④ 이산화 탄소의 양

⑤ 삼각 플라스크의 크기

개념 3 연소와 연소의 조건을 묻는 문제

(1) 물질이 산소와 빠르게 반응하여 빛과 열을 내는 현상을 연소라고 함.

(2) **연소의 조건**: 탈 물질, 산소, 발화점 이상의 온도. 세 가지 조건 중 하나라도 없으면 연소가 일어나지 않음.

05 다음 (   ) 안에 들어갈 알맞은 말을 쓰시오.

> 물질이 산소와 빠르게 반응하여 빛과 열을 내는 현상을 (   )(이)라고 한다.

(   )

06 물질이 연소하는 데 필요한 조건에 대한 설명으로 옳은 것은 어느 것입니까? (   )

① 산소만 공급하면 된다.
② 탈 물질만 있으면 된다.
③ 산소와 탈 물질만 있으면 된다.
④ 주변의 온도를 낮게 유지하면 된다.
⑤ 탈 물질과 산소가 있어야 하고, 온도가 발화점 이상이 되어야 한다.

개념 4 초가 연소할 때 생기는 물질을 묻는 문제

	푸른색 염화 코발트 종이	석회수
촛불 위에 거꾸로 세운 집기병 안쪽이 뿌옇게 변함.	촛불을 덮었던 집기병 안쪽을 푸른색 염화 코발트 종이로 문지르면 붉게 변함. → 초가 연소하면 물이 생김.	촛불을 덮었던 집기병에 석회수를 넣고 흔들면 석회수가 뿌옇게 흐려짐. → 초가 연소하면 이산화 탄소가 생김.

07 다음은 촛불을 덮었던 집기병에 석회수를 넣고 흔드는 모습입니다. 이 실험에 대한 설명으로 옳은 것에 ○표 하시오.

석회수

(1) 투명하던 석회수가 뿌옇게 흐려진다. (   )
(2) 석회수가 부글부글 끓어오르면서 붉게 변한다.
(   )
(3) 석회수의 색깔이 변한 것은 초가 연소할 때 생긴 산소 때문이다. (   )

08 초가 연소한 후에 생기는 물질을 바르게 짝 지은 것은 어느 것입니까? (   )

① 물, 빛
② 물, 열
③ 물, 산소
④ 물, 질소
⑤ 물, 이산화 탄소

01 다음과 같이 초가 탈 때 관찰할 수 있는 현상이 <u>아닌</u> 것은 어느 것입니까? (   )

① 불꽃 주변이 밝아진다.
② 바람에 불꽃이 흔들린다.
③ 손을 가까이하면 따뜻해진다.
④ 불꽃 모양은 위아래로 길쭉하다.
⑤ 시간이 지나도 초의 길이가 짧아지지 않는다.

02 우주네 모둠에서는 알코올램프에 불을 붙이고 알코올이 타는 모습을 관찰해 보았습니다. 관찰 결과를 <u>잘못</u> 말한 친구의 이름을 쓰시오.

- 우주: 불꽃 주변이 밝아져.
- 성조: 초의 불꽃 색과 똑같아.
- 가람: 손을 가까이하면 따뜻해져.
- 고은: 불꽃 모양은 위아래로 길쭉해.
- 수아: 시간이 지날수록 알코올의 양이 줄어들어.

(   )

⊏서술형⊐
03 초와 알코올이 탈 때 공통적으로 관찰되는 현상을 두 가지 쓰시오.

_____

_____

04 우리 주변에서 물질이 타는 현상을 이용하는 예로 옳지 <u>않은</u> 것은 어느 것입니까? (   )

① 나무를 태워 불을 쮠다.
② 전구를 켜서 불을 밝힌다.
③ 숯을 이용해 음식을 익힌다.
④ 모닥불을 피워 주변을 밝힌다.
⑤ 가스레인지에 불을 켜서 음식을 해 먹는다.

[05~07] 다음은 작은 초에 동시에 불을 붙인 후, 한쪽은 산소가 발생하는 삼각 플라스크를, 다른 한쪽에는 빈 삼각 플라스크를 놓아두고, 투명한 아크릴 통으로 덮어 초가 타는 시간을 비교하는 것입니다. 물음에 답하시오.

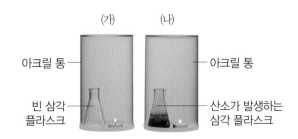

05 위의 실험에서 다르게 한 조건을 찾아 ○표 하시오.

(1) 촛불의 크기   (   )
(2) 아크릴 통의 두께   (   )
(3) 아크릴 통 속 산소 공급의 정도   (   )

06 위의 실험에서 (가)와 (나) 중 촛불이 더 먼저 꺼지는 쪽의 기호를 쓰시오.

(   )

07 앞의 실험에서 두 아크릴 통 속에서 초가 타는 시간이 다른 까닭으로 옳은 것은 어느 것입니까? (   )

① 아크릴 통을 덮고 있는 시간이 다르기 때문이다.
② 아크릴 통 속 산소 공급의 정도가 다르기 때문이다.
③ 아크릴 통 속에 있는 초의 재질이 다르기 때문이다.
④ 아크릴 통의 두께가 달라 통 속의 온도가 서로 다르기 때문이다.
⑤ 아크릴 통을 덮을 때 아크릴 통 속에 들어 있는 공기의 양이 다르기 때문이다.

[08~09] 오른쪽과 같이 기체 채취기와 기체 검지관을 이용하여 비커 속에 있는 초가 타기 전과 초가 탄 후의 산소 비율을 측정하였습니다. 물음에 답하시오.

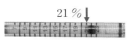
▲ 초가 타기 전 산소 비율

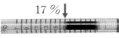
▲ 초가 탄 후 산소 비율

08 다음은 위의 실험 결과를 정리한 것입니다. (   ) 안에 들어갈 알맞은 말에 ◯표 하시오.

> 초가 탄 후 비커 속에 들어 있는 산소의 비율은 (처음보다 줄어들었다 . 처음과 같다 . 처음보다 늘어났다).

09 위 08번과 같은 결과가 나타나는 까닭으로 옳은 것은 어느 것입니까? (   )

① 초가 탈 때 빛이 생기기 때문이다.
② 초가 탈 때 열이 생기기 때문이다.
③ 초가 타면서 초가 줄어들기 때문이다.
④ 초가 탈 때 질소가 필요하기 때문이다.
⑤ 초가 타면서 산소를 사용했기 때문이다.

[10~11] 다음은 성냥의 머리 부분과 나무 부분을 같은 크기로 잘라 철판 위에 올려놓고, 철판 가운데 부분을 알코올램프로 가열하는 모습입니다. 물음에 답하시오.

성냥의 머리 부분   성냥의 나무 부분

10 위 실험 결과 성냥의 머리 부분과 나무 부분 중 어느 것에 더 먼저 불이 붙는지 쓰시오.

(   )

11 위 실험 결과를 통해 알 수 있는 사실로 옳은 것은 어느 것입니까? (   )

① 물질이 탈 때 산소가 필요하다.
② 물질마다 녹기 시작하는 온도가 다르다.
③ 물질이 타고 나면 이산화 탄소가 생긴다.
④ 물질마다 타기 시작하는 온도(발화점)가 다르다.
⑤ 물질이 타려면 온도가 발화점 미만이 되어야 한다.

〔서술형〕
12 물질이 연소하기 위한 조건 세 가지를 쓰시오.

_____

_____

13 다음과 같이 모닥불을 피울 때 부채질을 하는 까닭을 바르게 설명한 것은 어느 것입니까? (　　　)

① 탈 물질을 공급하기 위해서
② 공기 중 산소를 공급하기 위해서
③ 발화점 이상의 온도를 공급하기 위해서
④ 공기 중 이산화 탄소를 공급하기 위해서
⑤ 연소할 때 생기는 물을 부채질로 날려 버리기 위해서

[14~15] 다음은 초가 연소한 후 생성되는 물질을 알아보기 위한 실험입니다. 물음에 답하시오.

(가) 투명한 아크릴 통 안쪽 벽에 셀로판테이프로 푸른색 염화 코발트 종이를 붙인다.
(나) 초에 불을 붙이고 아크릴 통으로 촛불을 덮는다.
(다) 촛불이 꺼지면 푸른색 염화 코발트 종이의 색깔을 관찰한다.

푸른색 염화 코발트 종이
초

⊏서술형⊐
14 위 실험에서 푸른색 염화 코발트 종이를 사용한 까닭은 무엇인지 쓰시오.

_____

_____

15 위 실험 결과 푸른색 염화 코발트 종이의 색깔 변화로 옳은 것은 어느 것입니까? (　　　)

① 아무 변화 없다.
② 흰색으로 변한다.
③ 노란색으로 변한다.
④ 검은색으로 변한다.
⑤ 붉은색으로 변한다.

[16~17] 다음 실험을 보고, 물음에 답하시오.

(가) 작은 초에 불을 붙인 뒤 집기병으로 덮어 촛불이 꺼질 때까지 기다린다.
(나) 촛불이 꺼지면 집기병을 들어 올려 유리판으로 집기병의 입구를 막는다.
(다) 집기병을 뒤집어 세운 뒤 집기병이 식으면 유리판을 실짝 들어 석회수를 붓고 흔든다.

석회수

16 위 실험 결과 석회수의 변화로 옳은 것은 어느 것입니까? (　　　)

① 아무 변화 없다.
② 석회수가 뿌옇게 흐려진다.
③ 석회수가 푸른색으로 변한다.
④ 석회수가 검은색으로 변한다.
⑤ 석회수가 붉은색으로 변한다.

17 석회수가 위 **16**번 답과 같이 변화한 까닭을 설명한 것입니다. (　　　) 안에 들어갈 알맞은 말을 쓰시오.

초가 연소한 후 (　　　　　)이/가 생성되었기 때문이다.

(　　　　　　　)

⊏중요⊐
18 물질이 연소한 후에 생성되는 물질을 보기 에서 모두 골라 기호를 쓰시오.

보기

| ㉠ 빛 | ㉡ 열 | ㉢ 물 |
| ㉣ 산소 | ㉤ 수소 | ㉥ 이산화 탄소 |

(　　　　　　　)

1 다음은 성냥의 머리 부분과 나무 부분 중 어느 것이 먼저 불이 붙는지 알아보기 위한 실험입니다. 물음에 답하시오.

성냥의 머리 부분   성냥의 나무 부분

(1) 알코올램프에 불을 붙인 후 관찰하면 두 물질 중 어느 것에 먼저 불이 붙는지 쓰시오.

(   )

(2) 위 (1)번 답의 물질에 먼저 불이 붙는 까닭을 쓰시오.

_____

_____

2 다음과 같이 성냥이나 볼록 렌즈를 이용하면 불을 직접 붙이지 않아도 물질을 태울 수 있습니다. 이처럼 물질에 불을 직접 붙이지 않아도 물질이 타는 까닭을 쓰시오.

성냥

볼록 렌즈

_____

_____

_____

3 초가 연소하는 데 필요한 조건을 알아보기 위해 작은 초 두 개에 불을 붙인 뒤, 크기가 다른 아크릴 통으로 촛불을 동시에 덮었습니다. 물음에 답하시오.

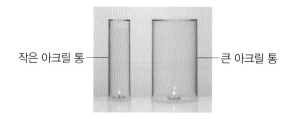

작은 아크릴 통 —   — 큰 아크릴 통

(1) 어느 통에 있는 촛불이 먼저 꺼지는지 쓰시오.

_____

(2) 위 (1)번 답과 같은 결과가 나타나는 까닭을 쓰시오.

_____

_____

4 타고 있는 촛불을 아크릴 통으로 덮었더니 다음과 같이 촛불이 꺼지고 아크릴 통 벽면이 뿌옇게 흐려졌습니다. 아크릴 통 벽면이 뿌옇게 된 까닭을 연소 후 생기는 물질과 관련지어 쓰시오.

_____

_____

_____

교과서 내용 학습

(2) 소화

▶ 초의 연소
초의 심지에 불이 붙으면 열에 의해 고체인 초가 액체 상태로 녹게 되며, 녹은 초가 심지를 타고 올라간 뒤 다시 열에 의해 기체로 변하면서 연소가 됩니다.

▶ 초의 심지를 집으면 불이 꺼지는 까닭
촛불의 심지를 자르거나 핀셋으로 심지를 집으면 액체가 된 초가 심지를 따라 올라가지 못하므로 촛불이 꺼지게 되는 것입니다. 이것은 탈 물질인 '녹은 초'가 심지를 타고 올라가지 못하게 하는 것이므로 탈 물질이 공급되는 것을 막아 불이 꺼지게 되는 것입니다.

▶ 다양한 소화기
• 소화기는 화재가 난 초기에 불을 끌 수 있는 유용한 도구입니다.

• 분무 소화기는 뚜껑을 열고 버튼을 눌러 불이 난 곳에 뿌려 사용합니다.

• 투척용 소화기는 보관용 뚜껑을 벗겨 통을 꺼내 불을 향해 던져서 불을 끄는 소화기입니다.

낱말 사전

투척 물건 따위를 던지는 것.
비치 마련하여 갖추어 둠.

1 불을 끄는 방법

(1) 촛불을 끄는 여러 가지 방법

촛불을 끄는 방법	촛불이 꺼지는 까닭
입으로 불기	탈 물질이 공급되는 것을 막는다.
집기병이나 아크릴 통으로 덮기	산소 공급을 막는다.
분무기로 물 뿌리기	발화점 미만으로 온도를 낮춘다.
젖은 수건으로 완전히 덮기	산소 공급을 막고, 발화점 미만으로 온도를 낮춘다.
심지를 핀셋으로 집거나 자르기	탈 물질이 공급되는 것을 막는다.

▲ 입으로 불어서 끄기　▲ 집기병을 덮어 끄기　▲ 물을 뿌려 끄기　▲ 핀셋으로 심지를 집어서 끄기

(2) 불을 끄기 위한 조건
① 물질이 연소하려면 탈 물질과 산소 공급, 발화점 이상의 온도가 필요합니다.
② 연소의 세 가지 조건 중 한 가지라도 없으면 연소가 일어나지 않습니다.
③ 연소가 일어날 때 연소의 조건 중 한 가지 이상의 조건을 없애 불을 끄는 것을 소화라고 합니다.

(3) 물질에 따라 불을 끄는 방법
① 나무나 종이 등이 탈 때에는 물로 불을 끌 수 있습니다.
② 기름이나 가스, 전기로 생긴 불은 물로 끄면 더 위험해질 수 있으니, 소화기에 표시된 내용을 확인하고 알맞은 소화기를 사용해야 합니다.

③ 소화기 사용 방법

❶ "불이야!"를 크게 외치고, 불이 난 곳으로 소화기를 재빨리 가져옵니다.

❷ 소화기를 바닥에 내려놓고, 손잡이의 안전핀을 뽑습니다.

❸ 바람을 등지고 서서 호스의 끝부분을 잡고 다른 손으로 손잡이를 힘껏 움켜쥡니다.

❹ 빗자루로 마당을 쓸듯이 앞에서부터 골고루 뿌립니다.

(4) 연소의 조건과 관련지어 일상생활에서 할 수 있는 소화 방법 구분하기

탈 물질 없애기	• 타기 쉬운 낙엽이나 장작 치우기 • 촛불에 휴대용 선풍기 바람을 쏘이기 • 가스레인지의 연료 조절 밸브 잠그기 • 초 심지 자르기
산소 공급 막기 (산소 차단하기)	• 분말 소화기로 불이 덮이도록 분말 가루 뿌리기 • 두꺼운 담요로 불을 덮기 • 마른 모래를 불이 덮이도록 뿌리기 • 드라이아이스를 가까이 가져가기 • 알코올램프의 뚜껑을 덮어 불 끄기
발화점 미만으로 온도 낮추기	• 물에 젖은 담요나 수건으로 불을 덮기 • 물 뿌리기

2 화재 안전 대책

(1) 연소 물질의 종류에 따른 화재 발생 시 대처 방법

나무나 종이 등에 불이 붙었을 때	탈 물질을 없애거나 발화점 미만으로 온도를 낮춰 불을 끌 수 있다.
기름에 불이 붙었을 때	물을 뿌리면 안 되며, 마른 모래를 덮거나, 유류 화재용 소화기를 사용한다.
콘센트에 불이 붙었을 때	감전의 위험이 있으므로 물을 뿌리면 안 되고, 전기 화재용 소화기를 사용한다.

(2) 화재 발생 시 대처 방법
① 불을 발견하면 큰 소리로 "불이야!"를 외치고 비상벨을 눌러 사람들에게 알립니다.
② 화재 초기 단계라면 소화기를 이용해 불을 끕니다.
③ 연기가 보이면 젖은 수건으로 코와 입을 가리고 낮은 자세로 이동합니다.
④ 닫힌 문에 손을 가까이 대 보고 뜨겁거나 문틈으로 연기가 새 들어오면 문을 열지 않습니다.
⑤ 이동할 때에는 승강기 대신 계단을 이용합니다.
⑥ 아래층으로 피할 수 없을 때에는 높은 곳(옥상)으로 올라가 구조를 요청합니다.
⑦ 안전한 장소로 대피한 뒤 119에 신고합니다.

(3) 우리 주변에서 화재로 인한 피해를 줄이기 위한 노력
① 소화기를 비치하고 정기적으로 점검합니다.
② 가정이나 학교 곳곳에 마련된 소화기 위치를 미리 파악해 둡니다.
③ 화재 감지기, 옥내 소화전, 비상벨 등 소방 시설의 작동 상태를 주기적으로 점검합니다.
④ 멀티탭이나 휴대용 가스레인지 등은 안전 규칙에 따라 사용합니다.
⑤ 커튼이나 벽 장식 등은 불에 잘 타지 않는 소재를 사용합니다.
⑥ 평상시 화재 발생을 대비해 대피 경로를 확인하고 훈련합니다.

개념 확인 문제

1 연소의 조건 중에서 한 가지 이상의 조건을 없애 불을 끄는 것을 (　　　)(이)라고 합니다.
2 분말 소화기로 불이 덮이도록 분말 가루를 뿌려 불을 끄는 것은 (　　　) 공급을 막아 불을 끄는 방법입니다.

3 화재가 발생하면 (112 , 119)에 신고하고, 젖은 수건으로 코와 입을 가리고 (낮은 , 높은) 자세로 안전한 곳으로 대피합니다.

정답 1 소화　2 산소　3 119, 낮은

▶ 드라이아이스로 촛불 끄기

이산화 탄소가 산소 공급을 차단하여 불이 꺼집니다.

▶ 우리 주변의 소방 시설

• 옥내 소화전: 건물 안에 설치한 소화전에는 호스와 노즐이 있어 한 명이 호스를 잡고 다른 한 명이 밸브를 열어 물을 분사하여 사용합니다.

• 완강기: 높은 건물에서 불이 났을 때 몸에 밧줄을 걸고 천천히 내려올 수 있게 만든 비상용 기구입니다.

촛불을 끄는 다양한 방법 알아보기

[준비물] 초, 점화기, 가위, 집기병, 물이 담긴 분무기, 사각 쟁반, 모래 상자, 모종삽, 면장갑, 보안경, 실험복

[실험 방법]

초에 불을 붙인 후 여러 가지 방법으로 불을 꺼 봅니다.

① 가위로 불꽃 아래쪽의 심지를 자릅니다.

② 핀셋으로 불꽃 바로 아래 심지를 집습니다.

③ 입으로 '후' 하고 붑니다.

④ 분무기로 물을 뿌립니다.

⑤ 마른 모래를 촛불 위에 뿌립니다.

⑥ 집기병으로 촛불을 덮습니다.

[실험 결과]

불 끄는 방법	· 가위로 심지 자르기 · 핀셋으로 심지 집기 · 입으로 불기	· 분무기로 물 뿌리기	· 촛불에 마른 모래 뿌리기 · 집기병으로 덮기
불이 꺼지는 원리	가위로 심지를 자르거나 핀셋으로 심지를 집으면 탈 물질이 심지를 타고 올라가지 못하기 때문에 불이 꺼진다.	분무기로 물을 뿌리면 심지의 온도가 낮아지기 때문에 불이 꺼진다.	촛불에 모래를 뿌리거나 집기병으로 촛불을 덮으면 산소가 공급되지 않아 불이 꺼진다.
	↓	↓	↓
	탈 물질을 제거하여 불 끄기	발화점 미만으로 온도를 낮추어 불 끄기	산소 공급을 막아 불 끄기

중요한 점
촛불이 꺼지는 까닭을 연소의 조건과 관련지어 이해하는 것이 중요합니다.

탐구 문제

정답과 해설 21쪽

1 불이 꺼지는 원리가 나머지와 <u>다른</u> 하나는 어느 것입니까? (　　　)

① 핀셋으로 초의 심지 집기
② 촛불에 분무기로 물 뿌리기
③ 초의 심지를 가위로 자르기
④ 촛불을 입으로 '후' 하고 불기
⑤ 가스레인지의 연료 조절 밸브 잠그기

2 오른쪽과 같이 촛불 위에 마른 모래를 뿌렸을 때의 결과를 설명한 것입니다. (　　) 안에 들어갈 알맞은 말에 ○표 하시오.

촛불 위에 모래를 뿌리면 (산소 , 이산화 탄소)가 공급되지 않아 불이 꺼진다.

개념 1 촛불을 끄는 여러 가지 방법을 묻는 문제

촛불을 끄는 방법	촛불이 꺼지는 까닭
입으로 불기	탈 물질이 공급되는 것을 막음.
집기병이나 아크릴 통으로 덮기	산소 공급을 막음.
분무기로 물 뿌리기	발화점 미만으로 온도를 낮춤.
젖은 수건으로 덮기	산소 공급을 막고, 발화점 미만으로 온도를 낮춤.
심지를 핀셋으로 집거나 자르기	탈 물질이 공급되는 것을 막음.

01 오른쪽과 같이 초의 심지를 가위로 잘랐을 때 불이 꺼지는 까닭으로 옳은 것은 어느 것입니까? (   )

① 탈 물질이 없어졌기 때문이다.
② 산소가 계속 공급되기 때문이다.
③ 산소가 공급되지 않기 때문이다.
④ 이산화 탄소가 공급되기 때문이다.
⑤ 발화점 이상으로 온도가 높아졌기 때문이다.

02 다음 보기 에서 산소 공급을 막아 촛불을 끄는 방법을 모두 골라 기호를 쓰시오.

보기
㉠ 분무기로 물 뿌리기
㉡ 심지를 핀셋으로 집기
㉢ 젖은 수건으로 완전히 덮기
㉣ 집기병이나 아크릴 통으로 덮기
㉤ 드라이아이스를 가까이 가져다 대기

(   )

개념 2 소화의 조건을 묻는 문제

(1) 연소의 조건 중 한 가지 이상을 없애 불을 끄는 것을 소화라고 함.

(2) 일상 속 소화의 방법

탈 물질 없애기	• 타기 쉬운 낙엽이나 장작 치우기 • 가스레인지의 연료 조절 밸브 잠그기 • 초의 심지 자르기
산소 공급 막기 (산소 차단하기)	• 분말 소화기로 불이 덮이도록 분말 가루 뿌리기 • 두꺼운 담요로 불을 덮기 • 마른 모래를 불이 덮이도록 뿌리기 • 드라이아이스를 가까이 가져가기 • 알코올램프의 뚜껑을 덮어 불 끄기
발화점 미만으로 온도 낮추기	• 물에 젖은 담요나 수건으로 불을 덮기 • 물 뿌리기

03 연소에 필요한 탈 물질과 산소 공급, 발화점 이상의 온도 중 한 가지 이상의 조건을 없애 불을 끄는 것을 무엇이라고 하는지 쓰시오.

(   )

04 오른쪽과 같이 가스레인지의 연료 조절 밸브를 잠가 불을 끄는 것과 관계있는 소화의 조건을 보기 에서 골라 기호를 쓰시오.

보기
㉠ 탈 물질 없애기
㉡ 산소 공급 차단하기
㉢ 발화점 미만으로 온도 낮추기

(   )

핵심 개념 문제

개념 3 · 화재 발생 시 대처 방법을 묻는 문제

(1) 불을 발견하면 큰 소리로 "불이야!"를 외치고 비상벨을 눌러 사람들에게 알림.

(2) 화재 초기 단계라면, 소화기를 사용해 불을 끔.

(3) 연기가 보이면 젖은 수건으로 코와 입을 가리고 낮은 자세로 이동함.

(4) 닫힌 문에 손을 가까이 대 보고 뜨겁거나 문틈으로 연기가 새 들어오면 문을 열지 않음.

(5) 이동할 때에는 승강기 대신 계단을 이용함.

(6) 아래층으로 피할 수 없을 때에는 높은 곳(옥상)으로 올라가 구조를 요청함.

(7) 안전한 장소로 대피한 뒤 119에 신고함.

05 화재 발생 시 대처 방법으로 옳은 것은 어느 것입니까? ( )

① 승강기 대신 계단을 이용하여 이동한다.

② 안전한 장소에 대피한 뒤 911에 신고한다.

③ 문틈으로 연기가 새 들어오면 재빨리 문을 열고 대피한다.

④ 연기가 보이면 되도록 높은 자세로 뛰면서 신속히 지나간다.

⑤ 계단 아래에서 연기가 올라와도 아래층으로 내려가야 한다.

06 다음은 건물 내에 화재가 발생했을 때 안전하게 대피하는 방법을 설명한 것입니다. ( ) 안에 들어갈 알맞은 말에 ○표 하시오.

> 화재가 발생했을 때 연기는 열에 의해 위로 올라가므로 ㉠(마른 , 젖은) 수건으로 코와 입을 막고 몸을 ㉡(낮춰 , 똑바로 서서) 유독 가스가 적은 ㉢(위 , 아래)쪽으로 이동한다.

개념 4 · 화재 피해를 줄이기 위한 노력을 묻는 문제

(1) 소화기를 비치하고 정기적으로 점검함.

(2) 가정이나 학교 곳곳에 마련된 소화기 위치를 미리 파악해 둠.

(3) 화재 감지기, 옥내 소화전, 비상벨 등 소방 시설의 작동 상태를 주기적으로 점검함.

(4) 멀티탭이나 휴대용 가스레인지 등은 안전 규칙에 따라 사용함.

(5) 커튼이나 벽 장식 등은 불에 잘 타지 않는 소재를 사용함.

(6) 평상시 화재 발생을 대비해 대피 경로를 확인하고 훈련함.

07 화재로 인한 피해를 줄이기 위해 평소에 노력해야 하는 점으로 옳은 것에 ○표 하시오.

(1) 소화기는 잘 보이는 곳에 비치하고 6개월 이상 그대로 둔다. ( )

(2) 내 주변에 소화기가 어디에 있는지 미리 위치를 파악해 둔다. ( )

(3) 불에 잘 타지 않는 소재는 가격이 비싸므로 커튼이나 벽 장식 등에는 되도록 사용하지 않는다. ( )

08 다음 그림은 화재로 인한 피해를 줄이기 위한 노력 중 어떤 모습인지 보기 에서 찾아 기호를 쓰시오.

보기

> ㉠ 눈에 잘 띄는 곳에 소화기 비치하기
> ㉡ 화재 감지기, 옥내 소화전, 비상벨 등 소방 시설의 작동 상태를 주기적으로 점검하기
> ㉢ 화재 발생을 대비해 대피 경로를 미리 확인하고 훈련하기

( )

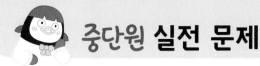
01 촛불을 끄는 방법과 촛불이 꺼지는 까닭을 알맞게 선으로 연결하시오.

(1)
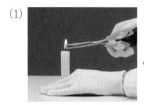
▲ 초 심지 자르기

⊙ 산소 공급 차단하기

(2)

▲ 분무기로 물 뿌리기

ⓒ 탈 물질 없애기

(3)

집기병

▲ 집기병으로 촛불 덮기

ⓒ 발화점 미만으로 온도 낮추기

⊏서술형⊐

02 오른쪽과 같이 핀셋으로 초의 심지를 집으면 잠시 후 촛불이 꺼집니다. 촛불이 꺼지는 까닭을 연소의 조건과 관련지어 쓰시오.

핀셋
초

_____

_____

⊏중요⊐

03 다음 (   ) 안에 들어갈 알맞은 말을 각각 쓰시오.

연소에 필요한 (⊙)과/와 산소 공급, 발화점 이상의 온도 중 한 가지 이상의 조건을 없애 불을 끄는 것을 (ⓒ)(이)라고 한다.

⊙ (   ), ⓒ (   )

04 나무가 탈 때 분말 소화기로 불을 껐습니다. 이때 불이 꺼진 까닭을 바르게 설명한 것은 어느 것입니까?

(   )

① 나무가 차가워지기 때문에
② 탈 물질이 제거되기 때문에
③ 산소가 계속 공급되기 때문에
④ 산소가 공급되지 않기 때문에
⑤ 나무의 온도가 발화점 이상으로 높아지기 때문에

05 다음은 분말 소화기를 사용하는 방법을 순서에 관계없이 나타낸 것입니다. 분말 소화기를 사용하는 순서대로 기호를 쓰시오.

⊙ 소화기의 안전핀을 뽑는다.
ⓒ 소화기를 불이 난 곳으로 가져간다.
ⓒ 소화기의 손잡이를 움켜쥐고 불을 끈다.
ⓒ 바람을 등지고 소화기의 고무관이 불 쪽을 향하도록 잡는다.

(→   →   →   )

⊏중요⊐

06 다음과 같은 방법으로 불을 끄는 예를 <mark>보기</mark> 에서 모두 골라 각각 기호를 쓰시오.

<mark>보기</mark>

⊙ 초의 심지를 자른다.
ⓒ 마른 모래로 불을 덮는다.
ⓒ 젖은 수건으로 불을 덮는다.
ⓒ 낙엽이나 나뭇가지 등 탈 물질을 치운다.

(1) 탈 물질 제거하기: (   )
(2) 산소 공급 막기: (   )

⌜중요⌝
07 연소 물질의 종류에 따른 화재가 발생했을 때의 대처 방법을 찾아 바르게 선으로 연결하시오.

(1) 나무나 종이 등에 불이 붙었을 때 •	• ㉠ 마른 모래를 덮거나 유류 화재용 소화기 사용하기
(2) 기름에 불이 붙었을 때 •	• ㉡ 전기 화재용 소화기 사용하기
(3) 콘센트에 불이 붙었을 때 •	• ㉢ 탈 물질을 없애거나 물을 뿌려 발화점 미만으로 온도 낮추기

08 화재 안전 대책으로 옳은 것에는 ○표, 옳지 않은 것에는 ×표 하시오.

(1) 화재 발생 시 승강기를 이용하여 빠르게 건물 밖으로 대피한다. ( )
(2) 연기가 발생하거나 불이 난 것을 발견하면 즉시 "불이야!" 하고 외치고 주변 사람들에게 알린다. ( )
(3) 불에 의해 생긴 가스나 기체를 마시지 않도록 마른 수건으로 입만 막는다. ( )

09 화재가 발생하는 경우로 옳지 않은 것은 어느 것입니까? ( )

① 가스 불을 켜 놓고 외출해서 불이 난다.
② 멀티탭에 콘센트를 여러 개 연결하여 사용해서 불이 난다.
③ 사람들의 부주의로 가정이나 음식점, 창고 등에서 발생한다.
④ 봄, 가을철에 사람들의 부주의로 산이나 들, 논 주변 등에서 발생한다.
⑤ 화재 감지기와 비상벨의 작동 상태를 주기적으로 점검해서 불이 난다.

⌜중요⌝
10 우리 생활에서 화재로 인한 피해를 줄이기 위해 노력해야 하는 점으로 옳은 것은 어느 것입니까? ( )

① 비상구 안내 표시등은 전기 절약을 위해 꺼 둔다.
② 화재 감지기와 옥내 소화전은 설치하지 않아도 된다.
③ 소화기는 비치하기만 하면 되므로 점검하지 않아도 된다.
④ 버스나 지하철의 의자 등은 불에 잘 타지 않는 소재로 만든다.
⑤ 소화기는 소방관이나 어른들이 사용하는 것이므로 사용법을 익히지 않아도 된다.

11 교실에서 수업하는 중에 화재 발생 경보기가 울렸을 때 대피 방법으로 옳지 않은 것은 어느 것입니까? ( )

① 화재가 발생한 곳을 찾아가 본다.
② 선생님의 안내에 따라 질서 있게 이동한다.
③ 승강기를 이용하지 않고 계단으로 이동한다.
④ 유독 가스를 마시지 않도록 몸을 숙여 이동한다.
⑤ 젖은 수건을 구할 수 없을 때에는 옷소매 등으로 코나 입을 막고 이동한다.

⌜서술형⌝
12 학교에서 화재로 인한 피해를 줄이기 위해 우리가 할 수 있는 예방 대책을 두 가지 쓰시오.

_____

_____

1 다음은 우리 생활에서 불을 끄는 방법을 조사한 것입니다. 물음에 답하시오.

> ㉠ 물을 뿌려 끄기
> ㉡ 알코올램프의 뚜껑을 덮어 끄기
> ㉢ 가스레인지의 연료 조절 밸브를 잠가 끄기

(1) 다음 그림과 같이 화재를 예방하는 방법은 위의 내용 중 어떤 것과 관련이 있는지 기호를 쓰시오.

난로 주변에 불필요한 물건 두지 않기

(   )

(2) 위 (1)번 그림과 같이 화재를 예방하는 방법을 연소의 조건과 관련지어 쓰시오.

_____

2 다음은 산불을 끄면서 작은 불씨가 있는 곳을 흙으로 덮는 모습입니다. 이와 관련 있는 소화의 조건을 쓰시오.

_____

3 화재 발생과 관련한 다음 기사를 읽고, 물음에 답하시오.

> 어제 낮 한 아파트 관리소 앞 ○○ 공원에서 화재가 발생했다. 이 화재는 ○○ 기념일을 맞아 튀김을 만들어 제공하려다 발생한 것으로 알려졌다. 처음 목격한 사람들에 따르면, 튀김을 만들기 위해 튀김기에 있던 고온의 기름에 불이 붙으면서 시작됐고, 불을 발견한 한 시민이 불을 끄려고 물을 뿌렸다. 이후 화재 방송을 들은 주민들이 코와 입을 막고 대피하였으며, 뒤늦게 화재 소식을 들은 관리 사무실 직원들이 소화기를 동원하여 화재를 진압하였다고 한다.
>
> - ○○월 ○○일 ○○일보 -

(1) 위 기사에서 화재가 발생했을 때 잘못 대처한 행동을 찾아 쓰시오.

_____

(2) 위 (1)번의 행동을 바르게 대처하는 방법으로 고쳐 쓰시오.

_____

_____

4 방과 후 학교에서 화재가 발생한 것을 목격하였을 경우 대처 방법을 두 가지 쓰시오.

_____

_____

대단원
정리 학습

이 단원의 핵심 개념을 정리해 보세요.

---

1 연소와 연소의 조건

- 연소: 물질이 산소와 빠르게 반응하여 빛과 열을 내는 현상
- 연소할 때 나타나는 현상: 빛과 열이 생김.
- 연소의 조건: 탈 물질과 산소가 있어야 하며, 발화점 이상으로 온도가 올라가야 함.
- 연소를 이용하는 사례
  - 캠핑장에서 장작불을 피워 주변을 밝게 하거나 따뜻하게 함.
  - 가스레인지에 불을 켜 열로 요리를 함.
  - 아궁이에 불을 붙여 작은 불꽃을 이용하여 큰불을 만듦.
  - 숯불에 고기나 음식 등을 익혀서 먹음.

---

2 초가 탈 때 생기는 물질

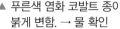

▲ 푸른색 염화 코발트 종이가 붉게 변함. → 물 확인

▲ 석회수가 뿌옇게 흐려짐. → 이산화 탄소 확인

- 초가 연소한 후에 물과 이산화 탄소가 생김.

---

3 소화

- 소화: 연소의 조건 중 한 가지 이상의 조건을 없애 불을 끄는 것

▲ 탈 물질 없애기

▲ 산소 공급 막기

▲ 발화점 미만으로 온도 낮추기

---

4 화재 안전 대책

- 화재 발생 시 대처 방법
  - 불을 발견하면 큰 소리로 "불이야!"를 외치고 비상벨을 눌러 사람들에게 알리기
  - 화재 초기 단계라면 소화기를 사용해 불 끄기
  - 연기가 보이면 젖은 수건으로 코와 입을 가리고 낮은 자세로 이동하기
  - 닫힌 문에 손을 가까이 대 보고 뜨겁거나 문틈으로 연기가 새 들어오면 문 열지 않기
  - 이동할 때에는 승강기 대신 계단을 이용하기
  - 아래층으로 피할 수 없을 때에는 높은 곳(옥상)으로 올라가 구조 요청하기
  - 안전한 장소로 대피한 뒤 119에 신고하기
- 화재 피해를 줄이기 위한 노력
  - 평상시 화재 발생 대비 대피 훈련하기
  - 소화기를 비치하고 정기적으로 점검하기
  - 곳곳에 마련된 소화기의 위치 파악해 두기
  - 화재 감지기, 옥내 소화전, 비상벨 등 소방 시설의 작동 상태를 주기적으로 점검하기

대단원 마무리

01 초가 탈 때 나타나는 현상으로 옳은 것은 어느 것입니까? ( )

① 둥근 모양의 불꽃이 생긴다.
② 불꽃의 밝기는 위와 아래가 같다.
③ 불꽃의 색깔은 한 가지로 되어 있다.
④ 시간이 지나면 초의 길이가 짧아진다.
⑤ 불꽃에 손을 가까이하면 옆이 윗부분보다 더 뜨겁다.

⸢중요⸥
02 다음과 같이 초와 알코올이 탈 때 공통으로 나타나는 현상으로 옳지 <u>않은</u> 것은 어느 것입니까? ( )

▲ 초가 타는 모습　　▲ 알코올이 타는 모습

① 불꽃 주변이 밝다.
② 바람에 불꽃이 흔들린다.
③ 손을 가까이하면 따뜻하다.
④ 불꽃 모양은 위아래로 길쭉하다.
⑤ 시간이 지나도 초나 알코올의 양은 줄어들지 않는다.

03 다음은 연소에 대한 설명입니다. ( ) 안에 들어갈 알맞은 말을 각각 쓰시오.

> 물질이 (㉠)과/와 빠르게 반응하여 빛과
> (㉡)을/를 내는 현상을 연소라고 한다.

㉠ (　　　　), ㉡ (　　　　)

---

3. 연소와 소화

[04~06] 다음과 같이 장치한 후 아크릴 통 속에서 초가 타는 시간을 비교해 보았습니다. 물음에 답하시오.

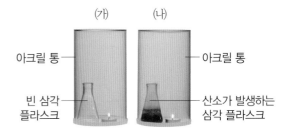

(가)　　(나)
아크릴 통　　　　아크릴 통
빈 삼각 플라스크　　　산소가 발생하는 삼각 플라스크

04 위 실험에 대한 설명으로 옳은 것에 ○표, 옳지 <u>않은</u> 것에 ×표 하시오.

(1) 아크릴 통은 크기가 같은 것을 사용한다.
　　　　　　　　　　　　　　　　　(　　)

(2) (나)의 초에 불을 붙이고 아크릴 통으로 덮은 뒤 몇 분 뒤에 (가)의 초에 불을 붙이고 아크릴 통으로 덮는다. (　　)

(3) 두 개의 초에 동시에 불을 붙이고 동시에 아크릴 통을 덮는다. (　　)

05 위의 실험 결과로 옳은 것을 골라 기호를 쓰시오.

> ㉠ (가)의 초가 더 오래 탄다.
> ㉡ (나)의 초가 더 오래 탄다.
> ㉢ (가), (나)의 촛불이 동시에 꺼진다.
> ㉣ (가), (나)의 촛불이 모두 꺼지지 않고 잘 탄다.

(　　　　　　　　)

⸢서술형⸥
06 위 05번의 답과 같은 결과가 나온 까닭을 연소의 조건과 관련지어 쓰시오.

_____

_____

[07~09] 다음은 초가 타기 전과 타고 난 후 비커 속 산소의 비율을 측정한 결과입니다. 물음에 답하시오.

산소의 비율	
초가 타기 전	초가 타고 난 후
약 21 %	약 17 %

07 위의 실험 결과를 옳게 설명한 것을 골라 기호를 쓰시오.

> ㉠ 공기 중 산소는 연소에 관여하지 않는다.
> ㉡ 초가 타기 전보다 타고 난 후 공기 중 산소의 비율이 늘어난다.
> ㉢ 초가 타기 전보다 타고 난 후 공기 중 산소의 비율이 줄어든다.
> ㉣ 초가 타기 전과 타고 난 후 공기 중 산소의 비율은 일정하게 유지된다.

( )

08 위 **07**번 답과 같은 결과가 나타나는 까닭으로 옳은 것은 어느 것입니까? ( )

① 초가 타면서 빛과 열을 내기 때문에
② 초가 타면서 물이 없어지기 때문에
③ 초가 타면서 산소가 발생하기 때문에
④ 초가 타면서 산소를 사용하기 때문에
⑤ 초가 타면서 이산화 탄소를 사용하기 때문에

09 위 실험에 대한 설명으로 옳은 것을 보기 에서 골라 기호를 쓰시오.

> 보기
> ㉠ 초가 빛과 열을 내며 탈 때 산소가 생성된다.
> ㉡ 공기 중 산소의 비율이 낮으면 불이 꺼질 수 있다.
> ㉢ 초가 타면 물이 없어지기 때문에 불이 꺼지는 것이다.

( )

[10~11] 다음과 같이 성냥의 머리 부분과 나무 부분을 철판 위에 올려놓고, 철판 가운데 부분을 알코올램프로 가열하였습니다. 물음에 답하시오.

10 위 실험 결과를 설명한 것으로 옳은 것에 ○표 하시오.

(1) 성냥의 나무 부분에 먼저 불이 붙는다. ( )
(2) 성냥의 머리 부분에 먼저 불이 붙는다. ( )
(3) 성냥의 머리 부분과 나무 부분에 동시에 불이 붙는다. ( )

11 다음은 위 실험 결과 알 수 있는 사실을 정리한 것입니다. ( ) 안에 공통으로 들어갈 알맞은 말을 쓰시오.

> 성냥의 머리 부분이 나무 부분보다 ( ) 이/가 낮다. 그러므로 물질마다 ( )이/가 다르다는 것을 알 수 있다.

( )

12 연소에 대한 설명으로 옳은 것은 어느 것입니까?

( )

① 물질이 연소하려면 산소만 필요하다.
② 물질이 연소하면 이산화 탄소가 생긴다.
③ 물질이 연소하면 물이 없어지면서 불이 꺼진다.
④ 물질이 연소하려면 온도가 발화점보다 낮아야 한다.
⑤ 연소의 조건 중 한 가지 이상만 충족되면 불이 붙는다.

⊏서술형⊐

13 오른쪽은 아궁이에 불을 지피는 모습입니다. 불을 붙이면서 부채질을 하는 까닭을 연소의 조건과 관련지어 쓰시오.

_____

_____

14 물체에 직접 불을 붙이지 않고 연소시키는 경우를 두 가지 골라 기호를 쓰시오.

보기

- ㉠ ▲ 볼록 렌즈로 햇빛 모으기
- ㉡ ▲ 성냥불로 초에 불 붙이기
- ㉢ ▲ 성냥갑에 성냥 머리 마찰시키기
- ㉣ ▲ 작은 불로 장작에 불 붙이기

( )

[15~16] 다음은 초가 연소한 후 생성되는 물질을 알아보기 위한 실험입니다. 물음에 답하시오.

⑺ 작은 초에 불을 붙인 뒤 집기병으로 덮는다.
⑻ 촛불이 꺼지면 집기병을 들어 올려 뒤집어 세운 뒤 집기병에 석회수를 붓고 집기병을 흔든다.
⑼ 투명한 아크릴 통 안쪽 벽면에 셀로판테이프로 푸른색 염화 코발트 종이를 붙인다.
⑽ 작은 초에 불을 붙이고 아크릴 통으로 덮어 푸른색 염화 코발트 종이의 변화를 관찰한다.

15 위의 ⑻ 과정에서 석회수의 변화를 옳게 설명한 것에 ○표 하시오.

(1) 석회수가 뿌옇게 흐려진다. ( )
(2) 석회수가 검은색으로 변한다. ( )
(3) 석회수가 부글부글 끓어오르며 기포가 생긴다. ( )

16 앞의 ⑽ 과정에서 푸른색 염화 코발트 종이를 사용하는 까닭을 설명한 것으로 옳은 것은 어느 것입니까? ( )

① 불에 타는지 확인하기 위해서
② 물이 생성되는지 확인하기 위해서
③ 질소가 생성되는지 확인하기 위해서
④ 산소의 비율이 줄어드는지 확인하기 위해서
⑤ 이산화 탄소가 생성되는지 확인하기 위해서

⊏중요⊐

17 촛불을 끌 때 이용한 소화의 조건과 같은 방법을 이용해 불을 끄는 예를 찾아 바르게 선으로 이으시오.

(1)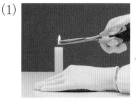
▲ 초의 심지 자르기

(2)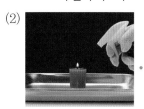
▲ 분무기로 물 뿌리기

(3)
집기병
▲ 집기병으로 촛불 덮기

• ㉠ 장작불에 찬물을 뿌린다.

• ㉡ 난로 옆에 불 붙기 쉬운 물질을 치운다.

• ㉢ 알코올램프의 뚜껑을 덮어 불을 끈다.

18 다음 중 촛불이 꺼지는 까닭이 나머지와 다른 하나는 어느 것입니까? ( )

① 초를 모두 태운다.
② 촛불을 입으로 분다.
③ 초의 심지를 가위로 자른다.
④ 촛불을 아크릴 통으로 덮는다.
⑤ 초의 심지를 핀셋으로 집는다.

19 다음 ( ) 안에 들어갈 알맞은 말을 각각 쓰시오.

> 연소의 조건인 (㉠), 산소의 공급, 발화점 이상의 온도 중 (㉡) 가지 이상을 없애 불을 끄는 것을 소화라고 한다.

㉠ ( ), ㉡ ( )

20 우리 생활에서 불을 끄는 방법을 소화의 조건에 따라 구분하여 기호를 쓰시오.

> ㉠ 찬물 뿌리기
> ㉡ 낙엽이나 장작 치우기
> ㉢ 드라이아이스를 가까이 가져가기
> ㉣ 가스레인지의 연료 조절 밸브 잠그기
> ㉤ 분말 소화기로 불이 덮이도록 분말 가루 뿌리기

탈 물질 없애기	(1) ( )
산소 공급 차단하기	(2) ( )
발화점 미만으로 온도 낮추기	(3) ( )

21 화재 발생 시 대처 방법으로 옳지 <u>않은</u> 것은 어느 것입니까? ( )

① 주변 사람들에게 화재가 발생했음을 알린다.
② 계단 아래에서 연기가 올라오면 위층으로 올라간다.
③ 연기가 찬 복도를 이동할 때에는 몸을 숙인 채 지나간다.
④ 화재 경보가 울리면 승강기를 이용하여 최대한 빨리 대피한다.
⑤ 문틈으로 연기가 들어오면 문을 열지 않고 다른 쪽 통로를 확인한다.

22 오른쪽과 같이 기름에 불이 붙어 화재가 발생했을 때 대처 방법으로 옳은 것을 두 가지 골라 기호를 쓰시오.

> ㉠ 입으로 바람을 분다.
> ㉡ 물을 뿌려 불을 끈다.
> ㉢ 신속히 119에 신고한다.
> ㉣ 전기 화재용 소화기를 사용하여 끈다.
> ㉤ 유류 화재용 소화기를 사용하여 끈다.

(,)

[23~24] 다음은 화재가 발생했을 때, 대피 방법에 대한 대화입니다. 물음에 답하시오.

> • 규연: 화재가 발생하면 몸에 해로운 연기가 많이 생긴대.
> • 산이: 맞아. 그래서 연기를 마시지 않는 것이 중요하다고 들었어.
> • 미소: 그래도 주변에 먼저 "불이야!" 하고 크게 외치는 게 중요해.
> • 효주: 우리 집은 고층 아파트라 화재가 발생하면 승강기를 이용해야 해.

23 위 대화에서 화재 발생 시 안전하게 대피하는 방법으로 옳지 <u>않은</u> 내용을 말한 친구의 이름을 쓰시오.

( )

⊏서술형⊐
24 위의 대화 중 산이의 말대로 행동하기 위한 방법을 쓰시오.

_____

_____

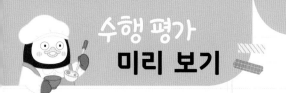
1 다음은 연소의 조건을 알아보기 위한 실험입니다. 물음에 답하시오.

> (가) 크기가 같은 초 두 개를 준비하여 한쪽 초 옆에는 빈 삼각 플라스크를 놓고, 다른 쪽 초 옆에는 산소가 발생하는 삼각 플라스크를 놓아둔다.
> (나) 두 개의 초에 동시에 불을 붙인 후 아크릴 통으로 초와 삼각 플라스크를 동시에 덮고 변화를 관찰한다.

(1) 위 실험 과정 (가)에서 같게 한 조건과 다르게 한 조건을 각각 쓰시오.

같게 한 조건	
다르게 한 조건	

(2) 위 (나)에서 먼저 꺼지는 초와 그 까닭을 쓰시오.

먼저 꺼지는 초	
까닭	

2 다음은 연소 후 생기는 물질을 알아보기 위한 실험입니다. 물음에 답하시오.

> (가) 초를 연소시키기 전, 핀셋으로 푸른색 염화 코발트 종이를 집어 집기병 안쪽 벽면에 문지른 후 꺼내어 색깔 변화를 관찰한다.
> (나) 스탠드에 초를 올려놓고 스탠드에 고정한 링 위에 집기병을 거꾸로 엎어 놓는다.
> (다) 약 3분이 지난 후 촛불을 끄고, 핀셋으로 푸른색 염화 코발트 종이를 집어 집기병 안쪽 벽면에 문지르면서 색깔 변화를 관찰한다.

(1) 위 (가)와 같은 과정을 거치는 까닭은 무엇인지 쓰시오.

(2) 위 (다) 과정에서 푸른색 염화 코발트 종이의 색깔이 어떻게 변하는지 쓰시오.

4 단원

우리 몸의 구조와 기능

우리 몸은 어떻게 이루어져 있을까요? 우리의 몸은 각 역할에 맞는 다양한 생김새를 가진 여러 기관으로 이루어져 있습니다. 우리가 몸을 움직이기 위해서는 뼈와 근육을 사용해야 하고 다양한 기관이 함께 작용해야 합니다.

이 단원에서는 우리 몸속 여러 기관의 종류와 위치, 생김새와 기능을 알아봅니다. 또한, 우리 몸이 어떻게 자극을 느끼고 전달하여 반응하는지 그 과정을 알아봅니다. 운동할 때 우리 몸에서 나타나는 변화를 관찰하여 우리 몸의 여러 기관이 서로 어떤 관련을 맺고 있는지 알아봅니다.

단원 학습 목표

(1) 우리 몸속 기관의 생김새와 하는 일
  • 뼈와 근육의 관계와 기능을 알아봅니다.
  • 소화, 호흡, 순환, 배설 기관의 종류와 위치, 생김새와 하는 일을 알아봅니다.
(2) 자극과 반응, 운동할 때 몸의 변화
  • 자극이 전달되어 반응하기까지의 과정을 알아봅니다.
  • 운동할 때 몸에 나타나는 변화를 관찰하고, 우리 몸을 구성하는 여러 기관이 관련을 맺고 있음을 알아봅니다.

단원 진도 체크

회차	학습 내용		진도 체크
1차	(1) 우리 몸속 기관의 생김새와 하는 일	교과서 내용 학습 + 핵심 개념 문제	✓
2차		중단원 실전 문제 + 서술형·논술형 평가 돋보기	✓
3차	(2) 자극과 반응, 운동할 때 몸의 변화	교과서 내용 학습 + 핵심 개념 문제	✓
4차		중단원 실전 문제 + 서술형·논술형 평가 돋보기	✓
5차	대단원 정리 학습 + 대단원 마무리 + 수행 평가 미리 보기		✓

해당 부분을 공부한 후 ✓표를 하세요.

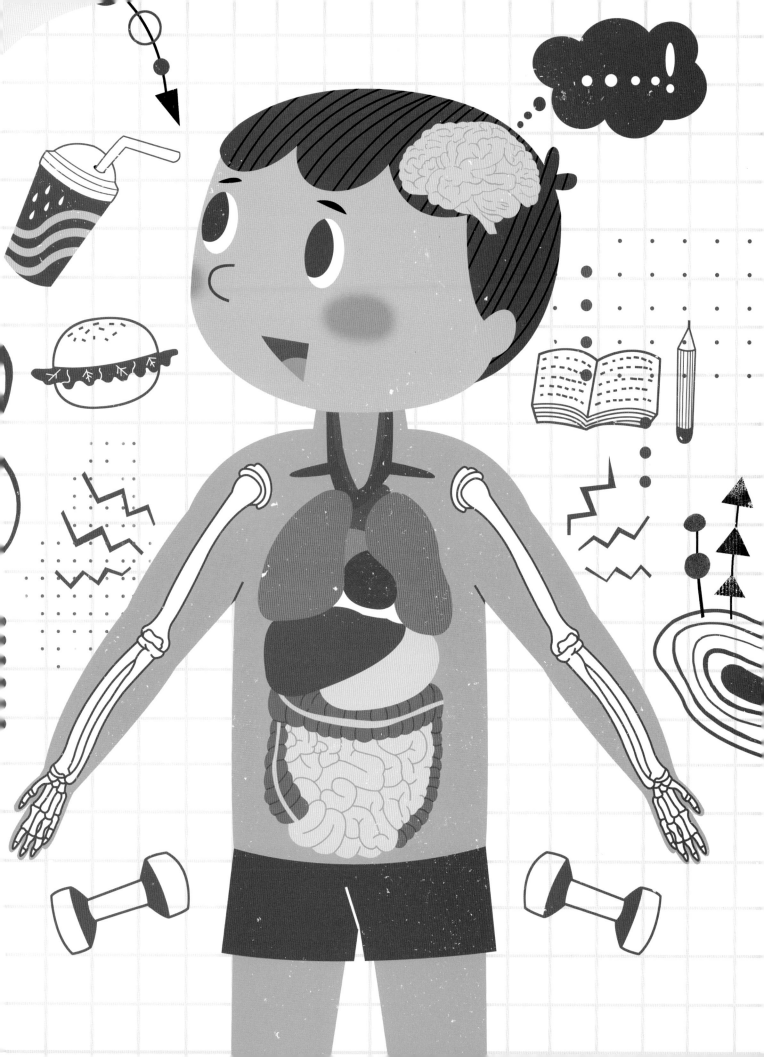

(1) 우리 몸속 기관의 생김새와 하는 일

▶ 뼈와 근육 모형 만들기

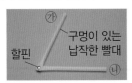

• 납작한 빨대 두 개를 할핀을 꽂아 연결합니다.

• 비닐봉지에 주름 빨대의 한쪽 끝을 넣고 비닐봉지의 양끝을 셀로판테이프로 감습니다.

• 주름 빨대를 감은 비닐봉지를 납작한 빨대 ㉯에 고정한 뒤, 손 그림을 납작한 빨대 ㉮에 붙입니다.

▶ 우리 몸의 뼈

종류	특징
머리뼈	바가지 모양으로 둥글며, 뇌를 보호한다.
척추뼈	짧은 뼈가 길게 이어져 우리 몸의 기둥 역할을 한다.
갈비뼈	몸속 여러 장기를 보호하도록 좌우로 둥글게 연결되어 공간을 만들어 준다.
팔뼈	위쪽은 한 개, 아래쪽은 두 개의 뼈로 이루어져 있고 길이가 길다.
다리뼈	팔뼈보다 더 길고 두껍다. 위쪽은 한 개, 아래쪽은 두 개의 뼈로 이루어져 있다.

낱말 사전

수축 오그라듦. 부피나 크기가 줄어듦.
이완 뻣뻣하게 된 근육이 원래의 상태로 풀어짐.
배출 불필요한 물질을 밖으로 내보냄.

1 운동 기관의 생김새와 하는 일

(1) 기관과 운동 기관

① 우리가 살아가는 데 필요한 기능을 하는 몸속 부분을 기관이라고 합니다.

② 우리 몸속 기관 중 움직임에 관여하는 뼈와 근육을 운동 기관이라고 합니다.

(2) 근육이 뼈에 작용하는 원리 — 뼈와 근육 모형에서 비닐봉지는 근육 역할, 납작한 빨대는 뼈 역할을 합니다.

① 팔 안쪽 근육이 줄어들면 뼈가 따라 올라와 팔이 구부러집니다.

② 팔 안쪽 근육이 늘어나면 뼈가 따라 내려가 팔이 펴집니다.

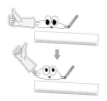

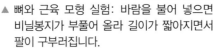

▲ 뼈와 근육 모형 실험: 바람을 불어 넣으면 비닐봉지가 부풀어 올라 길이가 짧아지면서 팔이 구부러집니다.

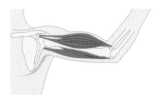

▲ 팔을 구부릴 때 위쪽 근육은 수축하고 아래쪽 근육은 늘어나 팔이 구부러집니다.

③ 뼈에 붙어 있는 근육이 수축과 이완을 하면서 뼈를 움직여 몸이 움직입니다.

(3) 우리 몸의 뼈와 근육의 모습

① 우리 몸속 뼈는 생김새가 다양하고, 뼈의 종류에 따라 하는 일이 다릅니다.

② 뼈 주변을 강하거나 부드러운 근육이 둘러싸고 있습니다.

(4) 뼈와 근육이 하는 일

뼈	• 우리 몸의 형태를 만들어 주고, 몸을 지지하는 역할을 한다. • 심장이나 폐, 뇌 등을 보호한다.
근육	• 근육은 뼈에 연결되어 길이가 줄어들거나 늘어나면서 뼈를 움직이게 한다. • 뼈를 움직이면서 우리 몸을 움직이게 한다. — 근육이 없으면 스스로 움직일 수 없습니다.

▲ 뼈와 근육

(5) 우리 몸에 뼈와 근육이 있어서 할 수 있는 것

① 다양한 자세로 서거나 앉을 수 있습니다.

② 물건을 들어 올릴 수 있습니다.

③ 빠르게 또는 느리게 달리거나 걸을 수 있습니다.

④ 다양한 표정을 짓거나 여러 동작을 만들 수 있습니다.

2 소화 기관의 생김새와 하는 일

(1) 소화와 소화 기관

① 소화: 음식물을 잘게 쪼개 몸에 흡수될 수 있도록 분해하는 과정입니다.

② 소화 기관: 소화에 직접 관여하는 기관으로 입, 식도, 위, 작은창자, 큰창자, 항문 등이 있습니다.

③ 소화를 도와주는 기관: 간, 쓸개, 이자 등이 있습니다.
└─ 소화를 돕는 액체를 만들거나 분비합니다.

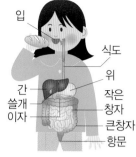

▲ 소화 기관

(2) 소화 기관의 생김새와 하는 일

입	• 음식물을 이로 잘게 부수며, 혀로 침과 음식물을 섞는다. • 혀로 음식물을 삼켜 식도를 지나 위로 이동하게 한다.
식도	• 긴 관 모양으로 입과 위를 연결한다. • 음식물이 위로 이동하는 통로이다.
위	• 작은 주머니 모양으로 식도와 작은창자를 연결한다. • 소화를 돕는 액체를 분비해 음식물을 잘게 쪼개고 죽처럼 만든다.
작은창자	• 꼬불꼬불한 관 모양으로 배의 가운데에 있다. • 소화를 돕는 액체를 이용해 음식물을 더 잘게 쪼개고, 영양소를 흡수한다.
큰창자	• 굵은 관 모양으로 작은창자 둘레를 감싸고 있다. • 영양소를 흡수하고 남은 음식물에서 수분을 흡수한다.
항문	• 큰창자와 연결되어 있다. • 소화 · 흡수되지 않은 음식물 찌꺼기를 몸 밖으로 배출한다.

(3) 음식물이 소화되는 과정

① 우리 몸속에 들어간 음식물은 입 → 식도 → 위 → 작은창자 → 큰창자 → 항문의 순서로 이동합니다.

② 이 과정에서 음식물은 점차 잘게 쪼개져서 영양소와 수분은 몸속으로 흡수되고, 나머지는 항문으로 배출됩니다.

③ 음식물을 먹고 소화 · 흡수하는 과정을 통해 우리가 생활하는 데 필요한 에너지와 영양소를 얻습니다.

3 호흡 기관의 생김새와 하는 일

(1) 호흡과 호흡 기관

① 호흡: 숨을 내쉬고 들이마시는 활동입니다.

② 호흡 기관: 호흡에 관여하는 코, 기관, 기관지, 폐 등이 있습니다.

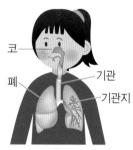

▲ 호흡 기관

▶ 음식물을 먹어야 하는 까닭
우리가 살아가려면 영양소가 필요하며, 이 영양소는 음식물에서 얻기 때문입니다.

▶ 음식물이 지나가는 소화 기관

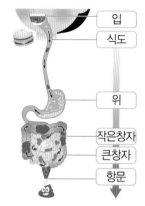

간, 쓸개, 이자는 음식물이 직접 지나가지 않습니다.

▶ 소화를 돕기 위한 올바른 생활 습관
• 음식물이 잘게 쪼개지도록 천천히 꼭꼭 씹어서 먹습니다.
• 음식물을 골고루 먹고 한꺼번에 너무 많이 먹지 않습니다.
• 고기나 기름진 음식은 채소와 함께 먹습니다.

🐭 개념 확인 문제

1 짧은 뼈가 길게 이어져 우리 몸의 기둥 역할을 하는 뼈는 갈비뼈입니다. (○ , ×)

2 음식물을 잘게 쪼개 몸에 흡수될 수 있도록 분해하는 과정을 ( )(이)라고 합니다.

3 우리 몸에 들어간 음식물은 입 → 식도 → ( ) → ( ) → 큰창자 → 항문의 순서로 이동합니다.

4 호흡에 관여하는 기관에는 코, 기관, 기관지, ( ) 등이 있습니다.

정답 1 × 2 소화 3 위, 작은창자 4 폐

▶ 기관지가 여러 갈래로 갈라져서 호흡에 좋은 점
기관지가 여러 갈래로 갈라져 있어 폐 구석구석으로 공기를 전달하는 데 효과적입니다.

▶ 혈관의 종류
• 혈관에서 빨간색은 동맥으로, 심장에서 나오는 혈액이 지나가는 혈관을 의미합니다. 파란색은 정맥으로, 심장으로 들어가는 혈액이 지나는 혈관을 의미합니다. 그러나 실제로 우리 몸의 혈관은 빨갛거나 파랗지 않습니다.
• 동맥과 정맥은 모세 혈관이라는 아주 가는 혈관으로 서로 이어져 있습니다.

▶ 심장이 빠르게 뛰거나 느리게 뛸 때 우리 몸에서 일어나는 변화
• 심장이 빠르게 뛰면 혈액이 이동하는 빠르기가 빨라지고 혈액의 이동량이 많아집니다.
• 심장이 느리게 뛰면 혈액이 이동하는 빠르기가 느려지고 혈액의 이동량이 적어집니다.

🍎 **낱말 사전**

노폐물 생물이 생명 활동을 위해 필요한 에너지를 얻는 과정에서 생기는 불필요한 물질

(2) 호흡 기관의 생김새와 하는 일

기관	생김새	하는 일
코	몸 밖의 얼굴 가운데에 있으며 구멍이 두 개 있다.	공기가 드나드는 곳이다.
기관	관처럼 생겼으며, 코와 기관지를 연결한다.	공기가 이동하는 통로이다.
기관지	• 나뭇가지처럼 생겼으며 기관과 폐를 연결한다. • 여러 갈래로 갈라져 있다.	기관과 폐 사이를 이어 주는 관으로 공기가 이동하는 통로이다.
폐	• 가슴 부분에 위치하며 좌우 한 쌍으로 숨을 들이쉬면 부풀어 오르고 내쉬면 쪼그라든다. • 기관지와 연결되어 있으며 갈비뼈로 둘러싸여 있다.	몸 밖에서 들어온 산소를 받아들이고, 몸 안에서 생긴 이산화 탄소를 몸 밖으로 내보낸다.

(3) 숨을 들이마실 때와 내쉴 때 몸속에서 공기가 이동하는 과정

① 숨을 들이마실 때: 공기는 코 → 기관 → 기관지 → 폐를 거쳐 우리 몸에 필요한 산소를 공급합니다.

② 우리 몸속에 들어온 산소는 우리가 몸을 움직이거나 몸속 기관이 일을 하는 데 사용됩니다.

③ 숨을 내쉴 때: 몸 안에서 생긴 이산화 탄소를 포함한 공기가 폐 → 기관지 → 기관 → 코를 거쳐 몸 밖으로 나갑니다.

4 **순환 기관의 생김새와 하는 일**

(1) 순환과 순환 기관

① 순환: 혈액이 온몸으로 이동하여 우리 몸 곳곳에 산소와 영양소를 공급하는 일로, 주기적으로 되풀이됩니다.

② 순환 기관: 혈액의 이동에 관여하는 심장과 혈관이 있습니다.

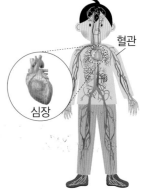

▲ 순환 기관

(2) 순환 기관의 생김새와 하는 일

기관	생김새	하는 일
심장	크기와 모양이 자기 주먹과 비슷하며 몸통 한가운데에서 약간 왼쪽에 치우쳐 있다.	펌프 작용으로 혈액을 온몸으로 순환시킨다.
혈관	가늘고 긴 관처럼 생겼고 온몸에 퍼져 있다.	혈액이 이동하는 통로이다.

(3) 혈액의 이동

　① 심장은 펌프 작용으로 혈액을 온몸으로 보냅니다.

　② 심장에서 나온 혈액은 온몸을 거쳐 다시 심장으로 돌아오는 순환 과정을 반복합니다.

　③ 혈액은 혈관을 따라 이동하며 우리 몸에 필요한 영양소와 산소를 온몸으로 운반합니다.

　④ 심장이 멈춘다면 혈액이 이동하지 못해 영양소와 산소를 몸에 공급하지 못합니다.

5 　배설 기관의 생김새와 하는 일

(1) 배설과 배설 기관

　① 배설: 혈액에 있는 노폐물을 몸 밖으로 내보내는 과정입니다.

　② 배설 기관: 배설에 관여하는 콩팥, 방광 등이 있습니다.

(2) 배설 기관의 생김새와 하는 일

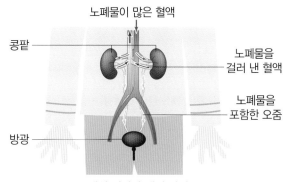

▲ 배설 기관과 배설 과정

기관	생김새	하는 일
콩팥	강낭콩 모양으로 등허리 양쪽에 하나씩 두 개가 있다.	혈액에 있는 노폐물을 걸러 낸다.
방광	작은 공처럼 생겼으며, 콩팥과 연결되어 있다.	콩팥에서 걸러 낸 노폐물을 모아 두었다가 몸 밖으로 내보낸다.

(3) 배설 과정

　① 혈액이 온몸을 순환하면서 혈액 속에 노폐물이 많아집니다.

　② 온몸을 돌아 노폐물이 많아진 혈액이 콩팥으로 이동합니다.

　③ 콩팥에서 혈액 속 노폐물을 걸러 냅니다.

　④ 노폐물이 걸러진 혈액은 다시 혈관을 통해 온몸을 순환합니다.

　⑤ 콩팥에서 걸러진 노폐물은 오줌 속에 포함되어 방광에 저장되었다가 관을 통해 몸 밖으로 나갑니다.

▶ 노폐물을 내보내는 까닭

• 우리 몸은 혈액이 운반해 주는 영양소와 산소를 이용해 몸에 필요한 에너지를 만들어 냅니다. 이 과정에서 노폐물이 생겨납니다.

• 몸속에 생긴 노폐물을 몸 밖으로 내보내지 않으면 우리 몸에 해롭기 때문입니다.

▶ 콩팥이 제 기능을 하지 못하면 우리 몸에 생길 수 있는 일
혈액에 있는 노폐물을 걸러 내지 못해 몸에 노폐물이 쌓이고 병이 생기게 됩니다.

▶ 배설과 배출

• 콩팥에서 걸러진 혈액 속 노폐물을 오줌의 형태로 내보내는 것을 배설이라고 합니다.

• 소화·흡수되지 않은 음식물 찌꺼기를 항문을 통해 몸 밖으로 내보내는 것을 배출이라고 합니다.

개념 확인 문제

1 폐는 몸 밖에서 들어온 이산화 탄소를 받아들이고, 몸 안에서 생긴 산소를 몸 밖으로 내보냅니다. (○ , ×)

2 우리 몸의 순환 기관 중 (　　　)은/는 펌프 작용으로 혈액을 온몸으로 순환시킵니다.

3 (배출 , 배설) 기관은 혈액에 있는 노폐물을 몸 밖으로 내보내는 일을 합니다.

4 우리 몸의 배설 기관에는 (　　　), (　　　) 등이 있습니다.

정답 1 × 　2 심장 　3 배설 　4 콩팥, 방광

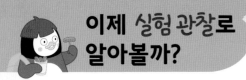
[준비물] 물이 담긴 수조, 붉은색 식용 색소, 주입기(펌프 관), 보안경

[실험 방법]
① 물이 반 정도 담긴 수조에 붉은색 식용 색소를 넣어 녹입니다.
② 주입기로 붉은 색소 물을 한쪽 관으로 빨아들이고 다른 쪽 관으로 내보냅니다.
③ 주입기의 펌프를 빠르게 누르거나 느리게 누르면서 붉은 색소 물이 이동하는 모습을 관찰해 봅니다.
④ 주입기의 펌프와 관, 붉은 색소 물은 우리 몸의 어떤 부분과 같은 역할을 하는지 이야기해 봅니다.

주의할 점
주입기의 관이 수조 밖으로 향하지 않도록 주의합니다.

[실험 결과]
① 주입기의 펌프를 빠르게 누르거나 느리게 누를 때 붉은 색소 물이 이동하는 모습

주입기 펌프	붉은 색소 물의 이동 빠르기	붉은 색소 물의 이동량
빠르게 누를 때	빨라진다.	많아진다.
느리게 누를 때	느려진다.	적어진다.

중요한 점
펌프를 누르거나 놓는 순간에 붉은 색소 물이 이동하는 빠르기를 관찰함으로써 순환 기관이 하는 일을 아는 것이 중요합니다.

② 주입기의 펌프와 관, 붉은 색소 물의 역할

실험 기구	주입기의 펌프	주입기의 관	붉은 색소 물
우리 몸속 역할	심장	혈관	혈액

[실험을 통해 알게 된 점]
• 주입기의 펌프 작용으로 붉은 색소 물이 관을 통해 흐르는 것처럼, 심장의 펌프 작용으로 심장에서 나온 혈액이 혈관을 통해 온몸으로 이동하고, 이 혈액은 다시 심장으로 흘러 들어가는 것을 반복합니다.

탐구 문제

정답과 해설 25쪽

1 오른쪽은 순환 기관이 하는 일을 알아보는 실험입니다. 이 실험에서 혈액과 같은 역할을 하는 것을 찾아 기호를 쓰시오.

( )

2 앞 1번의 실험 결과를 정리한 것입니다. ( ) 안에 공통으로 들어갈 알맞은 말을 쓰시오.

주입기의 ( ) 작용으로 붉은 색소 물이 관을 통해 이동하듯이 심장은 ( ) 작용으로 혈액을 온몸으로 순환시킨다.

( )

핵심 개념 문제

정답과 해설 25쪽

개념 1 운동 기관의 생김새와 하는 일에 대해 묻는 문제

(1) 운동 기관: 우리 몸속 기관 중에서 움직임에 관여하는 뼈와 근육을 운동 기관이라고 함.

(2) 뼈와 근육이 하는 일

뼈	• 우리 몸의 형태를 만들어 주고, 몸을 지지하는 역할을 함. • 심장이나 폐, 뇌 등을 보호함.
근육	• 근육이 줄어들거나 늘어나면서 뼈를 움직이게 함. • 뼈를 움직이면서 우리 몸을 움직이게 함.

(3) 우리 몸에 뼈와 근육이 있어서 다양한 자세로 움직이거나 물건을 들어 올릴 수 있음.

01 다음은 우리 몸의 무엇에 대한 설명인지 쓰시오.

> • 우리 몸의 형태를 만들어 준다.
> • 우리 몸을 지지하는 역할을 한다.
> • 심장이나 폐, 뇌 등을 보호한다.

(   )

02 뼈와 근육에 대한 설명으로 옳지 <u>않은</u> 것은 어느 것입니까? (   )

① 근육은 뼈를 둘러싸며 뼈에 연결되어 있다.
② 뼈와 근육은 움직임에 관여하는 운동 기관이다.
③ 뼈가 줄어들거나 늘어나면서 우리 몸을 움직이게 한다.
④ 우리 몸은 다양한 모양의 뼈와 근육으로 이루어져 있다.
⑤ 우리 몸은 뼈와 근육이 있어서 다양한 자세로 움직일 수 있다.

개념 2 근육이 뼈에 어떻게 작용하는지 알아보는 실험에 대해 묻는 문제

(1) 뼈와 근육 모형에 바람을 불어 넣기 전보다 불어 넣은 후에 비닐봉지의 길이가 더 짧음.

(2) 뼈와 근육 모형에 바람을 불어 넣으면 비닐봉지가 부풀어 오르면서 비닐봉지의 길이가 줄어들어 납작한 빨대가 구부러짐.

(3) 팔 안쪽 근육이 줄어들면 뼈가 따라 올라와 팔이 구부러짐.

(4) 팔 안쪽 근육이 늘어나면 뼈가 따라 내려가 팔이 펴짐.

03 다음은 근육이 뼈에 어떻게 작용하는지 알아보는 실험입니다. 납작한 빨대와 비닐봉지는 각각 우리 몸에서 어떤 기관의 역할을 하는지 쓰시오.

(1) 비닐봉지: (   )
(2) 납작한 빨대: (   )

04 팔을 안쪽으로 굽혔다 펴는 움직임에 대한 설명으로 옳은 것은 어느 것입니까? (   )

① 뼈가 스스로 움직인다.
② 뼈가 수축과 이완을 하면서 움직인다.
③ 근육이 수축과 이완을 하면서 움직인다.
④ 뼈가 안쪽으로 늘어났다 줄어들었다 하면서 움직인다.
⑤ 뼈가 바깥쪽으로 늘어났다 줄어들었다 하면서 움직인다.

개념 3 소화와 소화 기관에 대해 묻는 문제

(1) 소화: 우리 몸에 필요한 영양소가 들어 있는 음식물을 잘게 쪼개 몸에 흡수될 수 있는 형태로 분해하는 과정
(2) 소화 기관: 소화에 직접 관여하는 입, 식도, 위, 작은창자, 큰창자, 항문 등
(3) 소화를 도와주는 기관: 간, 쓸개, 이자 등

05 우리 몸의 소화 기관을 나타낸 것입니다. ㉠ 기관의 이름은 무엇입니까? (   )

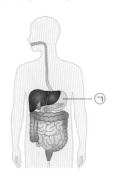

① 간   ② 위
③ 식도   ④ 큰창자
⑤ 작은창자

06 음식물이 직접 지나가지 않지만 소화를 도와주는 기관을 보기 에서 모두 골라 기호를 쓰시오.

보기

㉠ 입	㉡ 간	㉢ 위
㉣ 식도	㉤ 쓸개	㉥ 이자
㉦ 항문	㉧ 큰창자	㉨ 작은창자

(   )

개념 4 소화 기관이 하는 일과 소화 과정에 대해 묻는 문제

(1) 소화 기관이 하는 일

입	음식물을 이로 잘게 부수며, 혀로 침과 음식물을 섞이게 하고 음식물을 삼킴.
식도	긴 관 모양으로 입과 위를 연결하여 음식물이 위로 통하는 통로임.
위	소화를 돕는 액체를 분비해 음식물을 잘게 쪼개 죽처럼 만듦.
작은창자	소화를 돕는 액체를 이용해 음식물을 더 잘게 쪼개고, 영양소를 흡수함.
큰창자	음식물 찌꺼기에서 수분을 흡수함.
항문	소화 · 흡수되지 않은 음식물 찌꺼기를 몸 밖으로 배출함.

(2) 음식물이 소화되는 과정: 입 → 식도 → 위 → 작은창자 → 큰창자 → 항문

07 다음과 같은 일을 하는 소화 기관은 어느 것입니까?
(   )

음식물 찌꺼기에서 수분을 흡수한다.

① 입   ② 위
③ 식도   ④ 큰창자
⑤ 작은창자

08 다음은 음식물이 소화되는 과정을 나타낸 것입니다. (   ) 안에 들어갈 알맞은 소화 기관을 쓰시오.

입 → 식도 → 위 → (   ) → 큰창자 → 항문

(   )

호흡 기관의 생김새와 하는 일에 대해 묻는 문제

(1) **호흡**: 숨을 내쉬고 들이마시는 활동
(2) **호흡 기관**: 호흡에 관여하는 코, 기관, 기관지, 폐 등
(3) 숨을 들이마실 때 공기는 코 → 기관 → 기관지 → 폐를 거쳐 우리 몸에 필요한 산소를 공급함.
(4) 몸에 들어온 산소는 우리가 몸을 움직이거나 몸속 기관이 일을 하는 데 사용함.
(5) 숨을 내쉴 때 몸속의 공기는 폐 → 기관지 → 기관 → 코를 거쳐 몸 밖으로 나감.

09 다음 그림에서 기관지를 찾아 기호를 쓰시오.

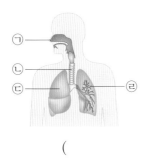

(   )

10 다음은 호흡 기관 중 무엇에 대한 설명인지 쓰시오.

- 가슴 부분에 있으며 갈비뼈로 둘러싸여 있다.
- 몸 밖에서 들어온 산소를 받아들이고, 몸 안에서 생긴 이산화 탄소를 몸 밖으로 내보낸다.

(   )

순환 기관의 생김새와 하는 일에 대해 묻는 문제

(1) **순환**: 혈액이 온몸으로 이동하여 우리 몸 곳곳에 산소와 영양소를 공급하는 일로, 주기적으로 되풀이됨.
(2) 순환 기관이 하는 일

구분	생김새와 하는 일
심장	• 크기와 모양이 자기 주먹만 하고, 몸통 가운데에서 약간 왼쪽으로 치우쳐 있음. • 펌프 작용으로 혈액을 온몸으로 순환시킴.
혈관	• 가늘고 긴 관처럼 생겼고 온몸에 퍼져 있음. • 혈액이 이동하는 통로임.

(3) 심장에서 나온 혈액은 온몸으로 이동하여 우리 몸 곳곳에 산소와 영양소를 공급한 후, 다시 심장으로 돌아오는 과정을 반복함.

11 우리 몸의 순환 기관을 나타낸 것입니다. 각 기관의 이름을 쓰시오.

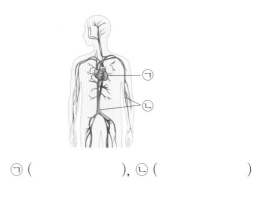

㉠ (   ), ㉡ (   )

12 다음 ( ) 안에 들어갈 알맞은 말을 쓰시오.

심장에서 나온 혈액은 혈관을 통해 온몸으로 이동하여 우리 몸 곳곳에 (㉠)과/와 (㉡)을/를 공급한다.

㉠ (   ), ㉡ (   )

개념 7 순환 기관이 하는 일을 알아보는 실험에 대해 묻는 문제

(1) 주입기의 펌프와 관, 붉은 색소 물의 역할

실험 기구	주입기의 펌프	주입기의 관	붉은 색소 물
우리 몸속 역할	심장	혈관	혈액

(2) 주입기의 펌프를 빠르게 누르거나 느리게 누를 때 붉은 색소 물이 이동하는 모습

주입기 펌프	붉은 색소 물이 이동하는 빠르기	붉은 색소 물의 이동량
빠르게 누를 때	빨라짐.	많아짐.
느리게 누를 때	느려짐.	적어짐.

[13~14] 다음은 순환 기관이 하는 일을 알아보기 위한 실험입니다. 물음에 답하시오.

13 위 실험에서 심장 역할을 하는 것을 찾아 기호를 쓰시오.

( )

14 다음은 위 실험 결과를 설명한 것입니다. ( ) 안에 들어갈 알맞은 말에 ○표 하시오.

주입기의 펌프를 빠르게 누르면 붉은 색소 물이 이동하는 빠르기가 ㉠(빨라지고 , 느려지고), 붉은 색소 물의 이동량이 ㉡(많아 , 적어)진다.

개념 8 배설 기관의 생김새와 하는 일에 대해 묻는 문제

(1) **배설**: 혈액에 있는 노폐물을 몸 밖으로 내보내는 과정

(2) **배설 기관**: 배설에 관여하는 콩팥, 방광 등

(3) **콩팥**: 혈액 속 노폐물을 걸러 냄.

(4) **배설 과정**

① 혈액이 온몸을 순환하면서 혈액 속에 노폐물이 많아짐.

② 콩팥은 혈액에 있는 노폐물을 걸러 냄.

③ 노폐물이 걸러진 혈액은 다시 혈관을 통해 온몸을 순환함.

④ 콩팥에서 걸러진 노폐물은 오줌 속에 포함되어 방광에 저장되었다가 관을 통해 몸 밖으로 나감.

15 혈액 속 노폐물을 몸 밖으로 내보내는 과정에 관여하는 기관은 어느 것입니까? ( )

① 운동 기관 ② 배설 기관
③ 순환 기관 ④ 배출 기관
⑤ 호흡 기관

16 혈액 속 노폐물을 걸러 주는 곳의 기호를 찾아 쓰시오.

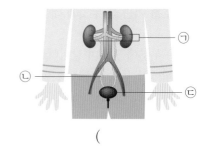

( )

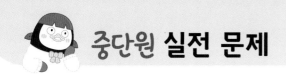
[01~02] 다음은 우리 몸속의 뼈를 나타낸 것입니다. 물음에 답하시오.

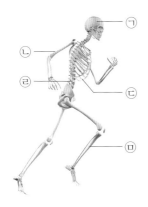

01 위 그림에서 몸속 다른 기관을 보호하는 뼈를 모두 골라 기호를 쓰시오.

( )

02 위 그림에서 짧은 뼈가 이어져 우리 몸의 기둥과 같은 역할을 하는 뼈를 골라 기호를 쓰시오.

( )

03 각 뼈의 특징을 찾아 바르게 선으로 연결하시오.

(1) 팔뼈 · · ㉠ 좌우로 둥글게 연결되어 공간을 만들어 준다.

(2) 머리뼈 · · ㉡ 위쪽은 한 개, 아래쪽은 두 개의 뼈로 긴 모양이다.

(3) 갈비뼈 · · ㉢ 둥근 바가지 모양이다.

┌중요┐
04 뼈에 대한 설명으로 옳지 <u>않은</u> 것은 어느 것입니까?

( )

① 종류와 생김새가 다양하다.
② 몸을 지지하는 역할을 한다.
③ 움직임에 관여하는 기관이다.
④ 우리 몸의 형태를 만들어 준다.
⑤ 심장이나 작은창자, 큰창자 등을 보호한다.

[05~07] 다음은 우리 몸의 움직임을 모형으로 알아보는 실험입니다. 물음에 답하시오.

(가) 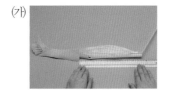   (나)

05 위 실험에 대한 설명 중 옳은 것에는 ○표, 옳지 <u>않은</u> 것에는 ×표 하시오.

(1) 우리 몸의 뼈와 근육 모형이다. ( )
(2) 납작한 빨대는 우리 몸의 근육을 나타낸다.
( )
(3) 모형에 바람을 불어 넣기 전과 불어 넣은 후 비닐봉지의 길이를 측정하고 손 그림의 움직임을 살펴본다. ( )

06 위의 (가)와 (나) 중 비닐봉지에 바람을 불어 넣은 후의 모습을 찾아 기호를 쓰시오.

( )

⌜**중요**⌝
07 다음은 앞의 실험에서 알 수 있는 우리 몸의 움직임에 대한 설명입니다. ( ) 안에 들어갈 알맞은 말에 ○ 표 하시오.

> ㉠(뼈 , 근육)의 길이가 늘어나거나 줄어들면서 ㉡(뼈 , 근육)과/와 연결된 ㉢(뼈 , 근육)이/가 움직이게 된다.

08 우리 몸의 소화 기관에 해당하지 않는 것은 어느 것입니까? ( )

① 코
② 입
③ 위
④ 항문
⑤ 큰창자

[09~11] 다음은 소화 기관의 모습을 나타낸 것입니다. 물음에 답하시오.

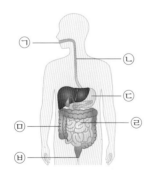

09 다음과 같은 일을 하는 소화 기관을 찾아 기호와 이름을 쓰시오.

> 소화를 돕는 액체를 분비하여 음식물과 섞고, 음식물을 잘게 쪼개어 죽처럼 만든다.

(,)

10 앞 그림의 ㉣이 하는 일을 설명한 것입니다. ( ) 안에 들어갈 알맞은 말을 쓰시오.

> 소화를 돕는 액체를 이용하여 음식물을 더 잘게 쪼개고, ( )을/를 흡수한다.

( )

11 앞 그림의 ㉤에 대한 설명으로 옳은 것은 어느 것입니까? ( )

① 입과 위를 연결한다.
② 음식물 찌꺼기를 밖으로 배출한다.
③ 굵은 관 모양으로 작은창자를 감싸고 있다.
④ 꼬불꼬불한 관 모양으로 배의 가운데에 있다.
⑤ 이로 음식을 잘게 부수고, 혀로 침과 음식물을 섞이게 한다.

⌜**서술형**⌝
12 입속으로 들어온 음식물이 소화 기관을 거치는 과정을 쓰시오.

_____

_____

[13~14] 다음은 우리 몸속의 호흡 기관을 나타낸 것입니다. 물음에 답하시오.

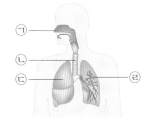

13 위 ㉠~㉢ 기관의 이름을 각각 쓰시오.

㉠ (   )
㉡ (   )
㉢ (   )
㉣ (   )

14 위 ㉠~㉢ 기관의 생김새나 하는 일에 대한 설명으로 옳은 것을 모두 고르시오. (   )

① ㉠ – 공기가 드나드는 곳이다.
② ㉡ – 주머니 모양이며 좌우 한 쌍이 있다.
③ ㉢ – 굵은 관 모양으로 공기가 이동하는 통로이다.
④ ㉣ – 공기 중의 산소를 받아들이고 몸에서 생긴 이산화 탄소를 내보낸다.
⑤ ㉣ – 기관과 폐 사이를 이어 주는 관으로 공기가 이동하는 통로이다.

⊏중요⊐
15 숨을 들이마실 때 공기가 우리 몸속으로 들어오는 과정을 나열한 것으로 옳은 것은 어느 것입니까?

(   )

① 코 → 기관지 → 기관 → 폐
② 코 → 기관 → 기관지 → 폐
③ 기관지 → 기관 → 폐 → 코
④ 기관지 → 코 → 기관 → 폐
⑤ 폐 → 기관지 → 기관 → 코

16 다음 보기 에서 순환 기관에 해당하는 것을 모두 골라 기호를 쓰시오.

보기
㉠ 눈   ㉡ 코   ㉢ 입   ㉣ 심장
㉤ 혈관   ㉥ 방광   ㉦ 큰창자   ㉧ 작은창자

(   )

[17~19] 다음은 주입기의 펌프를 눌러 붉은 색소 물을 한쪽 관으로 빨아들이고 다른 쪽 관으로 내보내는 모습입니다. 물음에 답하시오.

17 위 실험은 우리 몸에서 어느 기관이 하는 일을 알아보는 실험입니까? (   )

① 운동 기관   ② 소화 기관
③ 호흡 기관   ④ 순환 기관
⑤ 배설 기관

⊏중요⊐
18 위 실험에서 주입기의 펌프와 관, 붉은 색소 물은 우리 몸의 어떤 부분을 나타내는지 각각 쓰시오.

주입기의 펌프	주입기의 관	붉은 색소 물
㉠ ( )	㉡ ( )	㉢ ( )

⊏서술형⊐

19 앞의 실험에서 주입기의 펌프를 빠르게 눌렀더니 붉은 색소 물이 이동하는 빠르기가 빨라지고, 붉은 색소 물의 이동량이 많아졌습니다. 이 실험 결과를 토대로 심장이 빨리 뛰면 우리 몸에서는 어떤 일이 일어나는지 쓰시오.

_____

_____

22 앞의 ㉠ 기관에 대한 설명으로 옳은 것은 어느 것입니까? (   )

① 몸을 움직이게 한다.
② 혈액을 온몸으로 보낸다.
③ 혈액 속 노폐물을 걸러 낸다.
④ 음식물을 잘게 쪼개어 침과 섞는다.
⑤ 몸에서 생긴 이산화 탄소를 밖으로 내보낸다.

[20~23] 다음은 우리 몸속 기관을 나타낸 것입니다. 물음에 답하시오.

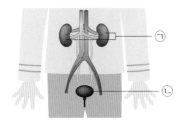

20 위와 같이 혈액 속 노폐물을 걸러 밖으로 내보내는 기관을 무엇이라고 합니까? (   )

① 운동 기관   ② 소화 기관
③ 호흡 기관   ④ 순환 기관
⑤ 배설 기관

⊏서술형⊐

23 앞의 ㉠에서 걸러진 혈액은 어떻게 되는지 쓰시오.

_____

_____

24 다음은 배설 과정을 순서 없이 나열한 것입니다. 순서에 맞게 차례대로 기호를 쓰시오.

> ㉠ 콩팥에서 혈액 속 노폐물을 걸러 낸다.
> ㉡ 온몸을 돌아 노폐물이 많아진 혈액이 콩팥으로 이동한다.
> ㉢ 혈액이 온몸을 순환하면서 혈액 속에 노폐물이 많아진다.
> ㉣ 콩팥에서 걸러진 노폐물은 오줌 속에 포함되어 방광에 저장되었다가 몸 밖으로 나간다.

(→   →   →   )

21 위의 ㉠과 ㉡ 기관의 이름을 각각 쓰시오.

㉠ (   ), ㉡ (   )

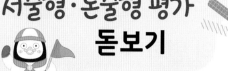
1 다음은 우리 몸속 뼈와 근육을 나타낸 것입니다. 이 그림과 관련하여 우리 몸이 움직일 수 있는 까닭을 쓰시오.

_____

_____

2 다음은 우리 몸속 소화 기관의 일부를 나타낸 것입니다. 물음에 답하시오.

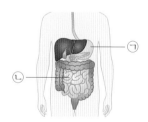

(1) ㉠과 ㉡의 이름을 각각 쓰시오.

　　㉠ (　　　　　　　), ㉡ (　　　　　　　)

(2) ㉡이 하는 일을 쓰시오.

_____

_____

3 다음은 우리 몸속 호흡 기관을 나타낸 것입니다. 숨을 들이마실 때 우리 몸속에 들어온 공기는 어떻게 사용되는지 쓰시오.

_____

_____

4 다음 그림은 순환 기관을 나타낸 것입니다. 심장이 우리 몸에서 하는 일을 보기 의 말을 모두 사용하여 쓰시오.

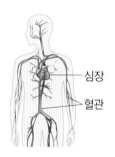

심장
혈관

보기

펌프, 혈액, 온몸, 순환

_____

_____

(2) 자극과 반응, 운동할 때 몸의 변화

1 감각 기관과 자극이 전달되는 과정

(1) 감각 기관

① 주변으로부터 전달된 자극을 느끼고 받아들이는 기관

② 우리 몸의 감각 기관과 하는 일

눈	귀	코	혀	피부
물체를 본다. 물체의 빠르기, 밝고 어둠을 느낀다.	크고 작은 소리를 듣는다.	여러 가지 냄새를 맡는다.	달거나 짠맛 또는 신맛 등을 느낀다.	차거나 따뜻한 정도, 누르거나 찌르는 느낌을 느낀다.

(2) 자극이 전달되고 반응하는 과정 ― 주변으로부터 자극을 받아들여 전달하는 과정에는 감각 기관과 신경계가 관여합니다.

① 감각 기관이 받아들인 자극은 온몸에 퍼져 있는 신경계를 통해 전달됩니다.

② 신경계는 전달된 자극을 해석하여 행동을 결정하고, 운동 기관에 자극과 관련된 명령을 내립니다.

③ 운동 기관은 전달받은 명령을 수행합니다.

④ 외부로부터 들어온 '자극'은 다양한 '반응'을 일으킵니다.

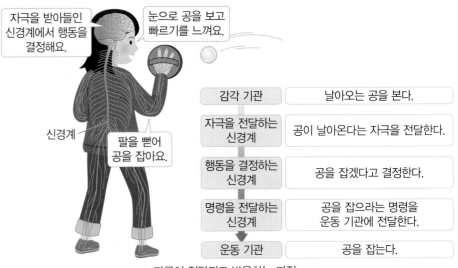

▲ 자극이 전달되고 반응하는 과정

2 운동할 때 우리 몸에 나타나는 변화

(1) 운동할 때 몸에 나타나는 변화

① 평소보다 체온이 올라가며, 숨이 차고 땀이 나기도 합니다.

② 평소보다 더 많은 영양소와 산소가 필요하므로 호흡과 맥박이 빨라집니다.

③ 평소보다 더 많은 양의 영양소와 산소를 소모하므로, 노폐물과 이산화 탄소도 많이 생깁니다.

▶ 신경계
외부로부터 오는 자극이나 환경 변화 또는 몸속 자극에 반응하는 데 관여하는 신경 조직으로 이루어진 기관입니다.

▶ 감각
· 눈, 귀, 코, 혀, 피부를 통해 바깥의 어떤 자극을 알아차리는 것을 말합니다.
· 시각, 청각, 후각, 미각, 촉각의 다섯 가지 감각이 있습니다.

▶ 식사할 때 감각 기관의 사용
· 눈으로 음식을 봅니다.
· 코로 음식 냄새를 맡습니다.
· 혀로 음식 맛을 느낍니다.

낱말 사전

자극 감각 기관에 작용하여 반응을 일으키게 하는 일
박람회 생산물의 개량·발전 및 산업의 진흥을 꾀하기 위하여 농업, 상업, 공업 따위에 관한 온갖 물품을 모아 벌여 놓고 판매, 선전, 심사를 하는 전람회

(2) 운동할 때 몸속 여러 기관이 서로 주고받는 영향

① 우리 몸을 이루는 여러 가지 기관은 서로 영향을 주고받으며 협력하여 일을 합니다.

운동 기관	영양소와 산소를 이용하여 몸을 움직인다.
소화 기관	음식물을 소화해 영양소를 흡수한다.
호흡 기관	우리 몸에 필요한 산소를 제공하고 이산화 탄소를 몸 밖으로 내보낸다.
순환 기관	영양소와 산소를 온몸에 전달하고, 이산화 탄소와 노폐물을 각각 호흡 기관과 배설 기관으로 전달한다.
배설 기관	혈액에 있는 노폐물을 걸러 내어 오줌으로 배설한다.
감각 기관	주변의 자극을 받아들인다.

② 우리가 건강하게 생활하려면 몸속의 운동 기관, 소화 기관, 호흡 기관, 순환 기관, 배설 기관, 감각 기관 등이 서로 영향을 주고받으며 각각의 기능을 잘 수행해야 합니다.

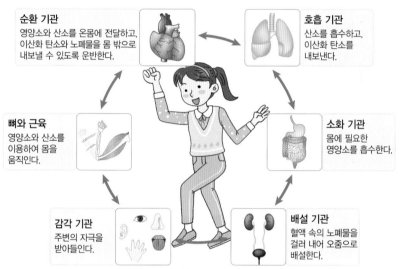

▲ 몸을 움직이기 위해 각 기관이 하는 일

3 건강 박람회

(1) 우리 몸의 각 기관과 관련된 다양한 질병

운동 기관	근육통, 골절 등	순환 기관	심장병, 고혈압 등
소화 기관	위장병, 변비 등	배설 기관	방광염 등
호흡 기관	비염, 감기, 천식 등	감각 기관	백내장, 각막염 등

(2) 질병을 예방하는 방법을 알리는 '건강 박람회'를 통해 알게 된 내용

① 대부분의 질병은 규칙적인 운동으로 예방할 수 있습니다.

② 외출 뒤 손 씻기와 음식 편식하지 않고 골고루 먹기, 일찍 자고 일찍 일어나기, 규칙적으로 운동하기 등의 생활 습관으로도 건강한 생활을 할 수 있습니다.

> ▶ 맥박
> • 맥박은 심장의 박동으로 심장에서 나오는 피가 얇은 피부에 분포되어 있는 동맥의 벽에 닿아서 생기는 주기적인 파동입니다.
> • 1분 동안의 맥박 수를 세는 것으로 심장 박동 수를 측정할 수 있습니다.
> • 엄지손가락 바로 아래 손목 부위를 손가락 두세 개로 살짝 누르면 맥박을 느낄 수 있습니다.
> • 건강한 사람의 평상시 심장 박동 수는 1분에 50회~100회 정도입니다.

🐭 **개념 확인 문제**

1 주변으로부터 전달된 자극을 느끼고 받아들이는 기관을 (감각 , 운동 , 소화) 기관이라고 합니다.

2 운동을 하면 체온이 (내려 , 올라)가고, 호흡과 맥박이 (느려 , 빨라)집니다.

정답 **1** 감각 **2** 올라, 빨라

[준비물] 초시계, 체온계

[실험 방법]

① 평상시와 같은 상태에서 체온을 재고 1분 동안 맥박 수를 측정해 봅니다.

② 1분 동안 제자리 달리기를 한 뒤에 체온을 재고 1분 동안 맥박 수를 측정해 봅니다.

③ 휴식을 취하며 5분 후 체온을 재고 1분 동안 맥박 수를 측정해 봅니다.

④ 측정한 결과를 그래프로 나타내 봅니다.

⑤ 체온과 맥박 수의 변화를 보고 알게 된 점을 이야기해 봅니다.

[실험 결과]

① 평상시 상태와 운동한 후의 체온과 맥박 수 예

구분	평상시	운동 직후	5분 후
체온(℃)	36.7	36.9	36.6
1분당 맥박 수	65	104	69

② 측정 결과를 그래프로 나타내기 ─ 맥박 수의 변화가 체온에 비해 뚜렷하게 나타납니다.

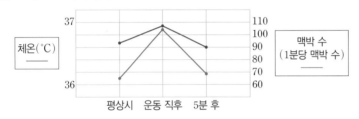

③ 운동을 하면 체온이 올라가고 맥박 수도 증가합니다.

④ 운동 후 휴식을 취하면 체온과 맥박 수가 평상시와 비슷해집니다.

[실험을 통해 알게 된 점]

① 운동을 하면 몸에서 에너지를 많이 내면서 열이 많이 나기 때문에 체온이 올라가고, 평소보다 산소와 영양소를 더 많이 이용하므로 심장이 빠르게 뛰어 맥박이 빨라지고, 호흡도 빨라집니다.

② 운동할 때 우리 몸의 운동 기관, 호흡 기관, 순환 기관 등 각 기관은 서로 영향을 주고받습니다.

주의할 점
• 운동하기 전 안정을 취한 후 맥박 수를 측정하고, 운동 뒤 5분 후 다시 맥박 수를 측정합니다.
• 맥박 수를 측정할 때에는 움직이거나 말하지 않고 가만히 있어야 합니다.

중요한 점
운동할 때 체온과 맥박 수가 변하는 까닭을 몸속 기관이 하는 일과 관련지어 이해하는 것이 중요합니다.

탐구 문제

정답과 해설 28쪽

1 운동하기 전후 체온과 맥박 수에 대한 설명으로 옳은 것은 ○표, 옳지 않은 것은 ×표 하시오.

(1) 운동을 하면 체온은 내려가고 맥박 수는 증가한다. (   )

(2) 운동을 하고 휴식을 취하면 체온이 평상시보다 더 내려간다. (   )

(3) 운동을 하고 휴식을 취하면 맥박 수가 평상시와 비슷해진다. (   )

2 다음은 운동할 때 체온과 맥박 수가 변하는 까닭을 설명한 것입니다. (   ) 안에 들어갈 알맞은 말을 쓰시오.

운동을 하면 몸에서 에너지를 많이 내면서 ㉠(   )이/가 많이 나기 때문에 체온이 ㉡(   ). 또 평소보다 산소와 영양소를 더 많이 이용하므로 ㉢(   )이/가 빠르게 뛰어 맥박이 ㉣(   ).

개념 1 감각 기관에 대해 묻는 문제

(1) 감각 기관: 주변으로부터 전달된 자극을 느끼고 받아들이는 기관

(2) 우리 몸에는 눈(시각), 귀(청각), 코(후각), 혀(미각), 피부(촉각) 등의 감각 기관이 있음.

01 다음 그림에서 활용하고 있는 기관은 무엇입니까?
( )

① 운동 기관　　　　② 소화 기관
③ 배설 기관　　　　④ 감각 기관
⑤ 순환 기관

02 피부가 느끼는 감각을 모두 고르시오. ( )

① 맛　　　　　② 온도
③ 냄새　　　　④ 촉감
⑤ 밝기

개념 2 자극이 전달되고 반응하는 과정에 대해 묻는 문제

(1) 감각 기관이 받아들인 자극은 온몸에 퍼져 있는 신경계를 통해 전달됨.

(2) 신경계는 전달된 자극을 해석하여 행동을 결정하고, 운동 기관에 자극과 관련된 명령을 내림.

(3) 운동 기관은 전달받은 명령을 수행함.

(4) 자극이 전달되고 반응하는 과정: 감각 기관 → 자극을 전달하는 신경계 → 행동을 결정하는 신경계 → 명령을 전달하는 신경계 → 운동 기관

03 자극이 전달되고 반응하는 과정에서 운동 기관이 하는 일로 옳은 것은 어느 것입니까? ( )

① 빠른 음악 소리가 들린다.
② 자극에 맞춰 행동을 결정한다.
③ 전달된 명령에 맞춰 행동한다.
④ 신호등 색이 바뀌는 것을 본다.
⑤ 행동에 맞춰 움직이라는 명령을 전달한다.

04 다음은 자극이 전달되고 반응하는 과정을 나타낸 것입니다. ( ) 안에 공통으로 들어갈 알맞은 말을 쓰시오.

> 감각 기관 → 자극을 전달하는 ( ) → 행동을 결정하는 ( ) → 명령을 전달하는 ( ) → 운동 기관

( )

핵심 개념 문제

개념 3 ∙ 운동할 때 몸에 나타나는 변화에 대해 묻는 문제

(1) 평소보다 더 많은 영양소와 산소가 필요하므로 호흡과 맥박이 빨라짐.

(2) 체온이 올라가며, 숨이 차고 땀이 나기도 함.

(3) 체온의 변화에 비해 맥박 수의 변화가 더 뚜렷함.

05 운동을 할 때 몸에 나타나는 변화로 옳지 <u>않은</u> 것은 어느 것입니까? ( )

① 땀이 난다.
② 숨이 찬다.
③ 맥박이 느려진다.
④ 체온이 올라간다.
⑤ 심장이 빨리 뛴다.

개념 4 ∙ 몸을 움직이기 위해 각 기관이 하는 일에 대해 묻는 문제

(1) 우리 몸의 여러 기관과 하는 일

운동 기관	영양소와 산소를 이용하여 몸을 움직임.
소화 기관	음식물을 소화해 영양소를 흡수함.
호흡 기관	우리 몸에 필요한 산소를 제공하고 이산화 탄소를 몸 밖으로 내보냄.
순환 기관	영양소와 산소를 온몸에 전달하고, 이산화 탄소와 노폐물을 각각 호흡 기관과 배설 기관으로 전달함.
배설 기관	혈액에 있는 노폐물을 걸러 내 오줌으로 배설함.
감각 기관	주변의 자극을 받아들임.

(2) 운동할 때 몸속 여러 기관이 서로 영향을 주고받으며 협력하여 일을 함.

07 운동할 때 우리 몸이 에너지를 내고, 근육을 움직이기 위해 우리 몸에서 가장 필요한 두 가지를 고르시오.

(,)

① 산소
② 자극
③ 반응
④ 영양소
⑤ 노폐물

06 다음은 운동하기 전후 체온과 맥박 수를 측정하여 그래프로 나타낸 것입니다. 체온을 나타낸 그래프는 어느 것인지 쓰시오.

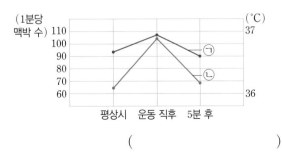

( )

08 몸을 움직이기 위해 각 기관이 하는 일에 대한 설명으로 옳지 <u>않은</u> 것은 어느 것입니까? ( )

① 감각 기관은 주변의 자극을 받아들인다.
② 호흡 기관은 이산화 탄소를 몸 밖으로 내보낸다.
③ 소화 기관은 음식물을 소화시켜 영양소를 흡수한다.
④ 우리 몸에 들어온 산소는 순환 기관을 거쳐 온몸으로 공급된다.
⑤ 근육을 움직이는 데 필요한 영양소는 호흡 기관을 통해 공급받는다.

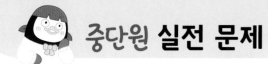
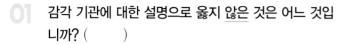
01 감각 기관에 대한 설명으로 옳지 <u>않은</u> 것은 어느 것입니까? (　　　)

① 눈, 코, 귀, 혀는 감각 기관이다.
② 감각 기관은 온몸에 골고루 퍼져 있다.
③ 눈으로 밝고 어두움을 느끼며 사물을 본다.
④ 피부는 물체의 차갑거나 따뜻한 정도를 느낄 수 있다.
⑤ 감각 기관은 주변으로부터 정보를 받아들이는 기관이다.

02 각 감각 기관이 느끼는 감각을 바르게 선으로 연결하시오.

(1) 눈　　·

(2) 코　　·

(3) 혀　　·

(4) 귀　　·

·　ㄱ　시각

·　ㄴ　미각

·　ㄷ　청각

·　ㄹ　후각

03 다음 중 각 상황과 관련된 감각을 바르게 짝 지은 것은 어느 것입니까? (　　　)

① 음식 냄새를 맡는다. – 미각
② 입 속의 음료 맛을 본다. – 후각
③ 신호등의 색이 바뀐 것을 본다. – 청각
④ 인형을 쓰다듬어 부드러움을 느낀다. – 촉각
⑤ 스피커에서 나오는 음악 소리를 듣는다. – 시각

04 다음은 무엇에 대한 설명인지 쓰시오.

- 온몸에 퍼져 있다.
- 감각 기관으로부터 전달받은 자극을 해석하여 행동을 결정하고 운동 기관에 명령을 내린다.

(　　　　　　　　　　　　)

[05~06] 다음 그림은 친구가 던진 공을 보고 피하기까지의 과정을 나타낸 것입니다. 물음에 답하시오.

ㄷ**서술형**ㄱ
05 위 과정에서 자극과 반응은 각각 무엇인지 쓰시오.

(1) 자극: ＿＿＿＿＿＿＿＿＿＿＿＿＿＿

＿＿＿＿＿＿＿＿＿＿＿＿＿＿＿＿＿＿

(2) 반응: ＿＿＿＿＿＿＿＿＿＿＿＿＿＿

＿＿＿＿＿＿＿＿＿＿＿＿＿＿＿＿＿＿

ㄷ**중요**ㄱ
06 위 과정에서 자극을 보고 적절한 행동을 하도록 결정하는 것은 어느 것입니까? (　　　)

① 감각 기관
② 운동 기관
③ 자극을 전달하는 신경계
④ 행동을 결정하는 신경계
⑤ 명령을 전달하는 신경계

07 다음은 자극이 전달되고 반응하는 과정을 순서 없이 나열한 것입니다. 순서에 맞게 기호를 쓰시오.

> ㉠ 감각 기관
> ㉡ 운동 기관
> ㉢ 명령을 전달하는 신경계
> ㉣ 행동을 결정하는 신경계
> ㉤ 자극을 전달하는 신경계

(→   →   →   →   )

08 운동할 때 나타나는 변화를 알아보기 위해 다음과 같은 실험을 하였습니다. (나)에서 나타나는 변화로 옳지 <u>않은</u> 것은 어느 것입니까? (   )

(가)  (나)  (다)

▲ 평상시 맥박 수 측정하기 　▲ 1분 동안 제자리 달리기 하기 　▲ 휴식을 취하며 5분 후 맥박 수 측정하기

① 땀이 난다.   ② 눈이 나빠진다.
③ 숨이 가빠진다.   ④ 심장이 빠르게 뛴다.
⑤ 맥박이 빠르게 뛴다.

[09~10] 운동할 때 몸에 나타나는 변화를 알아보기 위해 평상시, 운동 직후, 5분 후에 체온과 맥박 수를 측정하고 결과를 그래프로 나타낸 것입니다. 물음에 답하시오.

09 다음은 위 그래프를 보고 알게 된 사실입니다. (   ) 안에 들어갈 알맞은 말에 ◯표 하시오.

> 운동을 하면 체온이 ㉠(올라 , 내려)가고, 맥박 수가 ㉡(증가 , 감소)한다.

10 운동한 후 휴식을 취하면 체온과 맥박이 어떻게 되는지 앞 그래프를 보고 운동하기 전, 운동 직후와 비교하여 쓰시오.

_____

_____

몸을 움직이기 위해 각 기관이 하는 일에 대한 설명으로 옳은 것은 어느 것입니까? (   )

① 호흡 기관은 몸을 움직이게 한다.
② 배설 기관은 혈액을 온몸으로 이동시킨다.
③ 근육이 움직이는 데 필요한 산소는 호흡 기관으로부터 얻는다.
④ 근육이 움직이는 데 필요한 영양소는 감각 기관으로부터 얻는다.
⑤ 호흡 기관은 우리 몸에 필요한 이산화 탄소를 제공하고 산소를 몸 밖으로 내보낸다.

12 감각 기관과 관련 있는 질병끼리 연결된 것은 어느 것입니까? (   )

① 감기, 천식
② 피부병, 폐렴
③ 위장병, 변비
④ 백내장, 각막염
⑤ 심장병, 고혈압

1 다음과 같이 식사를 하는 상황에서는 어떤 감각 기관이 사용되는지 하는 일과 관련지어 두 가지만 더 쓰시오.

- 눈으로 음식을 본다.
- _____
- _____

2 다음은 자극이 전달되고 반응하는 과정을 나타낸 것입니다. 물음에 답하시오.

㉠ 날아오는 공을 본다.
⬇
㉡ 공이 날아온다는 자극을 전달한다.
⬇
㉢ ( )
⬇
㉣ 공을 잡으라는 명령을 전달한다.
⬇
㉤ 공을 잡는다.

(1) 위 ㉠에서 사용된 감각 기관은 무엇인지 쓰시오.
( )

(2) 위 ㉢에 들어갈 내용을 쓰시오.
_____
_____

3 운동하기 전후 체온과 맥박 수를 측정하여 그래프로 나타낸 것입니다. 물음에 답하시오.

(1) 위 그래프에서 ㉠과 ㉡은 각각 무엇을 나타내는지 쓰시오.
㉠ ( ), ㉡ ( )

(2) 위 그래프에서 운동 직후 맥박 수가 증가한 까닭을 쓰시오.
_____
_____

4 일상 생활을 하면서 노폐물이 많아진 혈액은 어떻게 되는지 다음 기관의 역할과 관련지어 쓰시오.

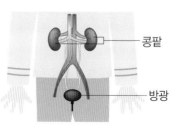

_____
_____

1 우리 몸속 기관의 생김새와 하는 일

• 운동 기관
 – 뼈와 연결된 근육의 길이가 줄어들거나 늘어나면서 뼈가 움직임.

• 소화 기관
 – 음식물을 잘게 쪼개 영양소와 수분을 흡수함.
 – 소화 과정: 입 → 식도 → 위 → 작은창자 → 큰창자 → 항문

• 호흡 기관
 – 우리 몸에 필요한 산소를 제공하고 이산화 탄소가 포함된 공기를 내보냄.
 – 숨을 들이마실 때는 공기가 코 → 기관 → 기관지 → 폐로 이동하고, 숨을 내쉴 때는 공기가 반대로 이동함.

• 순환 기관
 – 펌프 작용으로 혈액을 통해 영양소와 산소를 온몸에 전달함.

• 배설 기관
 – 콩팥에서 혈액의 노폐물을 걸러 내어 오줌을 만들고, 방광에 모아 두었다가 몸 밖으로 내보냄.

2 자극이 전달되고 반응하는 과정

감각 기관	날아오는 공을 본다.
자극을 전달하는 신경계	공이 날아온다는 자극을 전달한다.
행동을 결정하는 신경계	공을 피하겠다고 결정한다.
명령을 전달하는 신경계	공을 피하라는 명령을 운동 기관에 전달한다.
운동 기관	몸을 움직여 공을 피한다.

3 운동할 때 우리 몸에 나타나는 변화

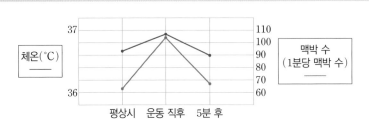

• 운동을 하면 체온이 올라가고 맥박 수가 증가함.
• 운동한 후 휴식을 취하면 체온과 맥박 수가 운동하기 전과 비슷해짐.

대단원 마무리

4. 우리 몸의 구조와 기능

[01~02] 다음은 뼈와 근육 모형에 바람을 불어 넣기 전과 불어 넣은 후의 모습입니다. 물음에 답하시오.

(가) 비닐봉지

납작한 빨대

(나)

01 바람을 불어 넣기 전과 불어 넣은 후의 모습을 찾아 각각 기호를 쓰시오.

(1) 바람을 불어 넣기 전: (   )
(2) 바람을 불어 넣은 후: (   )

02 위 모형에 대한 설명으로 옳은 것은 어느 것입니까?
(   )

① 비닐봉지는 근육을 의미한다.
② 납작한 빨대는 혈관을 의미한다.
③ 납작한 빨대의 길이가 늘어나면서 손 모양이 구부러진다.
④ 비닐봉지에 바람을 불어 넣으면 납작한 빨대가 펴진다.
⑤ 뼈의 길이가 늘어나면서 움직임이 나타난다는 것을 알 수 있다.

03 다음 (   ) 안에 들어갈 알맞은 말을 각각 쓰시오.

> • (㉠   )은/는 우리 몸의 형태를 만들어 주고, 몸을 지지하는 역할을 한다. 심장이나 폐, 뇌 등을 보호한다.
> • 우리 몸속 기관 중 움직임에 관여하는 (㉠   )과/와 근육을 (㉡   )(이)라고 한다.

㉠ (   ), ㉡ (   )

04 다음 중 음식물이 직접 지나가지 않지만 소화를 돕는 기관을 모두 고르시오. (   )

① 위   ② 간
③ 쓸개   ④ 이자
⑤ 작은창자

[05~08] 다음은 우리 몸속 기관의 모습입니다. 물음에 답하시오.

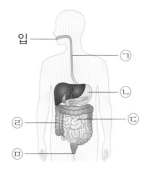

입
㉠
㉢
㉣
㉤
㉣

05 위 그림이 나타내는 기관은 어느 것입니까? (   )

① 운동 기관   ② 소화 기관
③ 호흡 기관   ④ 배설 기관
⑤ 감각 기관

06 위 그림에서 ㉡, ㉢, ㉣의 이름을 각각 쓰시오.

㉡ (   ), ㉢ (   ), ㉣ (   )

07 앞 그림의 각 기관에 대한 설명으로 옳은 것은 어느 것입니까? (　　　)

① ㉠ – 주머니 모양으로 입과 위를 연결한다.
② ㉡ – 혀로 음식물을 삼켜 식도를 지나 위로 이동하게 한다.
③ ㉢ – 꼬불꼬불한 관 모양으로 배의 가운데에 있다.
④ ㉣ – 혀를 이용해 음식물을 섞고 잘게 부순다.
⑤ ㉤ – 작은 주머니 모양으로 식도와 작은창자를 연결한다.

⊏서술형⊐
08 앞 그림의 ㉢과 ㉣이 하는 일을 비교하여 쓰시오.

_____

_____

09 다음 중 호흡에 대한 설명으로 옳은 것은 어느 것입니까? (　　　)

① 음식물을 잘게 쪼개는 과정이다.
② 물체를 보고 반응하는 과정이다.
③ 근육과 뼈를 움직이는 과정이다.
④ 숨을 들이마시고 내쉬는 과정이다.
⑤ 혈액 속 노폐물을 걸러 내는 과정이다.

[10~12] 다음은 우리 몸속 기관의 모습입니다. 물음에 답하시오.

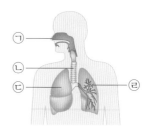

10 각 기관의 이름을 바르게 짝 지은 것은 어느 것입니까? (　　　)

① ㉠ – 입
② ㉡ – 식도
③ ㉡ – 기관지
④ ㉢ – 폐
⑤ ㉣ – 기관

⊏서술형⊐
11 위의 ㉣은 나뭇가지처럼 여러 갈래로 갈라져 있습니다. 이러한 생김새가 호흡에 주는 도움을 쓰시오.

_____

_____

⊏중요⊐
12 위 기관 중 ㉢에서 교환이 이루어지는 기체를 바르게 짝 지은 것은 어느 것입니까? (　　　)

	받아들이는 기체	내보내는 기체
①	질소	산소
②	산소	이산화 탄소
③	이산화 탄소	산소
④	산소	질소
⑤	이산화 탄소	이산화 탄소

13 다음은 우리 몸속 어느 기관에 대한 설명인지 쓰시오.

> • 온몸에 퍼져 있다.
> • 혈액이 이동하는 통로이다.
> • 굵은 것도 있고 가는 것도 있으며, 가늘고 긴 관이 복잡하게 얽힌 곳도 있다.

(   )

[14~15] 다음과 같이 장치한 후 ㉠을 눌러 붉은 색소 물이 이동하는 모습을 관찰해 보았습니다. 물음에 답하시오.

붉은 색소 물

⊏**중요**⊐

14 위 실험에서 ㉠과 ㉡은 우리 몸의 어떤 부분과 같은 역할을 하는지 각각 쓰시오.

㉠ (   ), ㉡ (   )

15 위 실험에 대한 설명으로 옳은 것을 모두 고르시오.

(   )

① 호흡 기관이 하는 일을 알아보는 실험이다.
② ㉠의 펌프 작용으로 붉은 색소 물이 관을 통해 이동한다.
③ ㉠을 빠르게 누르면 붉은 색소 물의 이동량이 많아진다.
④ ㉠을 느리게 누르면 붉은 색소 물이 이동하는 빠르기가 빨라진다.
⑤ ㉠을 누를 때 붉은 색소 물이 이동하는 것은 혈액이 이동하는 것을 의미한다.

16 다음 보기 에서 배설 기관을 모두 찾아 기호를 쓰시오.

⊏보기⊐

㉠ 눈	㉡ 폐	㉢ 코	㉣ 위
㉤ 항문	㉥ 심장	㉦ 콩팥	㉧ 혈관
㉨ 방광	㉩ 큰창자	㉪ 기관지	㉫ 작은창자

(   )

⊏**서술형**⊐

17 노폐물이 많은 혈액이 콩팥으로 이동한 후 혈액의 흐름이 어떻게 되는지 쓰시오.

_____

_____

18 우리 몸속 방광에 대한 설명으로 옳은 것은 어느 것입니까? (   )

① 강낭콩 모양이다.
② 오줌이 저장되는 곳이다.
③ 오줌을 걸러 내는 곳이다.
④ 심장과 직접 연결되어 있다.
⑤ 등허리 뒤쪽 양쪽에 하나씩 있다.

19 다음 중 주변으로부터 전달된 자극을 느끼고 받아들이는 기관이 <u>아닌</u> 것은 어느 것입니까? ( )

① 눈   ② 코   ③ 입
④ 귀   ⑤ 피부

[20~21] 다음은 우리 몸에 자극이 전달되고 반응하는 과정을 나타낸 것입니다. 물음에 답하시오.

감각 기관	(가) 내가 좋아하는 신나는 노래가 들린다.
↓	↓
(㉠)	소리 자극을 전달한다.
↓	↓
(㉡)	소리 자극을 해석하고 노래에 맞춰 흥겹게 춤을 추겠다고 결정한다.
↓	↓
(㉢)	춤을 추라는 명령을 전달한다.
↓	↓
운동 기관	음악에 맞춰 신나게 춤을 춘다.

20 위 (가)의 상황과 관련이 있는 감각 기관을 쓰시오.

( )

21 위의 ㉠~㉢에 들어갈 내용을 각각 쓰시오.

㉠ ( )
㉡ ( )
㉢ ( )

[22~23] 다음은 운동 전과 후에 나타나는 체온과 맥박 수의 변화를 나타낸 것입니다. 물음에 답하시오.

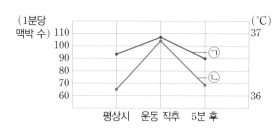

22 위 그래프에서 ㉡은 무엇의 변화를 나타내는 것인지 쓰시오.

( )

23 위 그래프에 나타난 결과에 대한 설명으로 옳은 것은 ○표, 옳지 <u>않은</u> 것은 ×표 하시오.

(1) 운동을 해도 체온의 변화가 나타나지 않는다.

( )

(2) 맥박은 운동 전에 가장 빠르며, 운동 후에 점차 느려진다. ( )

(3) 운동을 하면 체온이 높아지고 맥박 수가 증가한다.

( )

24 다음에서 설명하고 있는 몸속 기관의 질병과 관계있는 기관은 무엇입니까? ( )

> 오늘 뭔가를 잘못 먹었는지 아침부터 계속 배가 불편했다. 3교시부터 배가 더욱 아파오더니 결국 설사를 했다. 하교 후 병원 진료를 받고 장염에 걸린 것을 알았다. 당분간 음식을 조심해야겠다.

① 운동 기관   ② 소화 기관
③ 호흡 기관   ④ 배설 기관
⑤ 감각 기관

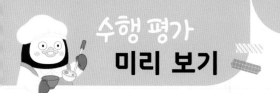
1 다음은 근육이 뼈에 어떻게 작용하는지 알아보는 실험입니다. 물음에 답하시오.

①
납작한 빨대의 구멍 뚫린 부분을 할핀으로 연결하기

②
비닐봉지를 25 cm 정도로 자른 뒤에 막힌 쪽을 셀로판테이프로 감고, 벌어진 쪽은 주름 빨대를 넣어 셀로판테이프로 감기

③
납작한 빨대의 끝부분과 주름 빨대를 감은 비닐봉지의 끝부분을 맞춘 뒤에 비닐봉지의 양쪽 끝을 셀로판테이프로 감아 납작한 빨대에 고정하기

④
주름 빨대를 짧게 지르고 손 그림을 붙인 후 바람을 불어 넣기 전과 후의 비닐봉지의 길이 측정해 보기

(1) 위 실험 결과 비닐봉지의 길이가 짧아지는 때는 언제인지 쓰시오.   (   )

(2) 위 실험을 통해 알 수 있는 팔이 움직이는 과정을 운동 기관과 관련하여 쓰시오.

---

2 다음은 순환 기관이 하는 일을 알아보기 위한 실험입니다. 물음에 답하시오.

〈실험 방법〉
① 물이 반 정도 담긴 수조에 붉은색 식용 색소를 넣고 녹이기
② 주입기로 붉은 색소 물을 한쪽 관으로 빨아들이고 다른 쪽 관으로 내보내기
③ 주입기의 펌프를 빠르게 누르거나 느리게 누르면서 붉은 색소 물이 이동하는 모습을 관찰하기

〈실험 결과〉

주입기 펌프	붉은 색소 물이 이동하는 빠르기	붉은 색소 물의 이동량
빠르게 누를 때	빨라진다.	많아진다.
느리게 누를 때	느려진다.	적어진다.

(1) 다음은 위 실험 결과를 정리한 것입니다. (   ) 안에 들어갈 알맞은 말을 쓰시오.

주입기의 펌프는 우리 몸의 ㉠(   ), 주입기의 관은 ㉡(   ), 관 속을 흐르는 붉은 색소 물은 ㉢(   )과/와 같은 역할을 한다. 주입기의 펌프 작용으로 붉은 색소 물이 관을 통해 흘러가며, 다시 주입기 속으로 반복적으로 흘러 들어간다.

(2) 심장이 빠르게 뛸 때 우리 몸에서 일어나는 변화를 위 실험 결과와 관련지어 쓰시오.

5 단원

에너지와 생활

기계를 움직이거나 생물이 살아가는 데에는 에너지가 필요합니다. 에너지에는 열에너지, 빛에너지, 전기 에너지 등 다양한 형태가 있으며, 에너지는 여러 다른 형태의 에너지로 전환됩니다. 에너지를 효율적으로 이용하려면 발광 다이오드(LED)등, 이중창 등을 사용할 수 있습니다. 겨울눈, 겨울잠 등은 생물이 에너지를 효율적으로 이용하는 방법입니다.

이 단원에서는 에너지가 필요한 까닭과 에너지를 얻는 과정을 알아보고, 식물과 동물이 에너지를 얻는 방법을 비교해 봅니다. 또 우리 주변에서 이용하는 에너지 형태를 조사해 보고, 우리 주변의 여러 가지 사례를 통해 에너지 전환 과정을 탐구해 본 뒤, 에너지를 효율적으로 이용하기 위한 방법을 알아봅니다.

단원 학습 목표

⑴ 에너지의 형태
  • 에너지의 필요성에 대해 알아봅니다.
  • 에너지의 여러 형태를 알아봅니다.
⑵ 에너지 전환과 이용
  • 자연 현상이나 우리 생활에서 에너지의 형태가 바뀌는 예를 알아봅니다.
  • 에너지가 전환되는 과정을 알아봅니다.
  • 우리가 이용하는 에너지의 전환에 대해 알아봅니다.
  • 에너지를 효율적으로 이용하는 예를 알아봅니다.

단원 진도 체크

회차	학습 내용		진도 체크
1차	⑴ 에너지의 형태	교과서 내용 학습 + 핵심 개념 문제	✓
2차		중단원 실전 문제 + 서술형·논술형 평가 돋보기	✓
3차	⑵ 에너지 전환과 이용	교과서 내용 학습 + 핵심 개념 문제	✓
4차		중단원 실전 문제 + 서술형·논술형 평가 돋보기	✓
5차	대단원 정리 학습 + 대단원 마무리 + 수행 평가 미리 보기		✓

해당 부분을 공부한 후 ✓표를 하세요.

(1) 에너지의 형태

1 에너지가 필요한 까닭과 에너지를 얻는 방법

(1) 에너지가 필요한 까닭과 에너지를 얻는 방법

① 생물이 살아가는 데 에너지가 필요한 까닭과 에너지를 얻는 방법

구분	에너지가 필요한 까닭	에너지를 얻는 방법
사람	살아가는 데 필요하다.	• 음식물을 먹는다. • 먹은 음식물을 소화·흡수한다.
사과나무	자라고 열매를 맺는 데 필요하다.	• 햇빛으로 광합성을 하여 양분을 만든다.

② 기계가 에너지가 필요한 까닭과 에너지를 얻는 방법

구분	에너지가 필요한 까닭	에너지를 얻는 방법
휴대 전화	전화를 걸고 메시지를 확인하는 데 필요하다.	• 콘센트에 연결해 충전한다. • 보조 배터리에 연결해 충전한다.
자동차	작동하는 데 필요하다.	• 자동차에 필요한 연료를 넣는다. • 전기 충전기에서 전기를 충전해 움직이는 자동차도 있다.

▲ 휴대 전화

▲ 자동차

(2) 식물과 동물이 에너지를 얻는 방법 비교하기

식물	동물
 햇빛을 받아 광합성으로 스스로 양분을 만들어 냄으로써 에너지를 얻음.	 다른 생물을 먹어서 얻은 양분으로 에너지를 얻음.

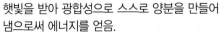
에너지가 필요한 까닭, 에너지를 얻는 방법

• 기계를 움직이거나 생물이 살아가는 데에는 에너지가 필요하다.
• 기계는 전기나 기름 등에서 에너지를 얻는다.
• 식물은 햇빛을 받아 스스로 양분을 만들어 에너지를 얻으며, 동물은 식물이나 다른 동물을 먹어 에너지를 얻는다.

▶ 우리가 음식을 먹지 않으면 일어날 수 있는 현상

• 배가 고프고 움직일 힘이 없어집니다.
• 계속 아무것도 먹지 않으면 생명이 위험해집니다.

▶ 에너지가 부족할 경우 나타나는 현상

• 휴대 전화: 배터리양이 부족하다는 신호가 켜지며 결국 꺼집니다.
• 자동차: 연료 표시등에 경고 알림이 켜지고 남은 연료를 다 쓰면 결국 자동차가 멈춥니다.

낱말 사전

에너지 일을 할 수 있는 힘이나 능력을 통틀어 이르는 말.
광합성 식물이 빛과 이산화 탄소, 뿌리에서 흡수한 물을 이용해 스스로 양분을 만드는 것.

(3) 전기나 기름에서 에너지를 얻을 수 없게 되었을 때 우리 생활의 어려움

① 전기가 필요한 전자제품들을 사용할 수 없게 됩니다.

② 밤에 전등을 켤 수 없어 깜깜한 채 생활하게 됩니다.

③ 자동차를 탈 수 없어 먼 거리도 걸어서 다녀야 합니다.

④ 휴대 전화를 충전할 수 없어 전화를 하거나 메시지를 주고받을 수 없습니다.

⑤ 겨울에 난방을 할 수 없고, 여름에 선풍기를 켜거나 냉방을 할 수 없습니다.

⑥ 공장에서 기계로 물건을 만들 수 없게 됩니다.

⑦ 비행기나 배 등이 움직일 수 없습니다.

⑧ 병원에서 전기를 이용할 수 없어 치료를 할 수 없게 됩니다.

2 에너지의 여러 형태

(1) 가정에서 볼 수 있는 에너지의 여러 형태

① 에너지의 형태에는 열에너지, 전기 에너지, 빛에너지, 화학 에너지, 운동 에너지, 위치 에너지 등이 있습니다.

② 우리는 생활하면서 다양한 형태의 에너지를 이용합니다.

(2) 6학년 1학기 「과학」에서 학습한 각 단원과 관련된 에너지 형태

단원	학습 요소	에너지 형태	단원	학습 요소	에너지 형태
지구와 달의 운동	지구의 자전	운동 에너지	여러 가지 기체	뜨거운 물에 담긴 기체의 부피 변화	열에너지
	별	빛에너지		거품이 오래 가는 목욕제	화학 에너지
식물의 구조와 기능	꽃	화학 에너지	빛과 렌즈	햇빛	빛에너지
	광합성	빛에너지 화학 에너지		볼록 렌즈로 종이 태우기	열에너지

(3) 6학년 2학기 「과학」에서 학습한 각 단원과 관련된 에너지 형태

단원	학습 요소	에너지 형태	단원	학습 요소	에너지 형태
전기의 이용	전지	화학 에너지 전기 에너지	연소와 소화	연소	빛에너지 열에너지
	전구	빛에너지 전기 에너지		성냥	화학 에너지 열에너지
계절의 변화	태양	빛에너지	우리 몸의 구조와 기능	근육과 뼈의 움직임	운동 에너지
	지구의 공전	운동 에너지		소화	화학 에너지

▶ 에너지의 여러 형태

· 동물이나 식물 등 생물의 생명 활동에는 화학 에너지가 필요합니다.

· 높은 곳에 있는 물체는 위치 에너지를 가집니다.

· 전기 에너지를 사용하는 물체 중에는 빛을 내는 것도 있고, 열을 내는 것도 있습니다.

· 움직이는 물체는 운동 에너지를 가지고 있습니다.

▶ 주변의 다양한 형태의 에너지

· 전등은 전기 에너지와 빛에너지를 가지고 있습니다.

· 운동장을 달리는 친구는 운동 에너지와 화학 에너지를 가지고 있습니다.

🐭 개념 확인 문제

1 기계를 움직이거나 생물이 살아가는 데에는 ( )이/가 필요합니다.

2 식물은 햇빛을 받아 ( )(으)로 스스로 양분을 만들어 에너지를 얻습니다.

정답 **1** 에너지 **2** 광합성

[준비물] 우리 주변의 모습을 담은 사진

[실험 방법] 다음 그림에서 에너지의 형태를 확인합니다.

주위를 밝게 비추는
빛에너지

높은 곳에 있는 물체가 가진
위치 에너지

전기 기구를 작동하게 하는
전기 에너지

생물의 생명 활동에 필요한
화학 에너지

물체의 온도를 높이는
열에너지

움직이는 물체가 가진
운동 에너지

주의할 점
불이 켜진 전등은 빛에너지, 열에너지, 전기 에너지와 관련이 있습니다. 이처럼 하나의 현상에 여러 가지 형태의 에너지가 관련될 수 있습니다.

[실험 결과]

• 열에너지: 옷의 주름을 펴 주는 다리미의 열과 같이 물체의 온도를 높여 주거나 음식이 익게 해 주는 에너지입니다.

• 전기 에너지: 전등, 텔레비전, 시계 등 우리가 생활에서 이용하는 여러 전기 기구들을 작동하게 하는 에너지입니다.

• 빛에너지: 태양의 빛, 전등의 불빛처럼 어두운 곳을 밝게 비춰 주는 에너지입니다.

• 화학 에너지: 화분의 식물이나 사람 등의 생명 활동에 필요하며, 물질이 가진 잠재적인 에너지입니다.

• 운동 에너지: 뛰어다니는 강아지와 같이 움직이는 물체가 가진 에너지입니다.

• 위치 에너지: 벽에 달린 시계, 스키 점프하여 높이 떠오른 운동 선수와 같이 높은 곳에 있는 물체가 가진 에너지입니다.

중요한 점
• 우리 주변 생활 속에서 어떤 형태의 에너지가 있는지 자유롭게 이야기합니다.
• 이러한 에너지가 없으면 겪게 될 불편한 점을 함께 이야기해 봅니다.

[실험을 통해 알게 된 점]

• 우리가 생활하는 데에는 다양한 형태의 에너지를 이용합니다.

탐구 문제

정답과 해설 32쪽

1 오른쪽 그림과 관련 있는 에너지 형태를 찾아 ○표 하시오.

(1) 빛에너지　　　　　(　　　)

(2) 화학 에너지　　　　(　　　)

(3) 운동 에너지　　　　(　　　)

2 다음에서 나라가 설명하는 에너지 형태는 무엇인지 쓰시오.

• 나라: 이 에너지는 옷의 주름을 펴 주는 다리미의 열과 같이 물체의 온도를 높여 주거나, 음식이 익게 해 줘.

(　　　　　　　)

개념 1 에너지가 필요한 까닭과 에너지를 얻는 방법에 대해 묻는 문제

(1) 에너지가 필요한 까닭: 기계를 움직이게 하거나 생물이 살아가는 데에는 에너지가 필요함.

(2) 기계는 전기나 기름 등에서 에너지를 얻음.

(3) 식물은 햇빛을 받아 스스로 양분을 만들어 에너지를 얻음.

(4) 동물은 식물이나 다른 동물을 먹어 에너지를 얻음.

01 다음 (　) 안에 공통으로 들어갈 알맞은 말을 쓰시오.

> • (　　　　)은/는 일을 할 수 있는 힘이나 능력을 통틀어 부르는 말이다.
> • 기계를 움직이거나 생물이 살아가는 데에는 (　　　　)이/가 필요하다.

(　　　　　　　　　　　)

02 오른쪽과 같이 휴대 전화에 에너지가 부족하다는 표시가 나타났을 때, 에너지를 얻는 방법으로 옳은 것은 어느 것입니까? (　　)

① 비료를 준다.
② 다른 생물을 먹이로 준다.
③ 햇빛이 잘 드는 곳에 둔다.
④ 주유소에 가서 기름을 넣는다.
⑤ 전기 충전기를 연결하여 충전한다.

개념 2 전기나 기름에서 에너지를 얻을 수 없게 된다면 생길 수 있는 어려움을 묻는 문제

(1) 전기가 필요한 전자제품들을 사용할 수 없게 됨.

(2) 밤에 전등을 켤 수 없어 깜깜한 채 생활하게 됨.

(3) 자동차를 탈 수 없어 먼 거리도 걸어서 다녀야 함.

(4) 휴대 전화를 충전할 수 없어 전화를 하거나 메시지를 주고받을 수 없음.

(5) 겨울에 난방을 할 수 없고, 여름에 선풍기를 켜거나 냉방을 할 수 없음.

(6) 공장에서 기계로 물건을 만들 수 없게 됨.

(7) 비행기나 배 등이 움직일 수 없음.

(8) 병원에서 전기를 이용할 수 없어 치료를 할 수 없게 됨.

03 다음 (　) 안에 들어갈 알맞은 말에 ○표 하시오.

> 전기나 기름에서 더는 에너지를 얻을 수 없게 된다면 우리 생활이 매우 (편리해진다 , 불편해진다).

04 전기나 기름에서 더는 에너지를 얻을 수 없게 될 때 생기는 어려움이 <u>아닌</u> 것은 어느 것입니까? (　　)

① 컴퓨터를 사용할 수 없다.
② 휴대 전화를 충전할 수 없다.
③ 공장에서 기계를 만들 수 없다.
④ 난방은 할 수 있지만, 냉방은 할 수 없다.
⑤ 밤에 전등을 켤 수 없어 깜깜하게 생활하게 된다.

핵심 개념 문제

개념 3 에너지의 여러 형태를 묻는 문제

(1) 열에너지: 물체의 온도를 높이는 에너지

(2) 전기 에너지: 전기 기구를 작동하게 하는 에너지

(3) 빛에너지: 주위를 밝게 비추는 에너지

(4) 화학 에너지: 생물의 생명 활동에 필요한 에너지, 물질이 가진 잠재적인 에너지

(5) 운동 에너지: 움직이는 물체가 가진 에너지

(6) 위치 에너지: 높은 곳에 있는 물체가 가진 에너지

05 다음에서 설명하는 에너지의 형태는 무엇인지 쓰시오.

> 전등, 텔레비전, 냉장고 등 우리가 생활에서 이용하는 여러 전기 기구들을 작동하게 하는 에너지이다.

( )

06 화분의 식물이나 소, 강아지 등이 생명 활동을 하는데 필요한 에너지는 어느 것입니까? ( )

① 열에너지
② 빛에너지
③ 화학 에너지
④ 운동 에너지
⑤ 위치 에너지

개념 4 교실과 놀이터에서 찾을 수 있는 에너지 형태를 묻는 문제

구분	교실	놀이터
열에너지	온풍기의 따뜻한 바람	사람의 체온
전기 에너지	온풍기, 전등	스마트 기기
빛에너지	전등 불빛, 햇빛	햇빛, 스마트 기기 화면
화학 에너지	화분의 식물, 학생	나무
운동 에너지	움직이는 학생	움직이는 그네, 뛰어가는 아이
위치 에너지	게시판의 작품	미끄럼틀 위에 있는 아이, 높이 올라간 그네

07 다음 중 전기 에너지와 관련이 <u>없는</u> 것은 어느 것입니까? ( )

① 작동 중인 냉장고
② 불이 켜진 형광등
③ 화면이 켜진 텔레비전
④ 떨어지고 있는 폭포수
⑤ 달리고 있는 전기자동차

08 다음 중 운동 에너지와 관련이 <u>없는</u> 것을 골라 기호를 쓰시오.

▲ 걷고 있는 사람   ▲ 달리는 자전거   ▲ 켜진 촛불

( )

01 다음 ( ) 안에 공통으로 들어갈 알맞은 말을 쓰시오.

> • 벼는 스스로 양분을 만들어 ( )을/를 얻습니다.
> • 토끼는 풀을 먹고, 사자는 다른 동물을 먹어서 얻은 양분으로 ( )을/를 얻습니다.

( )

02 오른쪽 선풍기와 같은 방법으로 에너지를 얻는 것을 보기 에서 모두 골라 기호를 쓰시오.

> **보기**
>
> ㉠ 벼   ㉡ 사자   ㉢ 사람
> ㉣ 잠자리   ㉤ 컴퓨터   ㉥ 장미꽃
> ㉦ 비행기   ㉧ 휴대 전화   ㉨ 사과나무

( )

⊏서술형⊐

03 오른쪽 그림과 같이 열심히 운동한 후 배고플 때, 우리가 에너지를 얻는 방법을 쓰시오.

_____

_____

04 기계는 움직이는 데 필요한 에너지를 어디에서 얻는지 보기 에서 모두 골라 기호를 쓰시오.

> **보기**
>
> ㉠ 물   ㉡ 기름   ㉢ 음식
> ㉣ 토양   ㉤ 전기

( )

⊏중요⊐

05 다음과 같은 방법으로 에너지를 얻는 것끼리 바르게 짝 지어진 것은 어느 것입니까? ( )

> 햇빛을 받아 광합성으로 스스로 양분을 만들어 에너지를 얻는다.

① 벼, 메뚜기
② 꿀벌, 나비
③ 소, 호랑이
④ 토끼, 사슴
⑤ 개나리, 진달래

06 다음과 같은 방법으로 에너지를 얻는 것은 어느 것입니까? ( )

> • 주유소에서 기름을 넣는다.
> • 액화 석유 가스(LPG)를 충전한다.
> • 전기 충전소에서 전기를 충전한다.

① 비행기
② 호랑이
③ 자동차
④ 사과나무
⑤ 휴대 전화

〔서술형〕

07 우리가 생활하는 데 전기나 기름에서 더는 에너지를 얻을 수 없을 때 생기는 어려움을 두 가지 쓰시오.

_____

_____

08 다음 생활용품의 공통점을 옳게 설명한 것은 어느 것입니까? (   )

| 텔레비전, 냉장고, 전기밥솥, 선풍기 |

① 주위에 빛을 밝혀 준다.
② 열에너지를 가지고 있다.
③ 햇빛을 받아 에너지를 얻는다.
④ 전기 에너지가 있어야 작동한다.
⑤ 필요한 에너지 형태가 모두 다르다.

〔중요〕

09 다음 중 열에너지와 관련 있는 것은 어느 것입니까?
(   )

① 화분의 식물
② 달리는 자동차
③ 벽에 달린 시계
④ 스키 점프하는 사람
⑤ 켜져 있는 가스레인지

10 다음 그림에서 찾을 수 있는 에너지 형태를 두 가지 쓰시오.

(,   )

[11~12] 다음은 놀이터에서 볼 수 있는 상황입니다. 물음에 답하시오.

〔중요〕

11 위 그림에서 찾을 수 있는 에너지 형태와 관련 있는 모습이 서로 어울리지 <u>않는</u> 것은 어느 것입니까?
(   )

① 운동 에너지 – 뛰는 아이
② 열에너지 – 뛰는 아이의 체온
③ 빛에너지 – 높이 올라간 그네
④ 화학 에너지 – 광합성을 하는 나무
⑤ 위치 에너지 – 미끄럼을 타려는 아이

〔서술형〕

12 위 그림에서 전기 에너지와 관련 있는 상황을 찾아 쓰시오.

_____

_____

1 다음 사진을 보고, 식물과 동물이 에너지를 얻는 방법을 비교하여 쓰시오.

식물	동물

---

3 다음 그림에서 볼 수 있는 에너지 형태와 어울리는 상황을 두 가지 찾아 보기 와 같이 쓰시오.

보기

운동 에너지 – 뛰고 있는 아이들

---

2 다음과 같이 전기 제품의 배터리에 에너지가 부족하다는 표시가 나타날 경우, 에너지를 얻는 방법을 쓰시오.

---

4 다음은 에너지의 여러 형태에 대한 친구들의 대화입니다. 바르게 설명하지 <u>않은</u> 친구의 이름을 쓰고, 내용을 바르게 고쳐 쓰시오.

- 민수: 빛에너지는 주변을 밝게 해 주는 에너지야.
- 현주: 위치 에너지는 높은 곳에 있는 물체가 아래로 내려오면서 생기는 에너지야.
- 서연: 화학 에너지는 생물의 생명 활동에 필요한 에너지야.

(2) 에너지 전환과 이용

▶ 롤러코스터의 에너지 전환
롤러코스터는 전기 에너지를 이용하여 출발하여 높은 곳으로 이동합니다. 롤러코스터가 높은 곳에 올라가면 위치 에너지를 갖게 되고, 이 에너지가 낮은 곳으로 빠르게 이동하면서 운동 에너지를 갖게 됩니다. 그리고 이 운동 에너지로 높은 곳으로 이동하면 다시 위치 에너지를 갖게 됩니다. 결국 높은 곳에서 낮은 곳으로, 낮은 곳에서 다시 높은 곳으로 이동할 때에는 위치 에너지와 운동 에너지가 서로 전환됩니다. 롤러코스터가 출발 지점 근처까지 온 후 잠시 멈췄다가 다시 출발 지점으로 이동할 때에는 전기 에너지를 이용합니다.

▶ 자연 현상이나 우리 생활에서 에너지 전환이 일어나는 다양한 예
• 폭포에서 물이 떨어질 때에는 위치 에너지가 운동 에너지로 전환됩니다.
• 전등에 불을 켤 때에는 전기 에너지가 빛에너지와 열에너지로 전환됩니다.
• 자동차가 달릴 때 연료의 화학 에너지가 운동 에너지로 전환됩니다.

🐑 낱말 사전

전환 다른 방향이나 상태로 바뀜.
낙하 높은 데서 낮은 데로 떨어짐.
태양 전지 태양의 빛에너지를 전기로 바꾸는 장치
대기 전력 전자제품을 사용하지 않는 대기 상태에서 소비되는 전력
단열재 보온을 하거나 열을 차단할 목적으로 쓰는 재료

1 에너지 형태가 바뀌는 예 찾아보기

❶ 움직이는 롤러코스터: 전기 에너지 → 운동 에너지 ⇄ 위치 에너지 → 전기 에너지

❷ 떠오르는 열기구: 화학 에너지 → 열에너지 → 운동 에너지 → 위치 에너지

❸ 반짝이는 전광판: 전기 에너지 → 빛에너지

❹ 떨어지는 낙하 놀이 기구: 위치 에너지 → 운동 에너지

❺ 움직이는 범퍼카: 전기 에너지 → 운동 에너지

❻ 광합성을 하는 나무: 빛에너지 → 화학 에너지

❼ 달리는 아이: 화학 에너지 → 운동 에너지

2 에너지 전환

(1) 에너지는 다양한 형태가 있으며, 에너지는 다른 형태로 바뀔 수 있습니다. 이처럼 에너지의 형태가 바뀌는 것을 에너지 전환이라고 합니다.

(2) 에너지 전환을 이용해 우리가 필요한 형태의 에너지를 얻을 수 있습니다.

3 자연 현상이나 우리 생활에서 에너지 전환이 일어나는 예

▲ 폭포: 위치 에너지 → 운동 에너지

▲ 전등에 불이 켜질 때: 전기 에너지 → 빛에너지, 열에너지

▲ 자동차가 달릴 때: 연료의 화학 에너지 → 운동 에너지

4 태양에서 온 에너지 전환 과정

(1) 태양에서 온 에너지 전환 과정의 예시

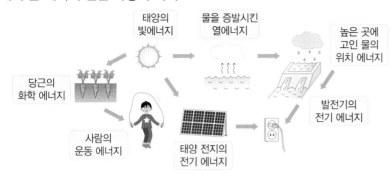

① 식물은 태양의 빛에너지를 이용해 화학 에너지를 만듭니다.

② 태양 전지는 태양의 빛에너지를 전기 에너지로 전환시킵니다.

③ 우리가 생활에서 이용하는 에너지는 태양의 빛에너지로부터 에너지의 형태가 전환된 것입니다. ── 우리 생활에 에너지 전환 과정의 공통점은 태양에서 공급된 에너지에서 시작되었다는 것입니다.

(2) 동물이 살아가는 데 필요한 에너지가 전환되는 과정: 동물은 식물이나 다른 동물을 먹어 화학 에너지를 얻는데, 먹이가 가진 화학 에너지는 태양의 빛에너지로부터 온 것입니다.

5 에너지를 효율적으로 이용하는 방법

(1) 에너지를 효율적으로 이용하는 전기 기구임을 알려 주는 표시 확인하기

① 에너지를 효율적으로 이용하는 정도를 1~5등급으로 나타낸 '에너지 소비 효율 등급' 표시가 있습니다.

② 대기 전력 기준을 만족한 전기 기구에 붙인 '에너지 절약' 표시가 있습니다.

(2) 전등의 에너지 효율 비교하기

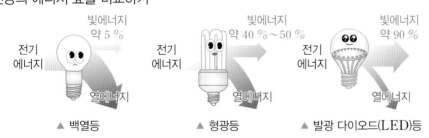

① 전등은 전기 에너지를 빛에너지로 전환해 이용하는 기구이지만, 전기 에너지의 일부는 열에너지로 전환됩니다.

② 의도하지 않은 방향으로 전환된 에너지의 비율이 가장 낮은 발광 다이오드(LED)등이 에너지를 가장 효율적으로 이용하는 전등입니다.

6 에너지를 효율적으로 이용했을 때의 좋은 점

① 전기 요금과 전기 에너지 사용을 줄이고 자원을 아낄 수 있습니다.

② 전기 에너지를 만드는 과정에서 생기는 환경 오염을 줄일 수 있습니다.

▶ 수력 발전으로 얻은 전기 에너지의 전환

• 수력 발전소에서는 물의 위치 에너지로 전기 에너지를 얻습니다.

• 수력 발전소의 물은 증발된 수증기가 비로 내려 발전소에 고인 것이므로, 결국 태양의 빛에너지로부터 위치 에너지를 가지게 된 것입니다.

▶ 건물에서 에너지를 효율적으로 이용하는 방법

• 이중창을 설치해 건물 안의 열에너지가 빠져나가지 않도록 합니다.

• 외벽을 두껍게 만들거나, 단열재를 사용하여 바깥 온도의 영향을 차단하여 집 안의 열이 빠져나가지 않도록 합니다.

▶ 식물이나 동물이 환경에 적응하여 에너지를 효율적으로 이용하는 예

▲ 목련의 겨울눈

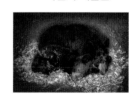

▲ 겨울잠을 자는 곰

• 겨울눈의 비늘은 추운 겨울에 어린 싹이 열에너지를 빼앗겨 어는 것을 막아 줍니다.

• 동물은 먹이를 구하기 어려운 겨울 동안 자신의 화학 에너지를 더 효율적으로 이용하고자 겨울잠을 자기도 합니다.

• 황제펭귄의 허들링: 남극에 사는 황제펭귄은 서로 몸을 맞대고 큰 무리를 이루어 손실되는 열에너지를 줄입니다.

1 태양광 로봇의 에너지 전환 과정 알아보기

[준비물] 태양광 로봇, 집게 달린 태양 전지, 풀, 전동기, 양면테이프, 면장갑

[실험 방법]

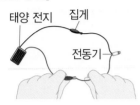

① 태양 전지의 집게를 전동기에 연결하기

② 태양광 로봇을 조립하고, 태양 전지와 전동기를 로봇에 붙이기

③ 태양이 태양 전지를 비출 때 로봇의 움직임 관찰하기

[실험 결과] 태양이 태양 전지를 비출 때에는 로봇이 움직입니다.

2 태양광 해파리로 에너지 전환 과정 알아보기

[준비물] 얇은 종이, 가위, 양면테이프, 프로펠러, 태양 전지, 전동기, 집게 달린 전선 두 개

[실험 방법]

① 얇은 종이를 길게 찢거나 잘라서 양면테이프로 프로펠러 날개에 붙이기

② 태양 전지와 전동기를 집게 달린 전선으로 연결하기

③ 전동기의 축에 ①의 프로펠러를 끼워 완성하기

④ 태양이 태양 전지를 비출 때, 해파리의 움직임을 관찰하기

[실험 결과] 태양이 태양 전지를 비출 때에는 해파리가 움직입니다.

3 실험을 통해 알 수 있는 점

① 태양광 로봇과 태양광 해파리 모두 태양의 빛에너지가 있을 때에만 움직입니다.

② 태양의 빛에너지가 태양 전지를 통해 전기 에너지로 전환되었고, 이 전기 에너지가 전동기를 움직여 운동 에너지로 전환된 것을 확인할 수 있습니다.

태양의 빛에너지	→ 태양 전지	전기 에너지	→ 전동기	운동 에너지

🐱 탐구 문제

정답과 해설 33쪽

1 오른쪽과 같이 만든 태양광 로봇이 움직이는 경우에 ○표 하시오.

태양 전지
전동기

(1) 태양 전지가 태양을 향할 때 ( )
(2) 태양 전지가 태양을 향하지 않을 때 ( )

2 앞 1번의 태양광 로봇이 움직일 때 에너지의 전환 과정을 나타낸 것입니다. ( ) 안에 들어갈 알맞은 말을 각각 쓰시오.

태양의 (㉠) →
태양
전지 (㉡) →
전동기 운동 에너지

㉠ ( ), ㉡ ( )

개념 1 우리 주변에서 에너지의 형태가 바뀌는 예를 묻는 문제

(1) 움직이는 범퍼카는 전기 에너지가 운동 에너지로 전환됨.

(2) 떠오르는 열기구는 화학 에너지가 열에너지로 전환되고, 열에너지는 운동 에너지로 전환되며, 운동 에너지는 위치 에너지로 전환됨.

(3) 떨어지는 낙하 놀이 기구는 위치 에너지가 운동 에너지로 전환됨.

(4) 폭포는 위치 에너지가 운동 에너지로 전환됨.

01 다음 그림과 같이 범퍼카가 움직이는 과정에서 전기 에너지는 어떤 형태의 에너지로 바뀌는지 쓰시오.

(   )

02 다음 그림과 같이 전기 에너지로 출발한 롤러코스터가 오르막길을 올라갈 때 일어나는 에너지 전환 과정을 바르게 나타낸 것은 어느 것입니까? (   )

① 전기 에너지 → 열에너지
② 전기 에너지 → 위치 에너지
③ 화학 에너지 → 위치 에너지
④ 운동 에너지 → 위치 에너지
⑤ 위치 에너지 → 운동 에너지

개념 2 태양에서 온 에너지 전환 과정을 묻는 문제

(1) 식물은 태양의 빛에너지를 이용해 화학 에너지를 만듦.

(2) 동물이 음식으로 먹은 식물의 화학 에너지는 동물의 열에너지나 운동 에너지 등으로 전환되기도 함.

(3) 사람들은 여러 가지 방법을 통해 태양으로부터 오는 빛에너지를 전기 에너지로 전환해 전기 기구를 사용하기도 함.

03 다음과 같이 댐에서 물을 내려보내 전기를 얻기까지 에너지가 전환되는 과정을 나타낸 그림을 보고, (   ) 안에 들어갈 알맞은 에너지 형태를 쓰시오.

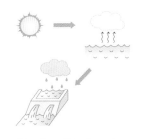

물을 증발시킨 (㉠) → 높은 곳에 고인 물의 (㉡) → 발전기의 전기 에너지

㉠ (   ), ㉡ (   )

04 다음은 태양 전지에서의 에너지 전환을 나타낸 것입니다. (   ) 안에 들어갈 알맞은 말을 쓰시오.

태양의 빛에너지   →   태양 전지   (   ) 에너지

(   )

핵심 개념 문제

개념3 · 에너지를 효율적으로 이용하는 전기 기구를 묻는 문제

(1) 에너지를 효율적으로 이용하는 정도를 1~5등급으로 나타낸 에너지 소비 효율 등급 표시가 있음.

(2) 대기 전력 기준을 만족한 전기 기구에 붙인 에너지 절약 표시와 고효율 기준을 만족한 제품에게 주는 고효율 기자재 인증 표시가 있음.

(3) 의도하지 않은 방향으로 전환된 에너지의 비율이 가장 낮은 발광 다이오드(LED)등이 에너지를 가장 효율적으로 이용하는 전등임.

05 에너지를 효율적으로 이용하는 정도를 1~5등급으로 나타낸 표시를 보기에서 골라 기호를 쓰시오.

(   )

06 다음 그림을 보고 백열등, 형광등, 발광 다이오드(LED)등 중 에너지를 가장 효율적으로 이용하는 것은 무엇인지 쓰시오.

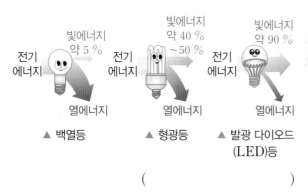

(   )

개념4 · 에너지를 효율적으로 이용하는 방법을 묻는 문제

(1) 건물에서 에너지를 효율적으로 이용하는 방법
• 이중창을 설치해 건물 안의 열에너지가 빠져나가지 않도록 함.
• 외벽을 두껍게 만들거나, 단열재를 사용하여 바깥 온도의 영향을 차단하여 집 안의 열이 빠져나가기 않도록 함.

(2) 식물이나 동물이 환경에 적응하여 에너지를 효율적으로 이용하는 방법
• 겨울눈의 비늘은 추운 겨울 열에너지가 빠져나가는 것을 줄여 줌.
• 동물이 겨울잠을 자거나 식물이 가을날 낙엽을 떨어뜨리면 추운 겨울날 화학 에너지를 적게 쓸 수 있음.
• 북극곰의 털과 지방, 황제펭귄의 허들링이 있음.

07 건물을 지을 때, 단열재를 사용하는 까닭으로 옳은 것은 어느 것입니까? (   )

① 튼튼하게 짓기 위해서이다.
② 화재를 예방하기 위해서이다.
③ 건축 비용을 절감하기 위해서이다.
④ 지진에 잘 견디게 하기 위해서이다.
⑤ 집 안의 열이 바깥으로 빠져나가는 것을 막기 위해서이다.

08 다음은 식물이 겨울을 나는 방법입니다. (   ) 안에 들어갈 알맞은 말에 ○표 하시오.

목련의 겨울눈은 추운 겨울에 어린 싹이 (열 , 화학 , 빛) 에너지를 빼앗겨 어는 것을 막아 준다.

⊏중요⊐
01 다음 ( ) 안에 들어갈 알맞은 말을 쓰시오.

에너지는 다양한 형태가 있으며, 에너지는 다른 형태로 바뀔 수 있다. 이처럼 에너지의 형태가 바뀌는 것을 ( )(이)라고 한다.

( )

02 다음 중 에너지 전환이 일어나지 <u>않는</u> 상황은 어느 것입니까? ( )

① 달리는 아이
② 꺼진 휴대 전화
③ 떨어지는 폭포수
④ 움직이는 범퍼카
⑤ 광합성하는 사과나무

03 다음은 우리 생활에서 에너지 전환 과정을 나타내는 예입니다. ( ) 안에 들어갈 알맞은 말을 각각 쓰시오.

• 켜진 형광등: (㉠) 에너지 → (㉡) 에너지
• 반짝이는 전광판: (㉠) 에너지 → (㉡) 에너지

㉠ ( ), ㉡ ( )

[04~05] 다음은 에너지 형태가 바뀌는 예입니다. 물음에 답하시오.

(가) ▲ 폭포 (나) ▲ 떠오르는 열기구

04 위 (가)에서 나타나는 에너지 전환과 같은 과정이 나타나는 것은 어느 것입니까? ( )

① 달리는 아이
② 켜져 있는 휴대 전화
③ 회전하는 선풍기 날개
④ 올라갔다 내려오는 그네
⑤ 비탈길을 오르는 롤러코스터

05 위 (나)에서 나타나는 에너지 전환 과정을 설명한 것으로 옳지 <u>않은</u> 것을 골라 기호를 쓰시오.

㉠ 연료의 화학 에너지가 불의 열에너지로 전환된다.
㉡ 풍선 안의 공기를 데운 열에너지가 열기구의 화학 에너지로 전환된다.
㉢ 떠오르는 열기구가 높은 곳에 도달하면 위치 에너지로 전환된다.

( )

⊏서술형⊐
06 오른쪽 그림과 같이 전기 주전자에서 물이 끓을 때 나타나는 에너지 전환 과정을 쓰시오.

_____

_____

[07~08] 다음은 태양 전지를 이용하여 태양광 로봇을 만드는 과정입니다. 물음에 답하시오.

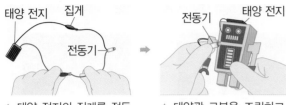

▲ 태양 전지의 집게를 전동기에 연결하기

▲ 태양광 로봇을 조립하고, 태양 전지와 전동기를 로봇에 붙여 완성하기

07 위 로봇이 에너지를 얻어 스스로 움직이게 하는 방법으로 알맞은 것은 어느 것입니까? (   )

① 멀리 던진다.
② 손으로 흔든다.
③ 로봇을 들고 힘껏 달린다.
④ 태양 전지를 햇빛이 향하는 곳에 둔다.
⑤ 바람이 부는 곳을 찾아 손으로 들고 선다.

ㄷ중요ㄱ
08 다음 중 위 로봇이 에너지를 얻어 움직일 때 에너지 전환이 일어나는 곳을 보기 에서 두 가지 고르시오.

보기

ㄱ 전선   ㄴ 태양 전지   ㄷ 집게
ㄹ 전동기   ㅁ 로봇 몸통

(,   )

09 오른쪽과 같이 일상 생활에서 전기 에너지가 빛에너지로 전환되는 과정을 이용한 예가 아닌 것은 어느 것입니까? (   )

① 손전등   ② 장작불
③ 형광등   ④ 텔레비전
⑤ 컴퓨터 모니터

[10~11] 다음은 식물과 동물이 에너지를 효율적으로 사용하는 예입니다. 물음에 답하시오.

(가)

▲ 목련의 겨울눈

(나)
▲ 겨울잠 자는 곰

ㄷ서술형ㄱ
10 목련이 위 (가)와 같이 생긴 겨울눈을 만드는 까닭을 에너지의 관점에서 쓰시오.

_____

_____

11 위 (나)와 같이 동물이 겨울잠을 자는 까닭을 에너지의 효율적 사용과 관련하여 옳게 설명한 것은 어느 것입니까? (   )

① 운동 에너지를 더 적게 쓰기 위해서이다.
② 화학 에너지를 더 적게 쓰기 위해서이다.
③ 열에너지를 더 많이 내보내기 위해서이다.
④ 태양으로부터 오는 빛에너지를 적게 받기 위해서이다.
⑤ 태양으로부터 오는 빛에너지를 적게 받고 적게 움직이기 위해서이다.

12 다음 보기 에서 건물을 지을 때 에너지를 효율적으로 사용하기 위한 것과 관련 있는 것을 모두 골라 기호를 쓰시오.

보기

ㄱ 백열등   ㄴ 단열재   ㄷ 이중창
ㄹ 철제 현관   ㅁ 발광 다이오드(LED)등

(   )

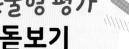
1 일상생활에서 다음과 같은 에너지 전환 과정을 이용하는 물건과 사례를 두 가지 쓰시오.

전기 에너지 → 열에너지

물건	이용하는 사례
(1)	
(2)	

2 다음은 태양에서 온 에너지의 전환 과정을 나타낸 것입니다. 태양에서 온 에너지가 풀을 거쳐 소에게까지 전달되는 에너지 전환 과정을 쓰시오.

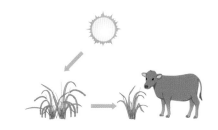

3 다음은 롤러코스터를 나타낸 것입니다. 물음에 답하시오.

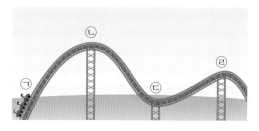

(1) 롤러코스터가 출발하여 ㉠에서 ㉡에 이르는 동안 에너지의 형태가 어떻게 바뀌는지 쓰시오.
(   ) ➡ (   )

(2) 롤러코스터가 ㉡에서 잠시 멈췄다가 이동하기 시작하여 ㉢을 지나 ㉣까지 움직이면서 나타나는 에너지 전환 과정을 쓰시오.

_____

_____

4 다음 그림을 보고 에너지 효율이 가장 좋은 것은 무엇인지 쓰고, 그 까닭을 보기 의 말을 모두 사용하여 쓰시오.

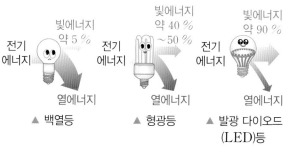

▲ 백열등   ▲ 형광등   ▲ 발광 다이오드(LED)등

보기

전기 에너지, 열에너지, 빛에너지

(1) 효율이 가장 좋은 것: (   )

(2) 까닭: _____

_____

대단원 정리 학습

1 에너지의 필요성

- 생물이 살아가는 데 필요함
  - 식물: 햇빛을 받아 스스로 양분을 만들어 에너지를 얻음.
  - 동물: 식물이나 다른 동물 등을 먹어 에너지를 얻음.

- 기계가 작동하는 데 필요함.
  - 기계는 전기나 기름 등에서 에너지를 얻음.

2 에너지의 형태

빛에너지	열에너지	전기 에너지	화학 에너지	운동 에너지	위치 에너지
▲ 태양	▲ 전기 난로	▲ 콘센트	▲ 광합성을 하는 식물	▲ 달리는 자동차	▲ 높이 떠 있는 열기구

3 에너지의 전환

움직이는 범퍼카	움직이는 롤러코스터	떨어지는 낙하 놀이 기구	광합성하는 나무	반짝이는 전광판
전기 에너지 → 운동 에너지	전기 에너지 → 운동 에너지 ⇌ 위치 에너지	위치 에너지 → 운동 에너지	빛에너지 → 화학 에너지	전기 에너지 → 빛에너지

4 에너지의 효율적 이용

〈건축물에서 전기 에너지를 효율적으로 사용하는 사례〉

태양 전지 설치

이중창

발광 다이오드 (LED)등

- 이중창은 겨울철 따뜻한 실내의 열에너지가 창문을 통해 밖으로 나가는 것을 줄여 주기도 함.
- 전기 에너지가 의도하지 않은 방향으로 전환되는 양을 줄여 에너지 사용 효율이 좋은 발광 다이오드(LED)등을 사용함.
- 태양 전지를 이용하여 태양으로부터 오는 빛에너지를 전기 에너지로 전환하여 사용함.

〈식물이나 동물이 에너지를 효율적으로 사용하는 사례〉

▲ 목련의 겨울눈　　▲ 겨울잠 자는 곰

- 겨울눈의 작은 털은 추운 겨울에 어린 싹이 열에너지를 빼앗겨 어는 것을 막아 줌.
- 동물은 먹이를 구하기 어려운 겨울 동안 자신의 화학 에너지를 더 효율적으로 이용하고자 겨울잠을 자기도 함.

대단원 마무리

01 다음 그림과 같이 자동차에 연료가 부족하다는 표시와 함께 남은 연료로 갈 수 있는 거리가 나타났습니다. 이때 자동차가 필요한 에너지를 얻는 방법으로 옳은 것을 **보기**에서 골라 기호를 쓰시오.

보기

ⓐ 햇빛이 잘 비치는 곳으로 이동한다.
ⓑ 주유소에 가서 기름(연료)을 넣는다.
ⓒ 비료를 뿌려 필요한 영양분을 보충한다.

( )

02 다음 중 동물이 에너지를 얻는 방법으로 옳은 것은 어느 것입니까? ( )

① 물을 넣는다.
② 기름을 넣는다.
③ 광합성을 한다.
④ 전기를 충전한다.
⑤ 다른 생물을 먹는다.

⊏중요⊐

03 다음 중 햇빛을 받아 광합성으로 스스로 양분을 만들어 에너지를 얻는 생물끼리 바르게 짝 지어진 것은 어느 것입니까? ( )

① 꿀벌, 매미
② 토끼, 사슴
③ 잔디, 목련
④ 병아리, 강아지
⑤ 나비, 사슴벌레

5. 에너지와 생활

⊏서술형⊐

04 식물이 살아가는 데 에너지가 필요한 까닭을 쓰시오.

_____

_____

05 다음은 처마 끝에 고드름이 매달려 있는 모습입니다. 이 고드름이 가진 에너지의 형태는 어느 것입니까?

( )

① 열에너지
② 빛에너지
③ 운동 에너지
④ 위치 에너지
⑤ 화학 에너지

06 화학 에너지의 형태를 찾을 수 있는 것은 어느 것입니까? ( )

① 달리는 아이
② 걸려 있는 그림
③ 켜져 있는 텔레비전
④ 바람에 펄럭이는 깃발
⑤ 끓고 있는 전기 주전자

07 전등이나 텔레비전, 휴대 전화 등 우리가 일상생활에서 사용하는 물건을 작동시켜 주는 에너지의 형태는 무엇입니까? (   )

① 열에너지
② 위치 에너지
③ 운동 에너지
④ 전기 에너지
⑤ 화학 에너지

08 다음 보기 에서 에너지의 형태가 다른 하나를 골라 기호를 쓰시오.

> **보기**
>
> ㉠ 떠 있는 열기구
> ㉡ 움직이는 범퍼카
> ㉢ 천장에 매달린 전등
> ㉣ 미끄럼틀 위에 있는 아이

(   )

09 다음과 같이 켜져 있는 모니터에서 찾을 수 있는 형태의 에너지를 두 가지 쓰시오.

(,   )

[10~11] 다음 교실의 모습을 보고, 물음에 답하시오.

10 위 그림에서 찾을 수 있는 에너지 형태와 관련이 있는 것을 바르게 짝 지은 것은 어느 것입니까? (   )

① 빛에너지 – 손 들고 있는 아이들
② 운동 에너지 – 켜져 있는 텔레비전
③ 위치 에너지 – 높은 곳에 있는 시계
④ 열에너지 – 게시판에 붙어 있는 종이
⑤ 화학 에너지 – 창문으로 들어오는 햇빛

⊏서술형⊐
11 위 그림에서 켜져 있는 형광등에서 나타나는 에너지 전환 과정을 쓰시오.

_____

_____

12 열기구가 땅에서 하늘로 떠오르는 과정에서 나타나는 에너지 전환 과정을 바르게 나타낸 것을 찾아 ○표 하시오.

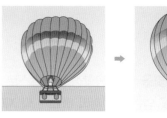

(1) 열에너지 → 빛에너지 → 화학 에너지 → 위치 에너지   (   )
(2) 화학 에너지 → 열에너지 → 운동 에너지 → 위치 에너지   (   )
(3) 화학 에너지 → 전기 에너지 → 운동 에너지 → 위치 에너지   (   )

[13~15] 다음은 태양광 해파리의 움직임을 관찰하는 모습입니다. 물음에 답하시오.

> (가) 전동기와 태양 전지를 연결하고 전동기의 축에 프로펠러를 끼워 태양광 해파리를 완성한다.
> (나) 태양 전지가 태양을 향할 때와 향하지 않을 때 해파리의 움직임을 관찰한다.
>
>

⊏서술형⊐
13 위 실험에서 태양 전지가 태양을 향할 때와 향하지 않을 때 해파리의 움직임이 어떻게 다른지 비교하여 쓰시오.

_____

_____

⊏중요⊐
14 위 실험 결과 해파리의 움직임에 영향을 준 에너지는 무엇입니까? (　　　)

① 태양의 열에너지
② 태양의 빛에너지
③ 바람의 운동 에너지
④ 사람의 운동 에너지
⑤ 태양의 화학 에너지

15 위 실험에서 태양에서 온 에너지가 전기 에너지로 전환되는 곳은 어디입니까? (　　　)

① 전동기
② 프로펠러
③ 태양 전지
④ 얇은 종이
⑤ 집게 달린 전선

[16~18] 다음은 태양에서 오는 에너지가 전환되는 과정을 나타낸 것입니다. 물음에 답하시오.

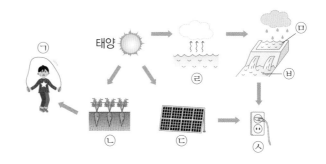

16 위 그림에서 위치 에너지와 관련된 것을 찾아 기호를 쓰시오.

(　　　　　　　)

17 다음은 위 그림을 보고, 태양에서 온 에너지가 가정에서 쓰는 전기 에너지로 전환되는 과정을 나타낸 것입니다. (　　) 안에 들어갈 알맞은 기호를 찾아 쓰시오.

(1) 태양 → (　　　) → ㋅
(2) 태양 → (　　　) → ㋱ → (　　　) → ㋅

18 위 그림을 보고 알 수 있는 내용으로 옳은 것은 어느 것입니까? (　　　)

① 화학 에너지는 운동 에너지로만 전환된다.
② 물이 증발되면 전기 에너지를 만들 수 있다.
③ 태양에서 오는 에너지는 다양하게 전환된다.
④ 전기 에너지는 태양을 이용해야만 얻을 수 있다.
⑤ 사람은 당근처럼 스스로 양분을 만들어 에너지를 얻을 수 있다.

19 에너지를 효율적으로 사용하면 좋은 점을 〔보기〕에서 모두 골라 기호를 쓰시오.

〔보기〕

⊙ 전기 요금을 절약할 수 있다.
ⓒ 비싼 전기 제품을 많이 팔 수 있다.
ⓒ 태양으로부터 오는 에너지를 줄일 수 있다.
ⓔ 전기 에너지를 만드는 과정에서 나타나는 환경 오염을 줄일 수 있다.

( )

20 다음과 같은 표시가 붙은 전기 제품의 에너지 효율은 몇 등급인지 ⊙이 의미하는 것을 포함하여 쓰시오.

( )

〔중요〕

21 전등의 에너지 효율에 대한 설명 중 옳은 것은 어느 것입니까? ( )

① 백열등은 발광 다이오드(LED)등에 비해 빛의 밝기가 밝다.
② 발광 다이오드(LED)등은 백열등에 비해 에너지 효율이 낮다.
③ 열에너지로 전환되는 양이 많은 전등이 효율이 높은 전등이다.
④ 사용한 전기 에너지가 많고 빛의 밝기가 어두우면 효율이 높은 전등이다.
⑤ 전등에 불을 켤 때 전기 에너지가 빛에너지로 전환되는 과정에서 일부는 열에너지로 전환된다.

22 다음은 여러 종류의 전구의 에너지 소모량과 밝기를 비교한 표입니다. 이 중 에너지 효율이 가장 높은 것의 기호를 쓰시오.

구분	비교한 결과
사용한 전기 에너지의 양	㈎ 전구 > ㈏ 전구 > ㈐ 전구
밝기	㈎ 전구 = ㈏ 전구 = ㈐ 전구

( )

23 일반 가정에서 에너지를 효율적으로 이용하는 모습이 아닌 것은 어느 것입니까? ( )

① 전등은 발광 다이오드(LED)등을 사용한다.
② 에너지 소비 효율이 높은 전기 제품을 사용한다.
③ 사용하지 않는 전기 제품의 플러그는 뽑아 둔다.
④ 여름철 냉방을 충분히 하면서 환기도 자주 시킨다.
⑤ 겨울철 베란다 창문 등에 단열되는 제품을 붙인다.

〔서술형〕

24 전기 효율이 좋은 제품을 쓰면 좋은 점을 두 가지 쓰시오.

_____

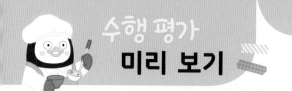

1 다음은 가정에서 볼 수 있는 모습을 나타낸 것입니다. 물음에 답하시오.

(1) 위 그림에서 ㉠과 ㉡의 에너지 전환 과정을 쓰시오.

> • ㉠: 전기 에너지에서 (   )
> • ㉡: 전기 에너지에서 (   )

(2) 위 그림에서 ㉢의 에너지 전환 과정을 쓰고, 이 에너지 전환 과정과 같은 예를 한 가지 쓰시오.

> • ㉢의 에너지 전환 과정: (   )
> • 예: (   )

2 다음은 태양광 로봇을 만드는 과정입니다. 물음에 답하시오.

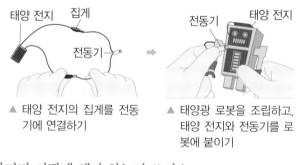

▲ 태양 전지의 집게를 전동
기에 연결하기

▲ 태양광 로봇을 조립하고,
태양 전지와 전동기를 로
봇에 붙이기

(1) 위 로봇을 움직이게 하려면 어떻게 해야 하는지 쓰시오.

(2) 위 로봇의 준비물 중 로봇이 움직이는 데 필요한 에너지가 생기는 곳은 어디인지 쓰시오.

MEMO

BOOK 2
실전책

만점왕 과학
6-2

BOOK 2 실전책

시험 2주 전 공부

핵심을 복습하기

시험이 2주 남았네요. 이럴 땐 먼저 핵심을 복습해 보면 좋아요.

만점왕 북2 실전책을 펴 보면

각 단원별로 핵심 정리와 쪽지 시험이 있습니다.

정리된 핵심을 읽고 확인 문제를 풀어 보세요.

확인 문제가 어렵게 느껴지거나 자신 없는 부분이 있다면

북1 개념책을 찾아서 다시 읽어 보는 것도 도움이 돼요.

시험 1주 전 공부

시간을 정해 두고 연습하기

앗, 이제 시험이 일주일 밖에 남지 않았네요.

시험 직전에는 실제 시험처럼 시간을 정해 두고 문제를 푸는 연습을 하는 게 좋아요.

그러면 시험을 볼 때에 떨리는 마음이 줄어드니까요.

이때에는 **만점왕 북2의 중단원 확인 평가, 대단원 종합 평가,**

서술형·논술형 평가를 풀어 보면 돼요.

시험 시간에 맞게 풀어 본 후 맞힌 개수를 세어 보면

자신의 실력을 알아볼 수 있답니다.

이 책의 차례

BOOK
2
실전책

❶ 전기 부품과 전기 회로

• 여러 가지 전기 부품

전구	전구 끼우개
빛을 내는 전기 부품임.	전구를 전선에 쉽게 연결할 수 있음.
전지 끼우개	**전지**
전지를 끼우면 전선에 쉽게 연결할 수 있음.	전구에 전기를 공급하여 불이 켜지도록 함.
집게 달린 전선	**스위치**
전기가 흐르는 길임.	전기를 흐르게 하거나 흐르지 않게 함.

• 전기 회로: 전지, 전선, 전구 등 전기 부품을 서로 연결해 전기가 흐르도록 한 것임.

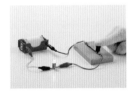

❷ 전구에 불이 켜지는 조건

• 전지, 전선, 전구가 끊기지 않게 연결함.
• 전구는 전지의 (＋)극과 (－)극에 각각 연결함.
• 전기 부품에서 전기가 잘 통하는 부분끼리 연결함.

❸ 전기 부품에서 전기가 잘 통하는 부분과 잘 통하지 않는 부분

• 철, 구리, 알루미늄 등 금속으로 된 부분은 전기가 잘 통함.
• 고무, 플라스틱, 비닐 등으로 된 부분은 전기가 잘 통하지 않음.

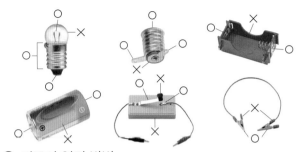

❹ 전구의 연결 방법

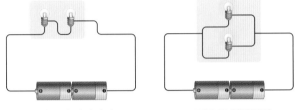

▲ 전구의 직렬연결   ▲ 전구의 병렬연결

• 전구의 직렬연결: 전구 두 개 이상을 한 줄로 연결하는 방법임.
• 전구의 병렬연결: 전구 두 개 이상을 여러 개의 줄에 나누어 연결하는 방법임.
• 전구의 병렬연결이 전구의 직렬연결보다 전구의 밝기가 더 밝음.
• 전구의 병렬연결이 전구의 밝기가 더 밝지만, 더 많은 에너지를 소비하므로 전지가 더 빨리 닳음.
• 전구 두 개가 병렬로 연결된 전기 회로의 전구와 전구 한 개가 연결된 전기 회로의 전구는 밝기가 서로 비슷함.
• 전구의 직렬연결에서는 한 전구의 불이 꺼지면 나머지 전구의 불도 꺼짐.
• 전구의 병렬연결에서는 한 전구의 불이 꺼져도 나머지 전구의 불이 꺼지지 않음.

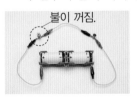

• 장식용 전구에서 불이 꺼진 전구와 불이 켜진 전구가 병렬로 연결되어 있음.

정답과 해설 38쪽

01 전지, 전선, 전구, 스위치와 같은 것을 무엇이라고 합니까?

(　　　　　　　)

02 전지, 전선, 전구 등 전기 부품을 서로 연결해 전기가 흐르도록 한 것을 무엇이라고 합니까?

(　　　　　　　)

03 전기 회로에 전기가 흐르게 하거나, 흐르지 않게 하는 전기 부품은 무엇입니까?

(　　　　　　　)

04 고무와 철 중 전기가 잘 통하는 물질은 어느 것입니까?

(　　　　　　　)

05 다음 전지 끼우개에서 전기가 잘 통하는 부분의 기호를 쓰시오.

(　　　　　　　)

06 전기 회로의 전구에 불이 켜지게 하려면 전구와 전지는 어떻게 연결해야 하는지 쓰시오.

(　　　　　　　)

07 전기 회로에서 전구 두 개 이상을 한 줄로 연결하는 방법을 무엇이라고 합니까?

(　　　　　　　)

08 다음과 같이 전구를 연결하는 방법을 무엇이라고 합니까?

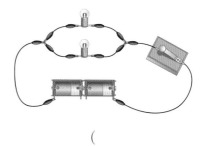

(　　　　　　　)

09 전구 두 개를 직렬연결한 전기 회로와 병렬연결한 전기 회로 중 전구의 밝기가 더 밝은 것은 어느 것입니까?

(　　　　　　　)

10 전구 두 개 이상을 연결한 전기 회로에서 전구 한 개를 빼내고 스위치를 닫았을 때 나머지 전구의 불이 꺼졌다면 이때 전구의 연결 방법은 무엇입니까?

(　　　　　　　)

11 전구의 직렬연결과 전구의 병렬연결 중 전지가 더 빨리 닳는 것은 어느 것입니까?

(　　　　　　　)

12 전구 한 개가 연결된 전기 회로의 전구와 전구 두 개를 (　　　)연결한 전기 회로의 전구는 밝기가 비슷합니다.

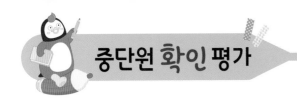
01 다음 ( ) 안에 들어갈 알맞은 말을 각각 쓰시오.

> 전지, 전선, 전구 등 ㉠( )을/를 서로 연
> 결해 전기가 흐르도록 한 것을 ㉡( )(이)
> 라고 한다.

㉠ ( ), ㉡ ( )

02 다음에서 설명하는 것은 어느 것입니까? ( )

> 전구에 전기를 공급하여 불이 켜지도록 하는 전
> 기 부품으로, (+)극과 (−)극이 있다.

① 전구　　　　　② 전지
③ 스위치　　　　④ 전지 끼우개
⑤ 집게 달린 전선

03 다음 전기 부품에서 전기가 통하지 <u>않는</u> 부분을 골라 기호를 쓰시오.

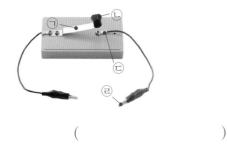

( )

04 전기 회로에서 전구에 불이 켜지는 조건으로 옳은 것을 두 가지 고르시오. (,)

① 전구와 전선만 연결한다.
② 전기 회로의 스위치를 닫지 않는다.
③ 집게 달린 전선은 꼭 두 개 이상 연결한다.
④ 전기 부품의 전기가 잘 통하는 부분끼리 연결한다.
⑤ 전구는 전지의 (+)극과 (−)극에 각각 연결한다.

05 다음 전기 회로에서 전구에 불이 켜지게 하는 방법으로 옳은 것은 어느 것입니까? ( )

① 전지를 한 개 더 연결한다.
② 전선을 되도록 많이 사용한다.
③ 전지의 방향을 바꾸어서 연결한다.
④ 전지를 전지 끼우개에서 빼고 연결한다.
⑤ 다른 전선으로 전구와 전지의 (−)극을 연결한다.

06 다음과 같이 전기 회로를 만들었을 때의 결과로 옳은 것은 어느 것입니까? ( )

(가) 　　(나)

① 모두 전구에 불이 켜진다.
② 모두 전구에 불이 켜지지 않는다.
③ (가)의 전구가 (나)의 전구보다 더 어둡다.
④ (가)의 전구는 불이 켜지고, (나)의 전구는 불이 켜지지 않는다.
⑤ (가)의 전구는 불이 켜지지 않고, (나)의 전구는 불이 켜진다.

07 다음 ( ) 안에 들어갈 알맞은 말에 ○표 하시오.

전기 회로에서 전구 두 개 이상을 한 줄로 연결하는 방법을 전구의 ㉠(직렬 , 병렬)연결이라고 하고, 전구 두 개 이상을 여러 개의 줄에 나누어 연결하는 방법을 전구의 ㉡(직렬 , 병렬)연결이라고 한다.

08 다음 전기 회로에서 전구의 연결 방법이 같은 것끼리 선으로 연결하시오.

(1)   (2)

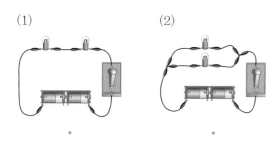

·   ·

·   ·

㉠   ㉡

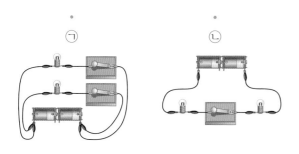

09 다음 전기 회로에서 스위치를 닫았을 때 전구의 밝기를 바르게 비교한 것을 골라 기호를 쓰시오.

(가)   (나)

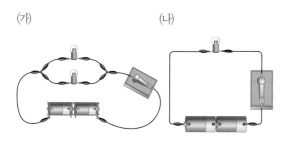

㉠ (가)의 전구가 (나)의 전구보다 훨씬 더 밝다.
㉡ (가)의 전구가 (나)의 전구보다 훨씬 더 어둡다.
㉢ (가)의 전구는 (나)의 전구와 밝기가 비슷하다.

(   )

[10~12] 다음 전기 회로를 보고, 물음에 답하시오.

(가)   (나)

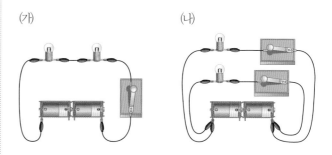

10 위 전기 회로 (가)와 (나)에 대한 설명으로 옳지 않은 것은 어느 것입니까? (   )

① (가)는 전구가 직렬연결되어 있다.
② (나)는 전구가 병렬연결되어 있다.
③ (가)의 전구가 (나)의 전구보다 더 밝다.
④ (나)의 전구가 (가)의 전구보다 더 밝다.
⑤ (나)는 전지 두 개와 전구 한 개가 연결된 전기 회로의 전구와 밝기가 비슷하다.

11 위 (가)와 (나) 중 스위치를 닫았을 때 다음 전기 회로의 전구와 밝기가 비슷한 것은 어느 것인지 기호를 쓰시오.

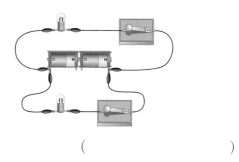

(   )

12 다음은 위 전기 회로 (가), (나)에서 전구를 각각 한 개씩 빼내고 스위치를 닫았을 때의 결과입니다. ( ) 안에 들어갈 알맞은 말을 각각 쓰시오.

• (가)에서는 나머지 한 전구의 불이 (㉠   ).
• (나)에서는 나머지 한 전구의 불이 (㉡   ).

㉠ (   )
㉡ (   )

❶ 전자석

• 철 막대에 전선을 여러 번 감고 전선에 전기를 흐르게 하면 철 막대에 자석의 성질이 나타남.

• 전자석을 만드는 방법

① 둥근머리 볼트에 종이테이프를 감음.

100번 이상 감음.
② ①의 둥근머리 볼트에 에나멜선을 한쪽 방향으로 촘촘하게 감음.

③ 에나멜선 양쪽 끝부분을 사포로 문질러 겉면을 벗겨 냄.

④ 에나멜선 양쪽 끝부분을 전기 회로에 연결해 전자석을 완성함.

❷ 전자석의 성질

• 전기가 흐를 때만 자석의 성질이 나타남.

시침바늘에 붙지 않음.
▲ 스위치를 닫지 않았을 때

시침바늘에 붙음.
▲ 스위치를 닫았을 때

• 영구 자석은 자석의 세기가 일정하지만, 전자석은 전자석에 연결된 전지의 개수를 다르게 하여 세기를 조절할 수 있음.

전지를 한 개 연결했을 때보다 시침바늘이 더 많이 붙습니다.

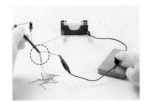
▲ 전지를 한 개 연결했을 때

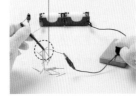
▲ 전지 두 개를 서로 다른 극끼리 한 줄로 연결했을 때

• 영구 자석은 자석의 극이 일정하지만, 전자석은 전지의 두 극을 연결한 방향이 바뀌면 전자석의 극이 바뀜.

❸ 우리 생활에서 전자석을 이용하는 예

• 전자석 기중기: 무거운 철제품을 전자석에 붙여 다른 장소로 옮길 수 있음.

• 자기 부상 열차: 전기가 흐를 때 자기 부상 열차와 철로가 서로 밀어 내어 열차가 철로 위에 떠서 이동하기 때문에 열차와 철로 사이의 마찰이 없어 빠르게 달릴 수 있음.

• 선풍기: 전자석의 성질을 이용한 전동기에 날개를 부착해 전동기를 회전시켜 바람을 일으킴.

• 스피커: 전자석의 세기나 극을 바꿀 수 있는 성질을 이용해 떨림을 만들어 소리를 냄.

❹ 전기를 안전하게 사용하는 방법

• 콘센트 한 개에 플러그 여러 개를 한꺼번에 꽂아서 사용하지 않음.

• 플러그를 뽑을 때에는 전선을 잡아당기지 않음.

• 물 묻은 손으로 전기 기구를 만지지 않음.

• 전선으로 장난치지 않고, 깜박거리는 형광등을 손으로 만지지 않음.

❺ 전기를 절약하는 방법

• 사용하지 않는 전등을 끔.

• 냉방 기기를 사용할 때에는 문을 닫음.

• 컴퓨터나 텔레비전을 사용하는 시간을 줄임.

• 냉장고 문을 오랫동안 열어 놓지 않음.

❻ 전기를 안전하게 사용하고 절약해야 하는 까닭

• 전기를 위험하게 사용하면 감전되거나 화재가 발생할 수 있음.

• 전기를 절약하지 않으면 지구 자원이 낭비되고 환경 문제가 발생할 수 있음.

❼ 전기를 안전하게 사용하거나 절약하려고 사용하는 제품

• 원하는 시간이 되면 자동으로 전원이 차단되는 시간 조절 콘센트

• 사람의 움직임을 감지하는 감지 등

• 전기를 절약할 수 있는 발광 다이오드 전등

• 감전 사고를 예방하는 콘센트 덮개

• 누전 사고를 예방하는 과전류 차단 장치

정답과 해설 38쪽

01 철 막대에 전선을 여러 번 감고 전선에 전기를 흐르게 하면 철 막대에 어떤 성질이 나타납니까?

(　　　　　　　　　　)

02 전자석을 만들 때 종이테이프를 감은 둥근머리 볼트에 에나멜선을 100번 이상 감습니다. 이때, 에나멜선을 어떻게 감아야 하는지 쓰시오.

(　　　　　　　　　　)

03 전기 회로에 전자석을 연결하고 스위치를 닫은 뒤 전자석의 끝부분을 시침바늘에 가까이 가져가면 시침바늘은 어떻게 됩니까?

(　　　　　　　　　　)

04 (　　　　)은/는 전기가 흐르지 않아도 자석의 성질이 나타나는 자석이고, (　　　　)은/는 전기가 흐를 때만 자석의 성질이 나타나는 자석입니다.

05 전자석과 영구 자석 중 자석의 세기를 조절할 수 있는 것은 어느 것입니까?

(　　　　　　　　　　)

06 전자석을 연결한 전기 회로에서 전지의 극을 반대로 연결하면 전자석의 극은 어떻게 됩니까?

(　　　　　　　　　　)

07 우리 생활에서 전자석을 이용하는 예 중 무거운 철제품을 전자석에 붙여 다른 장소로 옮길 수 있는 기구는 무엇입니까?

(　　　　　　　　　　)

08 자기 부상 열차는 전기가 흐를 때 열차와 철로가 서로 (　　　　) 열차가 철로 위에 떠서 이동하기 때문에 열차와 철로 사이의 마찰이 없어 빠르게 달릴 수 있습니다.

09 다음은 전기를 안전하게 사용하는 방법입니다. (　　) 안에 공통으로 들어갈 알맞은 말은 무엇입니까?

> 콘센트 한 개에 (　　　　) 여러 개를 한꺼번에 꽂아서 사용하지 않아야 하며, 전기 제품의 플러그를 뽑을 때에는 전선을 잡아당기지 않고, (　　　　)을/를 잡고 뽑는다.

(　　　　　　　　　　)

10 전기를 안전하게 사용하지 않으면 일어날 수 있는 일을 쓰시오.

(　　　　　　　　　　)

11 전기를 절약하지 않으면 (　　　　)이/가 낭비되고, (　　　　) 문제가 발생할 수 있습니다.

12 전기를 안전하게 사용하기 위해 사용하는 제품을 두 가지 쓰시오.

(　　　　,　　　　)

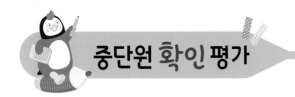
01 전기가 흐를 때만 자석의 성질이 나타나는 자석을 무엇이라고 합니까? (　　　)

① 전자석　　　　② 막대자석
③ 말굽자석　　　④ 동전 자석
⑤ 영구 자석

02 다음은 전자석을 만드는 과정입니다. (　　) 안에 들어갈 알맞은 말에 ○표 하시오.

> (가) 둥근머리 볼트에 종이테이프를 감는다.
> (나) 종이테이프를 감은 둥근머리 볼트에 에나멜선을 100번 이상 (한쪽 , 여러) 방향으로 촘촘하게 감는다.
> (다) 에나멜선 양쪽 끝부분을 사포로 문질러 겉면을 벗겨 낸다.
> (라) 에나멜선 양쪽 끝부분을 전기 회로에 연결한다.

03 다음 전자석의 스위치를 닫았을 때 ㉠ 부분에 붙을 수 있는 물질은 어느 것입니까? (　　　)

① 클립　　　　　② 고무줄
③ 유리구슬　　　④ 나무 막대
⑤ 종이테이프

04 다음은 전자석의 한쪽 끝부분을 시침바늘에 가까이 가져간 뒤 스위치를 닫았을 때와 스위치를 열었을 때의 결과입니다. 이 실험 결과로 알 수 있는 전자석의 성질로 옳은 것은 어느 것입니까? (　　　)

전기 회로의 스위치를 닫았을 때	전기 회로의 스위치를 열었을 때
전자석의 끝부분에 시침바늘이 붙는다.	전자석의 끝부분에 붙었던 시침바늘이 떨어진다.

① 전자석은 자석의 세기가 일정하다.
② 전자석에 붙었던 물체는 자석이 된다.
③ 전자석은 전기가 흐를 때만 자석이 된다.
④ 전자석은 영구 자석과 달리 극이 한 개이다.
⑤ 전자석은 영구 자석보다 자석의 세기가 약하다.

05 다음과 같이 전자석에 연결한 전지의 개수를 다르게 하여 스위치를 닫았을 때, 전자석에 시침바늘이 더 많이 붙는 것을 골라 기호를 쓰시오.

(가)　　　　　　　　　　(나)

 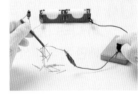

(　　　　　　　　　)

중요 06 다음은 전자석과 영구 자석을 비교해 설명한 것입니다. 옳은 것에 ○표, 옳지 않은 것에 ×표 하시오.

(1) 전자석은 영구 자석과 달리 자석의 세기를 조절할 수 있다.　　　　　　　　　　(　　　)
(2) 전자석과 영구 자석은 전기가 흐를 때만 자석의 성질이 나타난다.　　　　　　(　　　)
(3) 영구 자석과 달리 전자석은 N극과 S극을 바꿀 수 있다.　　　　　　　　　　(　　　)

[07~08] 전자석의 양 끝에 나침반을 놓고 스위치를 닫았을 때 나침반 바늘이 가리키는 방향이 다음과 같았습니다. 물음에 답하시오.

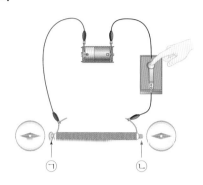

07 위 전자석의 ㉠과 ㉡ 부분의 극을 각각 쓰시오.

㉠ ( )극, ㉡ ( )극

중요
08 위 전기 회로에서 전지의 극을 반대로 하고 스위치를 닫았을 때 나침반 바늘이 가리키는 모습을 그리시오.

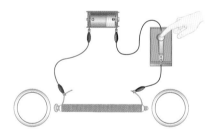

09 전자석이 회전하면서 일으킨 바람을 이용하는 전기 제품은 어느 것입니까? ( )

① 스피커
② 세탁기
③ 머리 말리개
④ 전기 자동차
⑤ 전자석 기중기

10 다음은 자기 부상 열차에 대한 설명입니다. ( ) 안에 들어갈 알맞은 말을 쓰시오.

- (㉠)의 성질을 이용하여 만든 것이다.
- 전기가 흐를 때 열차와 철로가 서로 (㉡) 열차가 철로 위에 떠서 이동하기 때문에 열차와 철로 사이의 마찰이 없어 빠르게 달릴 수 있다.

㉠ ( ), ㉡ ( )

11 다음 **보기** 를 전기를 안전하게 사용하는 방법과 전기를 절약하는 방법으로 분류하여 각각 기호를 쓰시오.

보기

㉠ 냉방 기기를 켤 때는 문을 닫기
㉡ 냉장고 문을 오랫동안 열어 놓지 않기
㉢ 물 묻은 손으로 전기 기구를 만지지 않기
㉣ 플러그를 뽑을 때는 전선을 잡아당기지 않기

(1) 전기를 안전하게 사용하는 방법	(2) 전기를 절약하는 방법

12 다음은 유찬이가 전기를 안전하게 사용하거나 절약하기 위해 사용하는 제품을 설명한 것입니다. 유찬이가 사용하는 제품으로 옳은 것은 어느 것입니까? ( )

유찬: 우리 집은 센 전기가 흐를 때에 자동으로 스위치가 열려 전기가 흐르는 것을 끊어 누전 사고를 예방해 주는 제품을 사용하고 있어.

① 콘센트 덮개
② 스마트 플러그
③ 시간 조절 콘센트
④ 과전류 차단 장치
⑤ 발광 다이오드 전등

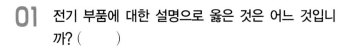
01 전기 부품에 대한 설명으로 옳은 것은 어느 것입니까? ( )

① 전구는 (+)극과 (−)극이 있다.
② 전지 끼우개는 전지의 세기를 조절한다.
③ 전구 끼우개는 전구의 밝기를 조절한다.
④ 전구는 전기 회로에 전기를 흐르게 한다.
⑤ 스위치는 전기를 흐르게 하거나 흐르지 않게 한다.

02 다음 전기 부품의 이름을 쓰시오.

( )

03 다음 전기 회로 중 전구에 불이 켜지는 것은 어느 것입니까? ( )

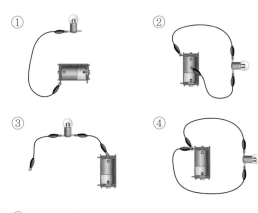

04 다음 전기 회로에서 전구에 불이 켜지지 <u>않는</u> 까닭으로 옳은 것은 어느 것입니까? ( )

① 스위치를 연결하지 않았기 때문이다.
② 전구와 전지가 새것이 아니기 때문이다.
③ 전지를 전지 끼우개에서 빼지 않았기 때문이다.
④ 전구가 전지의 (−)극에만 연결되어 있기 때문이다.
⑤ 전구, 전지, 전선을 끊어지지 않게 연결했기 때문이다.

중요
05 다음은 전구에 불이 켜지는 전기 회로에 대한 친구들의 대화입니다. 전구에 불이 켜지는 조건을 <u>잘못</u> 말한 친구의 이름을 쓰시오.

• 혜원: 전지, 전선, 전구, 스위치가 필요해.
• 지영: 맞아. 그리고 전기 부품을 끊기지 않게 연결해야 해.
• 은채: 전기 부품에서 전기가 잘 통하는 부분끼리 연결해야 해.
• 태호: 전구는 전지의 (+)극에만 연결해도 돼.
• 준형: 전기 회로를 만들고 스위치를 달아야 전구에 불이 켜져.

( )

06 다음 전기 회로 중 전구 두 개를 직렬연결한 것의 기호를 쓰시오.

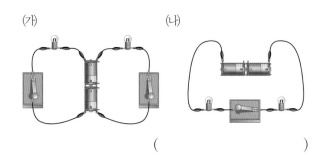

(가)　　　　　　　　　　(나)

( )

중요
07 전기 회로의 스위치를 닫았을 때 전구의 밝기가 비슷한 것끼리 연결하시오.

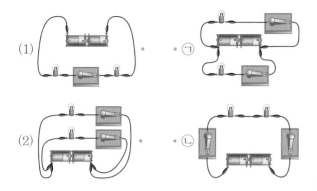

(1) ·   · ㉠

(2) ·   · ㉡

08 전구의 연결 방법에 대한 설명으로 옳지 <u>않은</u> 것은 어느 것입니까? (   )

① 전구의 직렬연결은 전기 회로에서 전구 두 개 이상을 한 줄로 연결하는 방법이다.

② 전구의 병렬연결은 전기 회로에서 전구 두 개 이상을 여러 개의 줄에 나누어 연결하는 방법이다.

③ 전구 두 개를 병렬연결하면 직렬연결할 때보다 전지가 더 빨리 닳는다.

④ 전구 두 개를 직렬연결한 전기 회로의 전구가 전구 두 개를 병렬연결한 전기 회로의 전구보다 밝다.

⑤ 전구 두 개를 병렬연결한 전기 회로의 전구는 전구 한 개가 연결된 전기 회로의 전구와 밝기가 비슷하다.

09 장식용 나무에 설치된 전구의 일부만 불이 꺼져 있습니다. 이것으로 알 수 있는 점을 바르게 설명한 것에 ○표 하시오.

불이 켜진 전구

불이 꺼진 전구

(1) 불이 켜진 전구와 불이 꺼진 전구가 직렬연결 되어 있다. (   )

(2) 불이 켜진 전구와 불이 꺼진 전구가 병렬연결 되어 있다. (   )

(3) 불이 켜진 전구와 불이 꺼진 전구가 수평 연결 되어 있다. (   )

10 다음은 전자석을 만드는 방법입니다. 옳지 <u>않은</u> 것을 골라 기호를 쓰시오.

> ㉠ 둥근머리 볼트에 종이테이프를 감는다.
> ㉡ 둥근머리 볼트에 에나멜선을 감는 방향을 바꿔 가며 감는다.
> ㉢ 에나멜선 양쪽 끝부분을 사포로 문지른다.
> ㉣ 에나멜선 양쪽 끝부분을 전기 회로에 연결한다.

(   )

11 다음은 전자석의 끝부분에 클립을 가까이 가져갔을 때의 결과입니다. 이와 같은 결과가 나온 까닭으로 옳은 것은 어느 것입니까? (   )

스위치를 닫지 않았을 때	스위치를 닫았을 때
전자석의 끝부분에 클립이 붙지 않는다.	전자석의 끝부분에 클립이 붙는다.

① 전기가 흐르면 전자석의 극이 바뀐다.

② 전기가 흐를 때만 세기를 조절할 수 있다.

③ 전기가 흐를 때만 자석의 성질이 나타난다.

④ 전기가 흐를 때만 고무로 된 물체가 붙는다.

⑤ 전기가 흐르지 않을 때만 자석의 성질이 나타난다.

12 다음은 전자석에 연결한 전지의 개수를 다르게 하고 전자석에 시침바늘을 가까이 가져갔을 때의 결과입니다. 전자석에 서로 다른 극끼리 한 줄로 연결한 전지의 개수가 더 많은 것에 ○표 하시오.

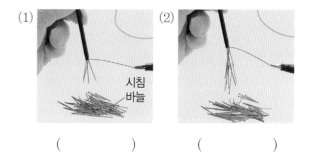

(1)   시침바늘   (2)

(   )   (   )

13 다음과 같이 전자석의 양 끝에 놓은 나침반 바늘의 방향이 반대가 되게 하는 방법으로 옳은 것에 ○표 하시오.

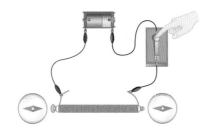

(1) 전지의 극을 반대로 한다. ( )
(2) 에나멜선을 더 많이 감는다. ( )
(3) 스위치의 방향을 반대로 한다. ( )

14 다음 보기 에서 전자석의 성질을 모두 골라 기호를 쓰시오.

> 보기
>
> ㉠ 항상 자석의 성질을 띤다.
> ㉡ 전기가 흐를 때만 자석의 성질을 띤다.
> ㉢ N극과 S극을 바꿀 수 있다.
> ㉣ 자석의 세기가 일정하다.

( )

15 우리 생활에서 전자석을 이용한 예로 옳지 <u>않은</u> 것은 어느 것입니까? ( )

① 선풍기 ② 세탁기
③ 머리 말리개 ④ 전기 주전자
⑤ 전기 자동차

16 다음은 우리 생활에서 전자석을 이용하는 예에 대한 친구들의 대화입니다. 옳지 <u>않은</u> 설명을 한 친구의 이름을 쓰시오.

> • 가온: 전자석은 세기를 바꿀 수 있어서 선풍기의 바람 세기를 조절할 수 있어.
> • 누리: 스피커는 전자석의 극을 바꿀 수 있는 성질을 이용해서 떨림을 만들어 소리를 내는 거야.
> • 예준: 나침반 바늘에도 전자석이 사용되어서 방향을 찾을 때 편리해.

( )

17 전자석 기중기에 이용된 전자석의 성질은 어느 것입니까? ( )

① 전자석의 세기가 일정한 성질
② 다른 극끼리 끌어당기는 성질
③ 같은 극끼리 서로 밀어 내는 성질
④ 전자석의 극을 바꿀 수 없는 성질
⑤ 전기가 흐를 때 철을 끌어당기는 성질

18 전기를 안전하게 사용하는 방법으로 옳지 <u>않은</u> 것은 어느 것입니까? ( )

① 플러그를 뽑을 때에는 전선을 잡아당긴다.
② 전선이 어지럽게 꼬이지 않도록 정리를 한다.
③ 물이 묻은 손으로 전기 기구를 만지지 않는다.
④ 콘센트 한 개에 플러그 여러 개를 한꺼번에 꽂지 않는다.
⑤ 쓰지 않는 전기 제품의 플러그를 콘센트에서 뽑아 놓는다.

19 전기를 절약하는 경우로 옳지 <u>않은</u> 것은 어느 것입니까? ( )

① 난방 기구를 끈 빈 교실
② 낮에는 전등을 꺼 놓은 방
③ 물건을 가득 넣어 둔 냉장고
④ 문을 닫고 냉방 기구를 틀어 놓은 교실
⑤ 쓰지 않는 전기 제품의 플러그를 뽑아 놓은 방

20 현관에 감지 등을 설치하면 좋은 점을 보기 에서 골라 기호를 쓰시오.

> 보기
>
> ㉠ 감전 사고를 예방할 수 있다.
> ㉡ 사람의 움직임을 감지하여 전기를 절약할 수 있다.
> ㉢ 원하는 시간이 되면 자동으로 전원을 차단할 수 있다.

( )

서술형·논술형 평가 1단원

01 다음은 전기 회로에 대한 친구들의 대화입니다. 물음에 답하시오.

- 경화: 이상해! 전지, 전선, 전구를 끊기지 않게 연결했는데 전구에 불이 켜지지 않아.
- 정훈: ㉠각 전기 부품들이 금속 부분끼리 잘 이어져 있는지 확인했어?
- 경화: 응. 금속 부분끼리 이어져 있어.

(1) 정훈이가 ㉠과 같이 말한 까닭이 무엇인지 쓰시오.

_____

_____

(2) 위 전기 회로의 전구에 불이 켜지지 않는 까닭은 무엇인지 쓰시오.

_____

_____

02 다음과 같이 전기 회로를 만들었습니다. 이 전기 회로에서 전지는 그대로 두고, 전구의 밝기를 더 밝게 하려면 전구를 어떻게 연결해야 하는지 쓰시오.

_____

_____

03 다음과 같이 전자석을 만들었습니다. 물음에 답하시오.

(1) 전자석의 세기를 더 세게 하는 방법은 무엇인지 쓰시오.

_____

_____

(2) 위 전자석의 극을 반대로 하기 위해서는 어떻게 해야 하는지 쓰시오.

_____

_____

04 다음은 우리 생활에서 자석의 성질을 이용한 예입니다. 자석의 성질과 관련해 두 물체의 차이점을 쓰시오.

▲ 나침반

▲ 전자석 기중기

_____

_____

_____

❶ 태양 고도

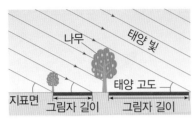

• 태양의 높이는 태양 고도를 이용하여 정확하게 나타
　낼 수 있음.
• 태양 고도는 태양이 지표면과 이루는 각으로 나타냄.
• 같은 시각, 같은 장소에서 측정한 태양 고도는 물체
　의 길이에 상관없이 일정함.

❷ 태양 고도 측정기로 태양 고도 측정하기

• 태양 빛이 잘 드는 편평한 곳에 태양 고도 측정기를
　놓음.
• 막대기의 그림자가 측정기의 눈금과 평행하게 되도
　록 조정하고 막대기의 그림자 길이를 측정함.
• 각도기의 중심을 막대기의 그림자 끝에 맞춘 다음 그
　림자 끝과 실이 이루는 각을 측정함.

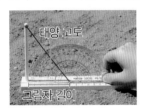

❸ 태양의 남중 고도

• 하루 중 태양이 정남쪽에 위치하면 태양이 '남중'했
　다고 함.
• 태양이 남중했을 때의 고도를 태양의 남중 고도라고
　하며, 이때 태양 고도는 하루 중 가장 높음.

• 태양이 남중했을 때 그림자는 정북쪽을 향하고, 그림자
　길이는 하루 중 가장 짧음.

❹ 하루 동안 태양 고도, 그림자 길이, 기온

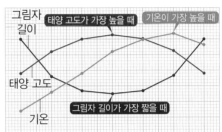

• 그래프 그리기
　– 투명 모눈종이에 태양 고도, 그림자 길이, 기온을
　　각각 꺾은선그래프로 나타낸 다음, 서로 겹치도
　　록 붙임.
　– 꺾은선그래프로 나타내는 까닭: 꺾은선그래프는
　　시간의 흐름에 따라 측정값이 어떻게 변하는지
　　알아보기 편리하고, 조사하지 않은 중간값도 짐
　　작할 수 있기 때문임.
• 그래프 해석하기

태양 고도	오전에 높아지기 시작하여 낮 12시 30분 무렵에 가장 높고, 그 후에 낮아짐.
기온	오전에 높아지기 시작하여 14시 30분 무렵에 가장 높고, 그 후에 다시 낮아짐.
그림자 길이	오전에 짧아지기 시작하여 낮 12시 30분 무렵에 가장 짧고, 그 후에 길어짐.

• 그래프 모양 비교하기: 태양 고도 변화와 비슷한 모
　양의 그래프는 기온 그래프임.

❺ 태양 고도, 그림자 길이, 기온의 관계
• 태양 고도가 높아질수록 그림자 길이는 짧아짐.
• 태양 고도가 높아질수록 기온은 높아짐.
• 태양 고도가 가장 높은 때(낮 12시 30분 무렵)와 기
　온이 가장 높은 때(14시 30분 무렵)는 두 시간 정도
　차이가 남.

중단원 쪽지 시험 2 (1) 태양 고도, 그림자 길이, 기온

정답과 해설 41쪽

01 태양의 높이를 정확하게 나타낼 수 있는 것으로, 태양과 지표면이 이루는 각을 무엇이라고 합니까?

( )

02 태양 고도 측정기로 태양 고도를 측정할 때 각도기의 중심을 어디에 맞춰야 합니까?

( )

03 하루 중 태양이 남중했을 때 태양의 위치는 어느 쪽입니까?

( )

04 우리나라에서 하루 중 태양이 남중하는 시각은 언제입니까?

( )

05 하루 중 태양이 남중했을 때 태양 고도는 가장 ( ), 그림자 길이는 가장 ( ).

06 태양이 남중했을 때 그림자가 향하는 방향은 어느 쪽입니까?

( )

07 하루 중 태양이 남중했을 때의 고도를 무엇이라고 합니까?

( )

08 하루 동안 태양 고도, 그림자 길이, 기온을 측정하여 나타낸 그래프 중에서 모양이 전혀 다른 그래프는 무엇입니까?

( )

09 하루 중 기온이 가장 높은 시각은 언제입니까?

( )

10 하루 중 태양 고도가 가장 높은 때와 기온이 가장 높은 때는 몇 시간 정도 차이가 납니까?

( )

11 태양 고도가 높아질수록 그림자 길이는 어떻게 됩니까?

( )

12 태양 고도가 높아질수록 기온은 어떻게 됩니까?

( )

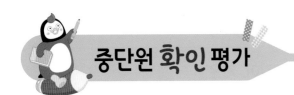

중단원 확인평가

01 다음 ㉠~㉤ 중 태양 고도를 나타낸 것은 어느 것입니까? (   )

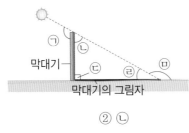

① ㉠
② ㉡
③ ㉢
④ ㉣
⑤ ㉤

02 태양 고도를 정확하게 측정하기 위한 방법으로 옳은 것을 모두 고르시오.

> ㉠ 태양 고도 측정기를 그늘에 두고 측정한다.
> ㉡ 태양 고도 측정기를 평평한 곳에 놓는다.
> ㉢ 막대기의 그림자가 측정기의 눈금과 평행하게 되도록 조정한다.
> ㉣ 각도기의 중심을 막대기의 그림자 끝에 맞춘다.
> ㉤ 막대기가 휘어질 때까지 팽팽하게 실을 당겨 측정한다.

(   )

03 중요 태양 고도에 대한 설명으로 옳지 않은 것은 어느 것입니까? (   )

① 하루 동안 태양 고도는 달라진다.
② 태양과 지표면이 이루는 각을 말한다.
③ 태양 고도를 나타낼 때 단위는 '°'를 사용한다.
④ 우리나라에서는 낮 12시 30분 무렵에 가장 높다.
⑤ 하루 중 태양 고도가 가장 높을 때 태양은 정북 쪽에 위치한다.

[04~06] 다음은 하루 동안 1시간 간격으로 태양 고도, 그림자 길이, 기온을 측정한 표입니다. 물음에 답하시오.

측정 시각	태양 고도(°)	그림자 길이(cm)	기온(°C)
09시 30분	35	14.3	22.7
10시 30분	44	10.4	23.7
11시 30분	50	8.4	25.1
12시 30분	52	7.8	25.9
13시 30분	49	8.7	26.8
14시 30분	42	11.1	27.6
15시 30분	33	15.4	27.1

04 위 표를 통해 알 수 있는 내용으로 옳지 않은 것은 어느 것입니까? (   )

① 기온이 가장 높은 때는 14시 30분이다.
② 태양 고도는 12시 30분까지 점점 높아진다.
③ 그림자 길이가 가장 짧은 때는 12시 30분이다.
④ 태양 고도가 가장 높을 때 그림자의 길이는 가장 짧다.
⑤ 태양 고도가 가장 높은 시각과 기온이 가장 높은 시각은 같다.

05 다음은 위 표를 각각의 그래프로 나타내 비교하기 위해 어떤 형태의 그래프가 좋은지에 대한 친구들의 대화입니다. (   ) 안에 들어갈 알맞은 말을 쓰시오.

> • 고은: 시간의 흐름에 따라 측정값이 어떻게 변하는지 알아보는 데 편리한 그래프면 좋겠어.
> • 태양: 그렇다면 (   )그래프로 나타내자! 이 그래프는 조사하지 않은 중간값도 짐작할 수 있어서 편리해.

(   )그래프

06 위 표를 각각의 그래프로 나타낼 때 가로축에 공통으로 들어갈 내용은 어느 것입니까? (   )

① 기온
② 태양 고도
③ 측정 시각
④ 그림자 길이
⑤ 태양 고도, 그림자 길이, 기온의 관계

07 다음은 하루 동안 태양의 움직임을 나타낸 것입니다. 태양이 ㈜ 위치에 있을 때의 고도를 무엇이라고 하는지 쓰시오.

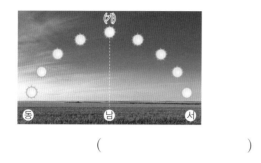

(   )

[08~09] 다음은 하루 동안 태양 고도와 그림자 길이를 측정해 나타낸 그래프입니다. 물음에 답하시오.

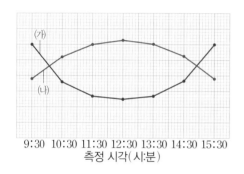

08 위 그래프에서 ㈜와 ㈏는 무엇을 나타낸 그래프인지 각각 쓰시오.

㈜ (   ) 그래프

㈏ (   ) 그래프

09 태양이 정남쪽에 있을 때 태양 고도와 그림자 길이를 측정했습니다. 1시간 뒤 태양 고도와 그림자 길이의 변화로 옳은 것은 어느 것입니까? (   )

	태양 고도	그림자 길이
①	변화 없다.	변화 없다.
②	높아진다.	길어진다.
③	높아진다.	짧아진다.
④	낮아진다.	길어진다.
⑤	낮아진다.	짧아진다.

[10~11] 다음은 하루 동안 태양 고도와 기온을 측정하여 나타낸 그래프입니다. 물음에 답하시오.

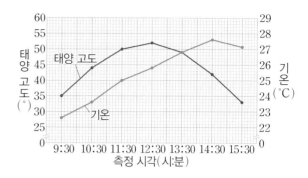

10 위 그래프에 대해 잘못 설명한 친구의 이름을 쓰시오.

- 재강: 기온은 하루 동안 계속 높아져.
- 성윤: 태양 고도는 오전부터 낮 12시 30분까지 높아지다가 다시 낮아져.
- 나희: 태양 고도와 기온의 변화 모습은 서로 비슷한 모양이야.

(   )

11 위 그래프를 보고 하루 동안 태양 고도가 가장 높은 때와 기온이 가장 높은 때의 시각은 얼마나 차이가 나는지 쓰시오.

(   )

중요
 하루 동안 태양 고도, 그림자 길이, 기온의 관계를 바르게 선으로 연결하시오.

	태양		그림자		
(1)	고도가 높을 때	• •	길이가 짧다.	• •	기온이 낮다.

	태양		그림자		
(2)	고도가 낮을 때	• •	길이가 길다.	• •	기온이 높다.

❶ 계절별 태양의 남중 고도

- 여름에 태양의 남중 고도가 가장 높고, 겨울에 가장 낮음.
- 봄, 가을은 여름과 겨울의 중간 정도임.

❷ 계절별 태양의 남중 고도와 낮과 밤의 길이

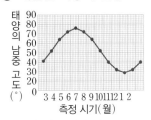

▲ 월별 태양의 남중 고도

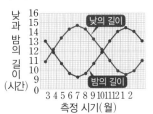

▲ 월별 낮과 밤의 길이

- 월별 태양의 남중 고도 그래프는 월별 낮의 길이 그래프와 비슷함.

구분	여름	겨울
태양의 남중 고도	가장 높다.	가장 낮다.
낮의 길이	가장 길다.	가장 짧다.
밤의 길이	가장 짧다.	가장 길다.

- 태양의 남중 고도가 높으면 낮의 길이가 길어지고, 태양의 남중 고도가 낮으면 낮의 길이가 짧아짐.
- 낮의 길이가 길어지면 밤의 길이는 짧아지고, 낮의 길이가 짧아지면 밤의 길이는 길어짐.

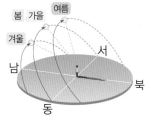

▲ 계절별 태양의 위치 변화

❸ 태양의 남중 고도에 따른 기온 변화를 비교하는 실험

▲ 전등과 태양 전지판이 이루는 각이 클 때

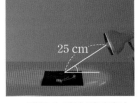

▲ 전등과 태양 전지판이 이루는 각이 작을 때

- 전등은 태양, 태양 전지판은 지표면, 전등과 태양 전지판이 이루는 각은 태양의 남중 고도를 의미함.
- 실험에서 다르게 해야 할 조건과 같게 해야 할 조건

다르게 해야 할 조건	전등과 태양 전지판이 이루는 각
같게 해야 할 조건	전등의 종류, 태양 전지판의 크기, 소리 발생기의 종류, 전등과 태양 전지판 사이의 거리 등

- 실험 결과

전등과 태양 전지판이 이루는 각의 크기	빛이 닿는 면적	소리의 크기
클 때	좁다.	크다.
작을 때	넓다.	작다.

❹ 계절에 따라 기온이 달라지는 까닭

- 계절별 기온은 태양의 남중 고도와 관련이 깊음.
- 태양의 남중 고도가 높아지면 같은 면적의 지표면에 도달하는 태양 에너지양이 많아짐.
- 지표면에 도달하는 태양 에너지양이 많아지면 지표면이 더 많이 데워져 기온이 높아짐.
- 계절에 따라 기온이 달라지는 까닭은 계절에 따라 태양의 남중 고도가 달라지기 때문임.

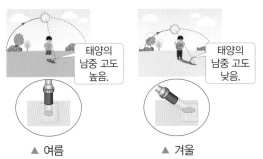

▲ 여름   ▲ 겨울

정답과 해설 42쪽

01 계절별 태양의 위치 변화를 관찰하였을 때, 태양의 남중 고도가 가장 높은 계절은 언제입니까?

(   )

02 여름과 겨울 중 낮에 햇빛이 교실 안 깊숙한 곳까지 들어오는 계절은 언제입니까?

(   )

03 계절별 태양의 남중 고도가 높아지면 낮의 길이는 어떻게 됩니까?

(   )

04 낮의 길이가 길어지면 밤의 길이는 어떻게 됩니까?

(   )

05 태양의 남중 고도에 따른 기온 변화를 비교하는 실험에서 전등과 태양 전지판이 이루는 각이 자연에서 의미하는 것은 무엇입니까?

(   )

06 태양의 남중 고도에 따른 기온 변화를 비교하는 실험에서 다르게 해야 할 조건은 무엇입니까?

(   )

07 태양의 남중 고도에 따른 기온 변화를 비교하는 실험에서 같게 해야 할 조건을 두 가지만 쓰시오.

(,   )

08 태양의 남중 고도에 따른 기온 변화를 비교하는 실험에서 전등과 태양 전지판이 이루는 각이 클 때와 작을 때 중 소리 발생기의 소리가 더 큰 경우는 언제입니까?

(   )

09 태양의 남중 고도에 따른 기온 변화를 비교하는 실험에서 전등과 태양 전지판이 이루는 각이 클 때는 자연에서 여름과 겨울 중 어느 때에 해당합니까?

(   )

10 계절에 따라 기온이 달라지는 데 가장 큰 영향을 미치는 것은 무엇입니까?

(   )

11 태양의 남중 고도가 높은 때와 낮은 때 중 일정한 면적의 지표면에 도달하는 태양 에너지양이 많아지는 경우는 언제입니까?

(   )

12 다음 (   ) 안에 들어갈 알맞은 말을 쓰시오.

겨울에는 태양의 남중 고도가 낮다.
→ 같은 면적의 지표면에 도달하는 태양 에너지양이 ㉠(   ).
→ 기온이 ㉡(   ).

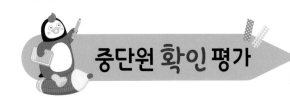
01 계절에 따라 달라지는 자연 현상으로 옳지 않은 것은 어느 것입니까? (   )

① 기온   ② 낮의 길이
③ 밤의 길이   ④ 태양의 남중 고도
⑤ 지구 자전축의 기울기

[02~03] 다음은 계절에 따른 태양의 위치 변화를 나타낸 것입니다. 물음에 답하시오.

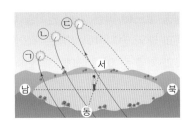

02 위 그림의 ㉠~㉢에 해당하는 계절을 바르게 짝 지은 것은 어느 것입니까? (   )

	㉠	㉡	㉢
①	봄	여름	가을, 겨울
②	여름	봄, 가을	겨울
③	겨울	봄, 가을	여름
④	봄, 여름	가을	겨울
⑤	봄, 가을	겨울	여름

03 ㉠~㉢ 계절의 낮의 길이를 바르게 비교한 것은 어느 것입니까? (   )

① ㉠=㉡=㉢
② ㉠<㉡=㉢
③ ㉠<㉡<㉢
④ ㉠>㉡=㉢
⑤ ㉠>㉡>㉢

04 다음은 월별 태양의 남중 고도를 나타낸 그래프입니다. 계절에 따른 태양의 남중 고도 변화에 대한 설명으로 옳은 것을 모두 고르시오. (   )

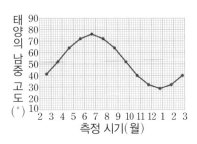

① 태양의 남중 고도는 봄에 가장 높다.
② 태양의 남중 고도는 여름에 가장 높다.
③ 태양의 남중 고도는 가을에 가장 낮다.
④ 태양의 남중 고도는 겨울에 가장 낮다.
⑤ 태양의 남중 고도는 계절에 따라 변화가 없다.

중요
05 계절에 따라 낮의 길이가 변하는 것과 가장 관계가 깊은 것은 어느 것입니까? (   )

① 달의 공전   ② 지구의 자전
③ 지구의 공전   ④ 태양의 남중 고도
⑤ 지구와 태양 사이의 거리

06 다음은 월별 태양의 남중 고도와 기온을 그래프로 나타낸 것입니다. 그래프를 통해 알 수 있는 것으로 옳지 않은 것을 골라 기호를 쓰시오.

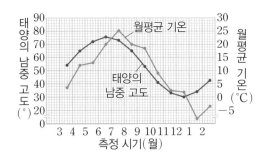

㉠ 여름에 기온이 가장 높다.
㉡ 겨울에 태양의 남중 고도가 가장 낮다.
㉢ 태양의 남중 고도가 높아질수록 기온은 낮아진다.
㉣ 태양의 남중 고도가 가장 높은 때와 기온이 가장 높은 때는 시간 차가 있다.

(   )

[07~10] 다음은 태양의 남중 고도에 따른 기온 변화를 비교하는 실험입니다. 물음에 답하시오.

(가)  (나)

태양
전지판   전등
소리
발생기

07 위 실험에서 '전등'은 태양, '태양 전지판'은 지표면을 의미합니다. '전등과 태양 전지판이 이루는 각'은 무엇을 의미하는지 쓰시오.

(   )

08 위 실험에서 다르게 해야 할 조건으로 옳은 것은 어느 것입니까? (   )

① 전등의 종류
② 전등을 비춘 시각
③ 태양 전지판의 크기
④ 전등과 태양 전지판 사이의 거리
⑤ 전등과 태양 전지판이 이루는 각

09 다음은 위 실험 결과를 정리한 것입니다. (   ) 안에 들어갈 알맞은 말에 ○표 하시오.

전등과 태양 전지판이 이루는 각이 ㉠(작을 , 클) 때 ㉡(좁은 , 넓은) 면적을 비추어 같은 면적에 도달하는 에너지양이 ㉢(적기 , 많기) 때문에 소리 발생기의 소리가 더 크다.

10 다음은 앞 실험으로 알 수 있는 점을 설명한 것입니다. (   ) 안에 들어갈 알맞은 말을 각각 쓰시오.

태양의 남중 고도가 높을수록 같은 면적의 지표면에 도달하는 태양 에너지양이 (㉠   ) 때문에 기온이 (㉡   ).

㉠ (   ), ㉡ (   )

[11~12] 다음은 여름과 겨울에 태양이 남중한 모습을 순서 없이 나타낸 것입니다. 물음에 답하시오.

(가) 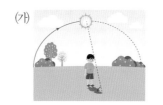 (나)

11 (가)와 (나)에 해당하는 계절을 각각 쓰시오.

(가) (   ), (나) (   )

중요

12 (가)와 (나) 두 계절에 태양의 남중 고도, 같은 면적에 도달하는 태양 에너지양, 기온을 비교하여 (   ) 안에 알맞은 크기 표시(>, <, =)를 하시오.

(1) 태양의 남중 고도	(가) ( ) (나)	
(2) 같은 면적에 도달하는 태양 에너지양	(가) ( ) (나)	
(3) 기온	(가) ( ) (나)	

❶ 계절에 따라 달라지는 현상

• 계절이 달라지면 태양의 남중 고도, 낮의 길이, 기온, 그림자 길이 등이 달라짐.

• 태양의 남중 고도는 낮의 길이와 기온에 영향을 줌.

• 여름에는 태양의 남중 고도가 높아져서 낮의 길이가 길고, 기온이 높음.

• 겨울에는 태양의 남중 고도가 낮아져서 낮의 길이가 짧고, 기온이 낮음.

• 태양의 남중 고도가 달라지기 때문에 계절의 변화가 생김.

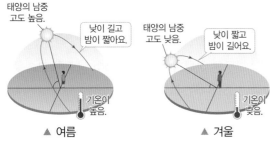

▲ 여름   ▲ 겨울

❷ 계절 변화의 원인 알아보기

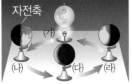

▲ 지구본의 자전축이   ▲ 지구본의 자전축이
수직인 채 공전할 때   기울어진 채 공전할 때

• 지구본의 자전축이 수직인 채 공전할 때와 지구본의 자전축이 기울어진 채 공전할 때 태양의 남중 고도를 측정함.

• 실험에서 다르게 해야 할 조건과 같게 해야 할 조건

다르게 해야 할 조건	지구본의 자전축 기울기
같게 해야 할 조건	전등과 지구본 사이의 거리, 태양 고도 측정기를 붙이는 위치 등

• 지구본의 자전축 기울기에 따른 태양의 남중 고도

지구본의 자전축이 수직인 채 공전할 때	변화가 없음.
지구본의 자전축이 기울어진 채 공전할 때	지구본의 각 위치에 따라 변함.

❸ 계절이 변하는 까닭

• 지구의 자전축이 공전 궤도면에 대하여 기울어진 채 태양 주위를 공전하면 지구의 각 위치에 따라 태양의 남중 고도가 달라지고, 계절이 변함.

• 지구의 자전축이 공전 궤도면에 대하여 수직인 채로 태양 주위를 공전한다면 태양의 남중 고도는 변하지 않고, 계절도 변하지 않음.

• 지구의 자전축만 기울어져 있고, 지구가 태양 주위를 공전하지 않는다면 지구의 위치가 변하지 않기 때문에 낮과 밤의 변화만 생기고 계절은 변하지 않음.

• 지구의 자전축이 기울어진 채 태양 주위를 공전하기 때문에 계절이 달라짐.

❹ 북반구와 남반구의 계절

• 여름에 북반구에서는 태양의 남중 고도가 높음.

• 겨울에 북반구에서는 태양의 남중 고도가 낮음.

• 남반구의 계절은 북반구와 반대임.

• 북반구에서 여름이 되면 남반구의 위치에서는 태양의 남중(북중) 고도가 낮아져 겨울이 됨.

• 북반구에서 겨울이 되면 남반구의 위치에서는 태양의 남중(북중) 고도가 높아져 여름이 됨.

정답과 해설 43쪽

01 여름이 되면 달라지는 자연 현상을 한 가지만 쓰시오.

(　　　　　　　　　)

02 계절 변화의 원인을 알아보는 실험에서 다르게 해야 할 조건은 무엇입니까?

(　　　　　　　　)

03 계절 변화의 원인을 알아보는 실험에서 같게 해야 할 조건을 한 가지만 쓰시오.

(　　　　　　　)

04 계절 변화의 원인을 알아보는 실험에서 전등은 자연에서 무엇을 의미합니까?

(　　　　　　　　)

05 계절 변화의 원인을 알아보는 실험에서 태양의 남중 고도를 측정하는 방법을 설명한 것입니다. (　) 안에 들어갈 알맞은 말을 쓰시오.

> 지구본에 붙인 태양 고도 측정기의 그림자 길이가 가장 (　　　) 때의 고도를 측정한다.

06 지구본의 자전축이 수직인 채 공전할 때와 지구본의 자전축이 기울어진 채 공전할 때 중 지구본의 위치에 따라 태양의 남중 고도가 변하지 않는 경우는 언제입니까?

(　　　　　　　　)

07 다음 (　) 안에 들어갈 알맞은 말을 쓰시오.

> 지구의 자전축이 공전 궤도면에 대하여 기울어진 채 태양 주위를 공전한다.

↓

> 지구의 위치에 따라 태양의 (　　　)이/가 달라진다.

↓

> 계절의 변화가 생긴다.

08 만약 지구의 자전축은 기울어져 있지만 지구가 태양 주위를 공전하지 않는다면 어떤 변화가 생길지 쓰시오.

(　　　　　　　　　　)

09 북반구에서 태양의 남중 고도가 높은 때는 여름과 겨울 중 언제입니까?

(　　　　　　)

10 북반구가 여름일 때 남반구는 어떤 계절입니까?

(　　　　　　)

11 북반구에서 태양의 남중 고도가 낮을 때 남반구에서 낮의 길이는 어떠합니까?

(　　　　　　)

12 남반구에 있는 오스트레일리아에서는 어떤 계절에 크리스마스를 맞습니까?

(　　　　　　)

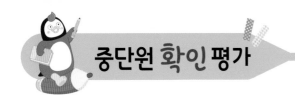
중단원 확인평가

01 겨울이 되면서 나타나는 자연 현상에 대해 바르게 말한 친구의 이름을 쓰시오.

> • 우주: 겨울이 되니 여름보다 더 빨리 어두워지네. 낮이 길어졌나봐.
> • 해성: 겨울이 되면서 태양의 남중 고도가 점점 낮아지는지 여름보다 햇빛이 교실 안까지 들어와.
> • 은별: 겨울이 되면서 기온이 점점 높아지나봐. 이제 곧 눈도 오겠다!

(   )

[02~06] 다음과 같이 지구본을 공전시키면서 태양의 남중 고도를 측정해 보았습니다. 물음에 답하시오.

▲ 지구본의 자전축이 수직인 경우   ▲ 지구본의 자전축이 기울어진 경우

02 위 실험을 할 때의 조건을 설명한 것입니다. (   ) 안에 들어갈 알맞은 말에 ○표 하시오.

> 지구본의 자전축 기울기는 ㉠(같게 , 다르게)하고, 전등과 지구본 사이의 거리는 ㉡(같게 , 다르게) 해야 한다.

03 위 실험에 대한 설명으로 옳지 <u>않은</u> 것은 어느 것입니까? (   )

① 지구본을 시계 반대 방향으로 공전시킨다.
② 태양 고도 측정기를 우리나라 위치에 붙인다.
③ 지구본의 자전축은 항상 같은 방향으로 기울어져 있어야 한다.
④ 태양 고도 측정기에 빛이 평행하게 오도록 전등의 높이를 조절한다.
⑤ 태양 고도 측정기의 그림자 길이가 가장 길어질 때의 고도를 측정한다.

04 다음은 앞의 ⑷ 실험에서 ㉠~㉣의 각 위치에서 태양의 남중 고도를 측정한 결과입니다. 빈칸에 알맞은 수를 쓰시오.

지구본의 위치	㉠	㉡	㉢	㉣
태양의 남중 고도(°)	52		52	

05 앞의 ⑷ 실험에서 태양의 남중 고도가 가장 높은 지구본의 위치로 옳은 것은 어느 것입니까? (   )

① ㉠   ② ㉡   ③ ㉢
④ ㉣   ⑤ 모두 같다.

중요
06 앞의 ⑷ 실험처럼 지구의 자전축이 기울어진 채 태양 주위를 공전할 때 생기는 현상으로 옳은 것은 어느 것입니까? (   )

① 계절의 변화가 생긴다.
② 그림자 길이가 일정하다.
③ 월별 낮의 길이가 비슷하다.
④ 계절에 따라 기온이 일정하다.
⑤ 월별 태양의 남중 고도가 비슷하다.

07 계절이 변하는 까닭에 대해 친구들이 대화를 나누고 있습니다. ( ) 안에 들어갈 알맞은 말을 쓰시오.

예은

계절은 왜 달라지는 걸까?

계절마다 태양과 지구 사이의 거리가 달라져서 그런 거야.

건호

해빈

태양과 지구 사이의 거리는 계절 변화에 큰 영향을 주지 못해. 계절이 변하는 까닭은 지구의 자전축이 공전 궤도면에 대하여 기울어진 채 태양 주위를 공전하면 지구의 각 위치에 따라 태양의 ( )이/가 달라지기 때문이야.

( )

중요
08 지구의 자전축이 수직이거나 지구가 태양 주위를 공전하지 않을 때 나타날 수 있는 현상으로 옳은 것은 어느 것입니까? ( )

① 계절의 변화가 생긴다.
② 월별 낮의 길이가 일정하다.
③ 여름과 겨울의 기온이 다르다.
④ 계절에 따라 그림자 길이가 달라진다.
⑤ 계절에 따라 태양의 남중 고도가 달라진다.

[09~11] 다음은 태양과 지구의 모습을 나타낸 것입니다. 물음에 답하시오. (단, 태양과 지구의 상대적인 크기와 거리는 고려하지 않았습니다.)

09 우리나라에서 낮의 길이가 가장 긴 때의 위치를 골라 기호를 쓰시오.

( )

10 우리나라에서 태양의 남중 고도가 더 낮은 때의 위치를 골라 기호를 쓰시오.

( )

11 지구가 (나)의 위치에 있을 때 북반구의 생활 모습으로 옳은 것의 기호를 쓰시오.

( )

12 다음은 북반구와는 달리 남반구에서는 한여름에 크리스마스를 맞는 까닭을 설명한 것입니다. ( ) 안에 들어갈 알맞은 말에 ○표 하시오.

지구의 자전축이 기울어져 있어서 북반구에서 겨울일 때 남반구에서는 태양의 남중(북중) 고도가 (낮기 , 높기) 때문이다.

01 다음과 같이 태양의 고도를 측정할 때 측정해야 하는 부분을 골라 기호를 쓰시오.

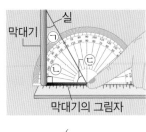

( )

02 측정한 시각이 나머지와 다른 것은 어느 것입니까?

( )

① 하루 중 태양이 남중하는 때
② 하루 중 기온이 가장 높은 때
③ 하루 중 태양 고도가 가장 높은 때
④ 하루 중 그림자 길이가 가장 짧은 때
⑤ 하루 중 태양이 가장 높이 위치하는 때

03 다음은 은지와 소현이가 나눈 대화의 일부입니다. ㉠과 ㉡에 들어갈 말을 바르게 짝 지은 것은 어느 것입니까? ( )

> • 은지: 점심 시간이 되니 아침에 등교할 때와 비교하여 그림자 길이가 (㉠).
> • 소현: 하루 동안 (㉡)이/가 달라져서 그런 거야.

	㉠	㉡
①	짧아졌어	기온
②	짧아졌어	태양 고도
③	길어졌어	태양 고도
④	길어졌어	기온
⑤	변함없어	태양 고도

04 태양이 남중했을 때에 대한 설명으로 옳지 않은 것은 어느 것입니까? ( )

① 하루 중 기온이 가장 높다.
② 태양이 정남쪽에 위치한다.
③ 그림자는 정북쪽을 향한다.
④ 하루 중 태양 고도가 가장 높다.
⑤ 하루 중 그림자 길이가 가장 짧다.

중요
05 낮 12시 30분 무렵에 태양 고도와 그림자 길이를 측정했습니다. 1시간 뒤 태양 고도와 그림자 길이의 변화로 옳은 것은 어느 것입니까? ( )

	태양 고도	그림자 길이
①	낮아진다.	짧아진다.
②	높아진다.	짧아진다.
③	낮아진다.	길어진다.
④	높아진다.	길어진다.
⑤	변화 없다.	변화 없다.

[06~07] 다음은 하루 동안 태양 고도와 기온을 측정하여 나타낸 그래프입니다. 물음에 답하시오.

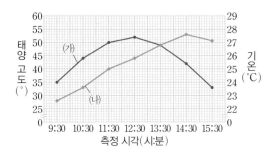

06 (가)와 (나) 중 기온 변화를 나타낸 그래프는 어느 것인지 기호를 쓰시오.

( )

07 하루 동안 태양 고도와 기온의 관계를 설명한 것으로 옳은 것은 어느 것입니까? ( )

① 태양 고도가 높아지면 기온은 낮아진다.
② 태양 고도가 높아지면 기온은 높아진다.
③ 태양 고도와 기온은 아무런 관계가 없다.
④ 태양 고도가 가장 높을 때 기온이 가장 낮다.
⑤ 태양 고도가 가장 높을 때 기온이 가장 높다.

08 다음은 계절별 태양이 남중했을 때를 나타낸 것입니다. 물음에 답하시오. (가)와 (다)에 해당하는 계절을 각각 쓰시오.

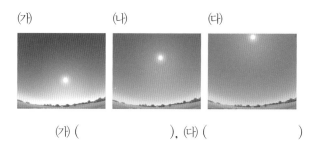

(가) (　　　　　　), (다) (　　　　　　)

[09~10] 다음 그래프를 보고, 물음에 답하시오.

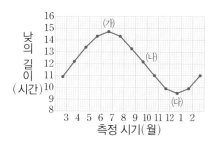

09 위 그래프의 (가)~(다) 계절에 해당하는 태양의 남중 고도를 골라 각각 기호를 쓰시오.

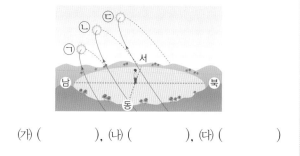

(가) (　　　　), (나) (　　　　), (다) (　　　　)

10 (가)~(다) 계절 중 낮에 햇빛이 교실 안쪽으로 가장 많이 들어오는 때는 언제인지 기호를 쓰시오.

(　　　　　　　)

^{중요}
11 계절에 따른 낮의 길이에 대한 설명으로 옳지 <u>않은</u> 것은 어느 것입니까? (　　　　)

① 여름에 가장 길다.
② 겨울에 가장 짧다.
③ 계절이 바뀌어도 항상 일정하다.
④ 태양의 남중 고도와 관계가 있다.
⑤ 봄과 가을은 여름과 겨울의 중간 정도이다.

[12~13] 다음은 전등의 기울기에 따른 소리 발생기에서 나오는 소리의 크기를 비교하는 실험입니다. 물음에 답하시오.

(가)　　　　　　　　(나)

 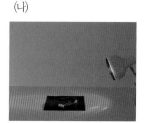

▲ 전등과 태양 전지판이　　　▲ 전등과 태양 전지판이
　이루는 각이 클 때　　　　　이루는 각이 작을 때

12 위 실험에서 전등과 태양 전지판이 실제 자연에서 의미하는 것은 무엇인지 각각 쓰시오.

(1) 전등: (　　　　　　　　　)
(2) 태양 전지판: (　　　　　　　　　)

13 다음은 위 실험 결과를 표로 정리한 것입니다. 실험 결과에 대한 설명으로 옳은 것을 골라 기호를 쓰시오.

전등과 태양 전지판이 이루는 각의 크기	빛이 닿는 면적	소리의 크기
클 때	좁다.	크다.
작을 때	넓다.	작다.

┌─────────────────────────────────┐
│ ㉠ 빛이 좁은 면적을 비추면 같은 면적에 도달하 │
│ 　는 에너지양이 적어진다. │
│ ㉡ 전등과 태양 전지판이 이루는 각이 크면 같은 │
│ 　면적에 도달하는 에너지양은 적다. │
│ ㉢ 태양의 남중 고도가 높아질수록 같은 면적에 │
│ 　도달하는 에너지양은 더 많아진다. │
└─────────────────────────────────┘

(　　　　　　　)

14 우리나라에서 계절에 따라 기온이 달라지는 까닭으로 옳은 것은 어느 것입니까? (　　　　)

① 지구가 자전하기 때문이다.
② 태양의 온도가 달라지기 때문이다.
③ 태양의 남중 고도가 달라지기 때문이다.
④ 태양과 지구 사이의 거리가 달라지기 때문이다.
⑤ 태양에서 나오는 에너지의 양이 달라지기 때문이다.

15 태양의 남중 고도가 가장 높은 계절의 모습에 해당하는 것을 골라 기호를 쓰시오.

 ⓐ

 ⓑ

 ⓒ

 ⓓ

( )

[16~18] 다음은 지구본의 자전축 기울기에 따른 태양의 남중 고도를 측정하는 실험입니다. 물음에 답하시오.

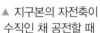
▲ 지구본의 자전축이 수직인 채 공전할 때

▲ 지구본의 자전축이 기울어진 채 공전할 때

16 위 (개)와 (내) 실험에서 다르게 해야 할 조건은 어느 것입니까? ( )

① 전등의 크기
② 지구본의 크기
③ 지구본의 자전축 기울기
④ 전등과 지구본 사이의 거리
⑤ 태양 고도 측정기를 붙이는 위치

17 위 (개)와 (내) 실험 중 태양의 남중 고도를 측정했을 때 다음 표와 같은 결과가 나오는 경우의 기호를 쓰시오.

지구본의 위치	㉠	㉡	㉢	㉣
태양의 남중 고도(°)	52	76	52	29

( )

18 앞의 실험을 통해 알 수 있는 사실을 정리한 것입니다. ( ) 안에 들어갈 알맞은 말에 ○표 하시오.

> 지구의 자전축이 공전 궤도면에 대하여 ㉠(수직인 채 , 기울어진 채) 태양 주위를 ㉡(자전 , 공전) 하기 때문에 지구의 위치에 따라 태양의 남중 고도가 달라져 계절이 달라진다.

[19~20] 다음은 태양과 지구의 모습을 나타낸 것입니다. 물음에 답하시오.

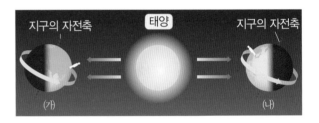

19 지구가 (개) 위치에 있을 때 북반구에 있는 우리나라에 대해 <u>잘못</u> 설명한 친구의 이름을 쓰시오.

> • 지예: 기온이 가장 높은 계절이야.
> • 주원: 낮의 길이가 가장 긴 계절이야.
> • 우진: 태양의 남중 고도가 가장 낮은 계절이야.

( )

20 지구가 (내) 위치에 있을 때 북반구에 있는 우리나라와 남반구에 있는 뉴질랜드는 어느 계절인지 각각 쓰시오.

(1) 우리나라: ( )
(2) 뉴질랜드: ( )

01 하루 동안 태양의 움직임을 나타낸 다음 그림을 보고, 태양의 남중 고도가 무엇인지 쓰시오.

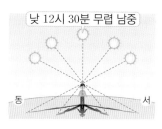

낮 12시 30분 무렵 남중

동 · 서

---

02 다음은 계절별 태양의 위치 변화를 나타낸 것입니다. 물음에 답하시오.

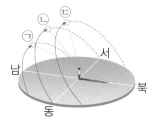

남 · 서 · 북 · 동

(1) 위 ㉠~㉢ 중 낮의 길이가 가장 긴 때의 기호를 쓰시오.

(   )

(2) 위 (1)번 답과 같이 생각한 까닭을 쓰시오.

---

03 다음 그래프를 보고, 하루 동안의 태양 고도, 그림자 길이, 기온 사이의 관계를 두 가지 쓰시오.

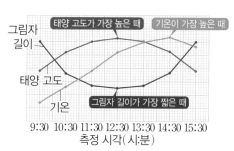

그림자 길이

태양 고도가 가장 높은 때 | 기온이 가장 높은 때

태양 고도

기온

그림자 길이가 가장 짧은 때

9:30 10:30 11:30 12:30 13:30 14:30 15:30
측정 시각(시:분)

---

04 계절 변화의 원인을 알아보기 위해 다음과 같이 실험하였습니다. 물음에 답하시오.

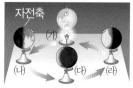

자전축   자전축

(가)   (가)

(나) (다) (라)   (나) (다) (라)

▲ 지구본의 자전축이   ▲ 지구본의 자전축이
　 수직인 채 공전할 때 　 기울어진 채 공전할 때

(1) 다음은 위 실험의 결과입니다. ( ) 안에 들어갈 알맞은 말을 쓰시오.

지구본의 자전축이 (㉠) 공전할 때	지구본의 자전축이 (㉡) 공전할 때
지구본의 각 위치에 따라 태양의 남중 고도가 변하지 않음.	지구본의 각 위치에 따라 태양의 남중 고도가 변함.

㉠ (   ), ㉡ (   )

(2) 위 실험을 통하여 알 수 있는 계절 변화의 원인을 쓰시오.

❶ 초와 알코올이 탈 때 나타나는 공통적인 현상
- 물질이 빛과 열을 내면서 탐.
- 불꽃 주변이 밝고 따뜻해짐.
- 탈 물질의 양이 줄어듦.

❷ 우리 주변에서 물질이 탈 때 나타나는 빛이나 열을 이용하는 예
- 밤에 장작불을 피워 주변을 밝히거나 따뜻하게 함.
- 가스레인지의 가스를 태워 나오는 열로 요리를 함.
- 아궁이에 불을 피워 음식을 함.
- 숯에 불을 붙여 고기나 음식 등을 익혀 먹음.

❸ 초가 탈 때 필요한 기체 알아보기
- 크기가 같은 초 두 개에 불을 붙이고, 크기가 다른 투명 아크릴 통으로 두 촛불을 동시에 덮으면, 크기가 작은 아크릴 통 속 촛불이 먼저 꺼짐. → 크기가 작은 아크릴 통 속 공기의 양이 적어서 그 속에 있는 산소의 양도 적기 때문임.

- 아크릴 통 속의 초가 타기 전보다 타고 난 후에 산소의 비율이 줄어듦. → 초가 탈 때 산소가 필요함.

❹ 직접 불을 붙이지 않고 물질 태우기
- 성냥의 머리 부분과 나무 부분을 철판 가운데로부터 같은 거리에 올려놓고 철판의 가운데 부분을 가열하면 성냥의 머리 부분에 먼저 불이 붙음.

성냥의 머리 부분   성냥의 나무 부분

- 철판을 가열하면 뜨거워진 철판 위에 있는 성냥의 머리 부분에 열이 전달되어 성냥 머리 부분도 뜨거워지기 때문임.
- 성냥의 나무 부분보다 머리 부분에 먼저 불이 붙는 까닭: 성냥의 머리 부분이 나무 부분보다 발화점이 낮기 때문에 먼저 불이 붙음.

❺ 발화점
- 발화점: 불을 직접 붙이지 않아도 물질이 타기 시작하는 온도
- 물질이 타려면 발화점 이상의 온도로 올라가야 함.
- 불이 직접 닿지 않아도 주변의 온도가 올라가면 불이 붙음.
- 물질마다 불이 붙기 시작하는 시간이나 순서가 다른 까닭: 물질마다 발화점이 다르기 때문임.

❻ 연소와 연소의 조건
- 연소: 물질이 산소와 빠르게 반응하여 빛과 열을 내는 현상
- 연소의 조건: 탈 물질과 산소가 있어야 하며, 발화점 이상의 온도가 되어야 함. 이 세 가지 요소가 동시에 제공되어야 연소가 일어남.

❼ 초가 연소한 후에 생기는 물질 알아보기
- 초가 연소한 후 아크릴 통의 안쪽 벽면에 붙인 푸른색 염화 코발트 종이가 붉게 변함. → 초가 연소한 후 물이 생겼음을 알 수 있음.

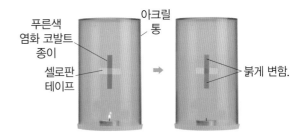
푸른색 염화 코발트 종이   아크릴 통   셀로판 테이프   붉게 변함.

- 촛불이 꺼지고 난 후 연소한 기체를 담은 집기병에 석회수를 붓고 살살 흔들면 투명했던 석회수가 뿌옇게 흐려짐. → 초가 연소한 후 이산화 탄소가 생겼음을 알 수 있음.

석회수   뿌옇게 흐려짐.

정답과 해설 45쪽

01 초가 탈 때 불꽃 근처에 손을 가까이 하면 느낌이 어떠합니까?

(   )

02 물질이 탈 때에는 주변이 밝아지고 따뜻해집니다. 이것은 물질이 탈 때 빛과 (   )이/가 발생하기 때문입니다.

03 우리 주변에서 물질이 탈 때 나타나는 빛을 이용한 예를 한 가지 쓰시오.

(   )

04 크기가 같은 초 두 개에 불을 붙이고, 크기가 다른 투명 아크릴 통으로 두 촛불을 동시에 덮으면 어느 쪽 촛불이 먼저 꺼집니까?

(   )

05 초가 탈 때 필요한 기체는 무엇입니까?

(   )

06 성냥의 머리 부분과 나무 부분을 철판 가운데로부터 같은 거리에 올려놓고 철판의 가운데 부분을 알코올램프로 가열하였습니다. 먼저 불이 붙는 것은 무엇입니까?

(   )

07 불을 직접 붙이지 않아도 물질이 타기 시작하는 온도를 무엇이라고 합니까?

(   )

08 물질에 따라 불이 붙는 데 걸리는 시간이 다른 까닭을 쓰시오.

(   )

09 물질이 산소와 빠르게 반응하여 빛과 열을 내는 현상을 무엇이라고 합니까?

(   )

10 연소가 일어나기 위한 조건 세 가지를 쓰시오.

(,   ,   )

11 투명한 아크릴 통 안쪽 벽면에 푸른색 염화 코발트 종이를 붙인 후 초에 불을 붙이고 아크릴 통으로 촛불을 덮었습니다. 촛불이 꺼진 후 푸른색 염화 코발트 종이는 어떤 색으로 변합니까?

(   )

12 초에 불을 붙인 후 집기병으로 덮고 촛불이 꺼지면 집기병을 들어 올려 집기병의 입구를 막고 뒤집어서 세워 놓습니다. 집기병이 식은 후 집기병에 석회수를 넣고 살살 흔들면 석회수에 어떤 변화가 나타납니까?

(   )

01 알코올램프의 심지에 불을 붙인 후 관찰할 수 있는 현상으로 옳은 것을 [보기]에서 모두 골라 기호를 쓰시오.

[보기]

⊙ 불꽃 주변이 밝아진다.
ⓒ 불꽃 주변이 따뜻해진다.
ⓒ 둥근 모양의 불꽃이 생긴다.
ⓔ 알코올의 양은 줄어들지 않는다.

(   )

[02~03] 다음은 초가 타기 전과 타고 난 후 비커 속 산소의 비율이 어떻게 달라지는지 알아보기 위한 실험입니다. 물음에 답하시오.

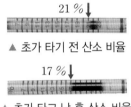

21 % ↓
▲ 초가 타기 전 산소 비율

17 % ↓
▲ 초가 타고 난 후 산소 비율

기체 채취기
기체 검지관
비커
고무찰흙

02 위 실험에 대한 설명으로 옳은 것에 ○표 하시오.

(1) 초가 타기 전과 타고 난 후 비커 속 산소의 비율은 그대로이다. (   )
(2) 초가 타기 전보다 타고 난 후 비커 속 산소의 비율이 늘어났다. (   )
(3) 초가 타기 전보다 타고 난 후 비커 속 산소의 비율이 줄어들었다. (   )

03 위 실험 결과를 해석한 것으로 옳은 것은 어느 것입니까? (   )

① 물질이 연소하면 물이 생성된다.
② 물질이 연소하면 질소가 없어진다.
③ 물질이 연소하면 산소가 모두 없어진다.
④ 물질이 연소하는 데는 산소가 필요하지 않다.
⑤ 산소가 충분히 공급되지 못하면 물질이 더 이상 타지 못한다.

[04~05] 초가 탈 때 공기의 양에 따라 초가 타는 시간이 어떻게 다른지 알아보기 위하여 다음과 같이 실험하였습니다. 물음에 답하시오.

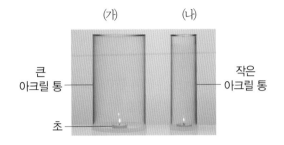
(가)   (나)
큰 아크릴 통   작은 아크릴 통
초

04 아크릴 통 속 공기의 양이 많은 것과 촛불이 늦게 꺼지는 것의 기호를 각각 쓰시오.

(1) 아크릴 통 속 공기의 양이 많은 것: (   )
(2) 촛불이 늦게 꺼지는 것: (   )

05 위 실험과 관련된 설명으로 옳지 <u>않은</u> 것은 어느 것입니까? (   )

① 초의 종류를 똑같이 해야 한다.
② 초 심지의 크기를 똑같이 해야 한다.
③ 아크릴 통의 두께를 똑같이 해야 한다.
④ 두 초에 동시에 불을 붙인 후 큰 아크릴 통을 먼저 덮어야 한다.
⑤ (나) 아크릴 통 속 초가 더 빨리 꺼진다.

[06~08] 성냥의 머리 부분과 나무 부분에 불을 직접 붙이지 않고 탈 수 있는지 알아보기 위하여 다음과 같이 실험하였습니다. 물음에 답하시오.

성냥의 머리 부분   성냥의 나무 부분

06 앞의 실험에 대한 설명으로 옳은 것은 어느 것입니까? (　　　)

① 두 물체를 철판 위 아무 곳에 놓아도 된다.
② 성냥의 머리 부분과 나무 부분의 크기가 서로 달라도 된다.
③ 성냥의 나무 부분 대신 성냥의 머리 부분만 사용해도 된다.
④ 알코올램프에 불을 붙인 후 철판을 올리고 그 위에 성냥을 올려놓는다.
⑤ 성냥의 머리 부분과 나무 부분을 철판에 올려놓은 후 알코올램프에 불을 붙인다.

07 다음은 앞의 실험 결과를 정리한 것입니다. (　　　) 안에 들어갈 알맞은 말에 ○표 하시오.

성냥의 ㉠(머리 , 나무) 부분이 ㉡(머리 , 나무) 부분보다 먼저 불이 붙는다.

중요
08 위 07번과 같은 결과가 나타난 까닭으로 옳은 것은 어느 것입니까? (　　　)

① 물질의 온도가 다르기 때문에
② 물질마다 크기가 다르기 때문에
③ 물질마다 색깔이 다르기 때문에
④ 물질마다 불이 붙기 시작하는 온도가 다르기 때문에
⑤ 성냥의 머리 부분이 놓인 철판이 먼저 뜨거워지기 때문에

09 다음 보기 에서 연소의 조건을 모두 골라 기호를 쓰시오.

보기
㉠ 산소　　　　　㉡ 석회수
㉢ 탈 물질　　　　㉣ 이산화 탄소
㉤ 발화점 이상의 온도　㉥ 발화점 미만의 온도

(　　　　　　　)

[10~11] 다음은 초가 연소할 때 생기는 물질을 알아보기 위해 석회수를 사용하는 실험입니다. 물음에 답하시오.

석회수

10 위 실험 결과 집기병에 넣은 석회수의 변화를 옳게 설명한 것은 어느 것입니까? (　　　)

① 석회수가 붉게 변한다.
② 석회수의 양이 늘어난다.
③ 석회수가 뿌옇게 흐려진다.
④ 석회수가 점점 단단하게 굳는다.
⑤ 기포가 생기며 석회수가 끓는다.

11 석회수가 위 10번 답과 같이 변한 까닭을 설명한 것입니다. (　　　) 안에 들어갈 알맞은 말을 쓰시오.

초가 연소할 때 (　　　　　)이/가 생성되었기 때문이다.

(　　　　　　　)

12 초가 연소할 때 생성되는 물질 두 가지를 쓰시오.

(　　　　　,　　　　　)

❶ 촛불을 끄는 여러 가지 방법

촛불을 끄는 방법	촛불이 꺼지는 까닭
입으로 불기	탈 물질을 없앰.
집기병이나 아크릴 통으로 덮기	산소 공급을 막음.
분무기로 물 뿌리기	발화점 미만으로 온도를 낮춤.
젖은 수건으로 완전히 덮기	산소 공급을 막고, 발화점 미만으로 온도를 낮춤.
심지를 핀셋으로 집거나 자르기	탈 물질을 없앰.

❷ 소화
• 연소의 조건 중 한 가지 이상의 조건을 없애 불을 끄는 것
• 소화의 세 가지 조건: 탈 물질 없애기, 산소 공급 차단하기, 발화점 미만으로 온도 낮추기

❸ 불을 끄는 방법을 연소의 조건과 관련 짓기

탈 물질 없애기	• 멀티탭에 쌓인 먼지를 청소함. • 가스레인지의 연료 조절 밸브를 잠금. • 초의 심지를 자름.
산소 공급 막기 (산소 차단하기)	• 분말 소화기로 불이 덮이도록 분말 가루를 뿌림. • 두꺼운 담요로 불을 덮어 공기를 차단함. • 마른 모래로 불이 덮이도록 뿌려 공기를 차단함. • 드라이아이스를 가까이 가져감.
발화점 미만으로 온도 낮추기	• 물에 젖은 담요나 수건으로 불을 덮음. • 물을 뿌림.

❹ 분말 소화기로 불을 끄는 방법
• 불이 난 곳으로 소화기를 재빨리 가져옴.
• 소화기를 바닥에 내려놓고, 손잡이의 안전핀을 뽑음.
• 바람을 등지고 서서 호스의 끝부분을 잡고 다른 손으로 손잡이를 힘껏 움켜쥠.
• 빗자루로 마당을 쓸듯이 앞에서부터 골고루 뿌림.

❺ 연소 물질의 종류에 따른 화재 발생 시 대처 방법

나무나 종이 등에 불이 붙었을 때	• 봄, 가을철에 사람들의 부주의로 산이나 들, 논 주변 등에서 주로 발생함. • 탈 물질을 없애거나 발화점 미만으로 온도를 낮춰 소화시킴.
기름에 불이 붙었을 때	• 사람들의 부주의로 가정이나 음식점, 창고 등에서 주로 발생함. • 절대로 물을 뿌리면 안 되며, 마른 모래를 덮거나, 유류 화재용 소화기를 사용함.
콘센트에 불이 붙었을 때	• 안전 수칙을 지키지 않는 등 사람들의 부주의로 가정이나 오래된 전기 시설이 있는 곳에서 주로 발생함. • 감전의 위험이 있으므로 물을 뿌리면 안 되며 전기 화재용 소화기를 사용함.

❻ 화재 발생 시 대처 방법
• 불을 발견하면 큰 소리로 "불이야!" 하고 외치거나 비상벨을 눌러 사람들에게 알림.
• 연기가 보이면 젖은 수건으로 코와 입을 가리고 낮은 자세로 이동함.
• 닫힌 문에 손을 가까이 대 보고 뜨겁거나 문틈으로 연기가 새 들어오면 문을 열지 않음.
• 이동할 때에는 승강기 대신 계단을 이용함.
• 아래층으로 피할 수 없을 때에는 높은 곳(옥상)으로 올라가 구조를 요청함.
• 안전한 장소로 대피한 뒤 119에 신고함.

❼ 우리 주변에서 화재로 인한 피해를 줄이기 위한 노력
• 소화기를 비치하고 정기적으로 점검함.
• 화재 감지기, 옥내 소화전, 비상벨 등 소방 시설의 작동 상태를 주기적으로 점검함.
• 가정이나 학교 곳곳에 마련된 소화기 위치를 미리 파악해 둠.
• 멀티탭이나 휴대용 가스레인지 등은 안전 규칙에 따라 사용함.
• 커튼이나 벽 장식 등은 불에 잘 타지 않는 소재를 사용함.
• 평상시 화재 발생을 대비해 대피 경로를 확인하고 훈련함.

07 다음에서 설명하는 것은 무엇인지 쓰시오.

> • 화재 초기 단계에서 불을 끌 수 있는 유용한 도구이다.
> • 유류 화재용과 일반 화재용 등으로 구분되어 있다.
> • 작은 불씨가 큰불로 변하기 전에 불을 끌 수 있다.

(   )

08 다음은 분말 소화기로 불을 끄는 방법을 설명한 것입니다. 옳지 않은 것을 골라 기호를 쓰시오.

> ㉠ 소화기를 불이 난 곳으로 재빨리 가져오기
> ㉡ 소화기를 바닥에 내려놓고, 손잡이의 안전핀을 뽑기
> ㉢ 바람을 마주 보고 호스의 끝부분을 잡고 불을 향해 서기
> ㉣ 다른 손으로 손잡이를 힘껏 움켜쥐고 빗자루로 마당을 쓸듯이 골고루 뿌리기

(   )

09 화재가 발생하는 원인으로 보기 어려운 것은 어느 것입니까? (   )

① 불장난하기
② 화재 대비 대피 훈련하기
③ 콘센트 구멍에 쌓인 먼지 그대로 두기
④ 가스레인지 불을 잠그지 않고 외출하기
⑤ 멀티탭에 또 다른 멀티탭 연결하여 사용하기

중요
10 화재가 발생했을 때의 올바른 대처 방법을 모두 고르시오. (   )

① 승강기를 이용해 신속히 이동한다.
② 연기가 새어 들어오는 문은 열지 않는다.
③ 나무 책상 아래에 웅크려 구조를 기다린다.
④ 젖은 수건 등으로 코와 입을 막고 이동한다.
⑤ 신속히 주변 사람들에게 화재 발생 소식을 알린다.

11 화재를 예방하기 위한 노력으로 알맞지 않은 것을 모두 골라 기호를 쓰시오.

> ㉠ 119에 전화해 화재 신고를 연습한다.
> ㉡ 소화기를 비치하고 정기적으로 점검한다.
> ㉢ 비상구 쪽에 무거운 물건을 쌓아 통로를 막는다.
> ㉣ 멀티탭이나 휴대용 가스레인지 등은 안전 규칙에 따라 사용한다.

(   )

12 우리가 사는 건물에서 화재가 발생할 경우를 대비해 화재 대피도를 만들려고 합니다. 화재 대피도에 꼭 포함해야 할 내용이 아닌 것은 어느 것입니까? (   )

① 학교 전화번호
② 비상구의 위치
③ 비상벨의 위치
④ 소화기의 위치
⑤ 대피 후 가족과 만날 장소

01 초가 탈 때 나타나는 현상으로 옳은 것을 모두 고르시오. (   )

① 불꽃의 모양은 네모 모양이다.
② 불꽃의 색깔은 파란색만 보인다.
③ 불꽃의 밝기는 아랫부분이 제일 밝다.
④ 시간이 지나면 초의 길이가 짧아진다.
⑤ 불꽃에 손을 가까이하면 윗부분이 옆부분보다 더 뜨겁다.

중요
02 다음은 초와 알코올이 탈 때 공통적으로 나타나는 현상을 설명한 것입니다. (   ) 안에 들어갈 알맞은 말을 각각 쓰시오.

> 물질이 (㉠   )과/와 (㉡   )을/를 내면서 탄다.

㉠ (   ), ㉡ (   )

[03~05] 다음은 공기의 양에 따라 초가 타는 시간이 어떻게 다른지 알아보기 위한 실험입니다. 물음에 답하시오.

(가)   (나)

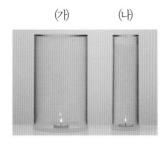

03 위 실험에서 다르게 해야 할 조건을 **보기** 에서 골라 기호를 쓰시오.

> **보기**
>
> ㉠ 초의 크기   ㉡ 아크릴 통의 색
> ㉢ 아크릴 통의 크기   ㉣ 초에 불을 붙이는 순서
> ㉤ 아크릴 통을 덮는 순서

(   )

04 앞 실험에서 촛불이 먼저 꺼지는 쪽의 기호를 쓰시오.

(   )

05 위 **04**번과 같은 결과가 나타난 까닭으로 옳은 것은 어느 것입니까? (   )

① (나) 아크릴 통 속에 들어 있는 공기가 모두 없어지기 때문이다.
② 두 아크릴 통 속에 들어 있는 이산화 탄소의 양이 다르기 때문이다.
③ (나) 아크릴 통보다 (가) 아크릴 통 속에 공기가 적게 들어 있기 때문이다.
④ (가) 아크릴 통보다 (나) 아크릴 통 속에 공기가 적게 들어 있기 때문이다.
⑤ (가) 아크릴 통보다 (나) 아크릴 통에 이산화 탄소가 더 많이 생성되기 때문이다.

06 다음은 초가 연소하기 전과 후의 비커 속 산소의 비율이 어떻게 달라지는지 확인하는 실험입니다. 초가 연소한 후 비커 속 산소의 비율은 연소하기 전과 비교하여 어떻게 변화하는지 쓰시오.

기체 채취기
기체 검지관
비커
고무찰흙

(   )

[07~09] 다음과 같이 성냥의 머리 부분과 나무 부분을 철판 가운데로부터 같은 거리에 올려놓고 철판 가운데 부분을 알코올램프로 가열하였습니다. 물음에 답하시오.

성냥의 머리 부분 · · 성냥의 나무 부분

07 위 실험 결과 먼저 불이 붙는 것은 무엇인지 쓰시오.

( )

08 위 실험 결과로 알 수 있는 사실을 모두 골라 기호를 쓰시오.

> ㉠ 물질은 가열해도 불이 붙지 않는다.
> ㉡ 모든 물질은 직접 가열해야 불이 붙는다.
> ㉢ 물질에 직접 불을 붙이지 않아도 불이 붙는다.
> ㉣ 성냥의 머리 부분과 나무 부분은 타기 시작하는 온도가 다르다.

( )

09 위 실험의 결론으로 가장 알맞은 것은 어느 것입니까? ( )

① 타지 않는 물질도 있다.
② 물질에 열을 가해도 불이 붙지 않는다.
③ 물질에 불이 붙기 시작하는 온도(발화점)는 모두 같다.
④ 연소가 일어나려면 온도가 발화점보다 낮아야 한다.
⑤ 발화점이 높은 물질보다 낮은 물질에 먼저 불이 붙는다.

중요
10 물질이 연소하기 위한 조건이 바르게 짝 지어진 것은 어느 것입니까? ( )

① 질소, 산소, 수소
② 탈 물질, 물, 이산화 탄소
③ 탈 물질, 석회수, 이산화 탄소
④ 탈 물질, 발화점 이상의 온도, 산소
⑤ 탈 물질, 발화점 이상의 온도, 이산화 탄소

11 연소에 대해 바르게 설명한 친구의 이름을 쓰시오.

> • 연희: 물질이 타기 시작하는 온도야.
> • 태경: 물질에 불이 직접 닿아야 물질이 탈 수 있어.
> • 희진: 물질이 산소와 빠르게 반응하여 빛과 열을 내는 현상이야.
> • 민지: 촛불을 비커로 덮으면 초가 연소하면서 산소를 모두 써서 불이 꺼지게 돼.

( )

12 오른쪽과 같이 모닥불에 부채질을 하는 모습을 연소와 관련지어 설명한 것입니다. ( ) 안에 들어갈 알맞은 말을 각각 쓰시오.

> 나무는 탈 물질이고, (㉠)(으)로 산소를 공급하며, 불씨는 (㉡) 이상의 온도를 의미한다.

㉠ ( ), ㉡ ( )

13 촛불을 입으로 불어 불을 끄는 것과 같은 원리로 불을 끄는 경우는 어느 것입니까? ( )

① 촛불을 마른 모래로 덮기
② 촛불을 아크릴 통으로 덮기
③ 초의 심지를 핀셋으로 집기
④ 촛불에 분무기로 물 뿌리기
⑤ 알코올램프의 뚜껑을 덮기

[14~16] 다음은 초가 연소한 후 생성되는 물질을 알아보는 실험입니다. 물음에 답하시오.

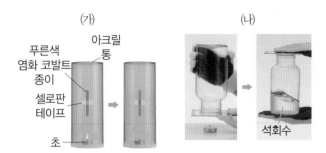

(가)
푸른색
염화 코발트
종이
셀로판
테이프
아크릴
통
초

(나)
석회수

14 위 (가) 실험에서 초가 연소한 후 푸른색 염화 코발트 종이는 어떤 색깔로 변하였는지 쓰시오.

( )

15 위 (나) 실험 결과로 옳은 것은 어느 것입니까? ( )

① 석회수가 검게 변한다.
② 뿌옇던 석회수가 투명하게 변한다.
③ 투명하던 석회수가 뿌옇게 변한다.
④ 석회수 아래에 가루 물질이 가라앉는다.
⑤ 석회수에 아무런 변화가 나타나지 않는다.

중요
16 위 실험 결과로 보아 초가 연소한 후 생성되는 물질을 두 가지 쓰시오.

(,)

17 다음은 촛불을 집기병으로 덮었을 때의 결과에 대한 친구들의 대화입니다. 바르게 설명한 친구의 이름을 모두 쓰시오.

집기병

• 대한: 촛불이 작아지다가 결국 꺼질 거야.
• 선주: 초가 다 탈 때까지는 불이 꺼지지 않아.
• 이수: 집기병으로 덮어 산소가 공급되지 않으므로 불이 꺼져.
• 세연: 집기병으로 덮어 온도가 발화점보다 낮아져 불이 꺼지는 거야.

( )

18 기름에 불이 붙었을 때 대처 방법으로 옳은 것은 어느 것입니까? ( )

① 전기를 차단한다.
② 신속히 가스 밸브를 잠근다.
③ 기름에 물을 뿌려 불을 끈다.
④ 유류 화재용 소화기를 사용하여 불을 끈다.
⑤ 전기 화재용 소화기를 사용하여 불을 끈다.

19 교실 수업 중 화재가 발생했을 때의 대처 방법으로 바른 것에는 ○표, 바르지 않은 것에는 ×표 하시오.

(1) 비상벨을 눌러 사람들에게 알린다. ( )
(2) 재빨리 책상 아래로 들어가 머리를 보호한다.
( )
(3) 책가방이나 방석 등으로 머리를 보호하며 대피한다. ( )
(4) 젖은 수건 등으로 코와 입을 막고 낮은 자세로 이동한다. ( )

20 화재 발생 시 피해를 줄이기 위한 노력으로 옳지 않은 것을 골라 기호를 쓰시오.

> ㉠ 평상시 화재 발생을 대비해 대피 경로를 확인하고 훈련한다.
> ㉡ 내가 주로 생활하는 장소 주변의 소화기 위치를 미리 파악해 둔다.
> ㉢ 커튼이나 벽 장식은 불에 잘 타지 않는 소재가 비싸므로 싼 소재를 사용한다.
> ㉣ 화재 감지기, 옥내 소화전 등 소방 시설은 작동 상태를 주기적으로 점검한다.

( )

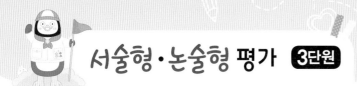

01 다음은 크기가 같은 투명 아크릴 통을 사용하여 초가 타는 시간을 비교하는 실험입니다. 물음에 답하시오.

(가)   (나)

빈 삼각 플라스크

산소가 발생하는 삼각 플라스크

(1) 위 실험에서 (가)와 (나) 중 어느 쪽의 초가 먼저 꺼지는지 기호를 쓰시오.

(   )

(2) 위 (1)번과 같은 결과가 나타난 까닭을 쓰시오.

_____

_____

02 다음은 초가 연소하는 데 필요한 조건을 알아보기 위한 실험입니다. 초에 불을 붙이고 한쪽에는 작은 아크릴 통을, 다른 한쪽에는 큰 아크릴 통을 사용합니다. 이렇게 크기가 다른 아크릴 통을 사용하는 까닭을 연소의 조건과 관련지어 쓰시오.

작은 아크릴 통

큰 아크릴 통

_____

_____

_____

03 다음은 초가 연소하면서 생기는 물질을 알아보기 위한 실험입니다. 초가 연소하면서 생기는 기체를 집기병에 모은 후 석회수를 넣고 살살 흔들었습니다. 이 실험에서 석회수를 사용하는 까닭을 쓰시오.

유리판

석회수

_____

_____

_____

04 다음과 같이 초가 타기 전과 타고 난 후 비커 속 산소의 비율을 측정해 보았습니다. 비커 속 산소의 비율은 초가 타기 전 약 21 %에서 타고 난 후 약 17 %로 줄어들었습니다. 비커 속에 산소가 남아 있는데도 촛불이 꺼진 까닭을 쓰시오.

기체 채취기   기체 검지관   비커

고무찰흙

21 %↓

▲ 초가 타기 전 산소 비율

17 %↓

▲ 초가 타고 난 후 산소 비율

_____

_____

❶ 운동 기관

- 우리 몸속 기관 중 움직임에 관여하는 뼈와 근육을 운동 기관이라고 함.
- 뼈와 근육이 하는 일

뼈	– 우리 몸의 형태를 만들고 몸을 지지하는 역할을 함. – 심장이나 폐, 뇌 등을 보호함.
근육	근육의 길이가 줄어들거나 늘어나면서 뼈를 움직이게 함.

❷ 근육이 뼈에 작용하는 원리를 알아보는 실험

 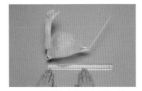

▲ 바람을 불어 넣기 전 　　　　▲ 바람을 불어 넣은 후

- 납작한 빨대는 뼈, 비닐봉지는 근육의 역할을 함.
- 비닐봉지에 바람을 불어 넣으면 비닐봉지가 부풀어 오르면서 비닐봉지의 길이가 줄어들어 납작한 빨대가 구부러짐.

❸ 소화 기관

- 소화: 음식물을 잘게 쪼개는 과정
- 소화 기관

입	음식물을 이로 잘게 부수고 혀로 침과 음식물을 섞은 뒤 물러지게 하여 삼킬 수 있게 함.
식도	긴 관 모양으로 입과 위를 연결함.
위	작은 주머니 모양이며, 소화를 돕는 액체를 분비해 음식물을 더 잘게 쪼갬.
작은 창자	꼬불꼬불한 관 모양이며, 소화를 돕는 액체를 이용해 음식물을 더 잘게 분해하고 영양소를 흡수함.
큰창자	영양소를 흡수하고 남은 음식물에서 수분을 흡수함.
항문	소화·흡수되지 않은 음식물 찌꺼기를 몸 밖으로 배출함.

- 소화를 돕는 기관: 간, 쓸개, 이자
- 음식물이 소화되는 과정: 입 → 식도 → 위 → 작은 창자 → 큰창자 → 항문

❹ 호흡 기관

- 호흡: 숨을 내쉬고 들이마시는 활동
- 호흡 기관

코	공기가 드나드는 곳
기관	공기가 이동하는 통로
기관지	기관과 폐 사이를 이어 주는 관으로 공기가 이동하는 통로
폐	몸 밖에서 들어온 산소를 받아들이고, 몸 안에서 생긴 이산화 탄소를 몸 밖으로 내보냄.

- 숨을 들이마실 때 코로 들어온 공기는 기관 → 기관지 → 폐를 거쳐 우리 몸에 필요한 산소를 공급함.
- 숨을 내쉴 때 몸속의 공기는 폐 → 기관지 → 기관 → 코를 거쳐 몸 밖으로 나감.

❺ 순환 기관

- 순환 기관

심장	자기 주먹만한 크기이며 펌프 작용으로 혈액을 온몸으로 순환시킴.
혈관	온몸에 퍼져 있으며 혈액이 이동하는 통로 역할을 함.

- 혈액은 혈관을 따라 이동하며 우리 몸에 필요한 영양소와 산소를 온몸으로 운반함.

❻ 주입기 모형실험을 통해 순환 기관이 하는 일 알아보기

- 주입기의 펌프 작용으로 붉은 색소 물이 관을 통해 이동하듯이 심장의 펌프 작용으로 심장에서 나온 혈액이 혈관을 통해 온몸으로 이동함. 이 혈액은 다시 심장으로 들어가는 것을 반복함.

❼ 배설 기관

- 배설: 혈액에 있는 노폐물을 몸 밖으로 내보내는 과정
- 배설 기관

콩팥	강낭콩 모양으로 혈액에 있는 노폐물을 걸러 냄.
방광	콩팥에서 걸러 낸 노폐물을 모아 두었다가 몸 밖으로 내보내는 역할을 함.

- 노폐물이 걸러진 혈액은 다시 혈관을 통해 온몸을 순환함.
- 콩팥에서 걸러진 노폐물은 오줌 속에 포함되어 방광에 저장되었다가 관을 통해 몸 밖으로 나감.

01 뼈에 연결되어 있어 뼈를 움직이게 하는 것은 무엇입니까?

( )

02 몸의 형태를 만들고 지지하는 역할을 하는 운동 기관은 무엇입니까?

( )

03 뼈와 근육 모형 실험에서 비닐봉지에 바람을 불어 넣었을 때 비닐봉지의 길이는 어떻게 됩니까?

( )

04 소화를 돕는 액체를 분비하여 음식물을 섞고 더 잘게 쪼개는 기관은 무엇입니까?

( )

05 소화를 돕는 액체를 이용하여 음식물을 잘게 분해하고 영양소를 흡수하는 기관은 무엇입니까?

( )

06 큰창자는 굵은 관 모양으로 생겼고, 영양소를 흡수하고 남은 음식물에서 ( )을/를 흡수한다.

07 숨을 들이마시고 내쉬는 활동을 무엇이라고 합니까?

( )

08 호흡 기관 중 ( )은/는 나뭇가지처럼 여러 갈래로 갈라져 코로 들이마신 공기가 폐에 잘 전달되게 합니다.

09 들이마신 공기 중 폐로 전달되어 우리 몸속에 들어가는 기체는 무엇입니까?

( )

10 혈액을 온몸으로 보내기 위해 심장이 하는 일은 무엇입니까?

( )

11 주입기 모형실험에서 주입기의 펌프는 우리 몸 어떤 기관과 관련이 있습니까?

( )

12 혈액에 있는 노폐물을 몸 밖으로 내보내는 과정을 무엇이라고 합니까?

( )

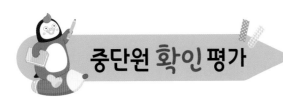

중단원 확인평가

01 다음은 우리 몸속 뼈 중 무엇에 대한 설명인지 쓰시오.

> • 몸의 기둥과 같은 역할을 하며 설 수 있게 해 준다.
> • 짧은 뼈가 길게 이어져 있다.

( )

중요 02 뼈와 근육 모형실험에서 모형이 움직이는 과정과 실제 팔이 움직이는 과정을 바르게 선으로 연결하시오.

(1) | 비닐봉지가 부풀어 오르고 길이가 짧아진다. | •   • ㉠ | 팔이 펴진다. |

(2) | 비닐봉지에서 바람이 빠지고 길이가 길어진다. | •   • ㉡ | 팔이 구부러진다. |

03 다음은 무엇에 대한 설명입니까? ( )

> 우리 몸에 필요한 영양소가 들어 있는 음식물을 잘게 쪼개 몸에 흡수될 수 있는 형태로 분해하는 과정이다.

① 운동   ② 배설
③ 순환   ④ 소화
⑤ 호흡

04 다음은 입으로 들어온 음식물이 소화되는 과정을 나타낸 것입니다. ( ) 안에 들어갈 기관을 각각 쓰시오.

> 입 → 식도 → (㉠) → 작은창자 → (㉡) → 항문

㉠ ( ), ㉡ ( )

05 우리 몸속 소화 기관 중 다음과 같은 역할을 하는 곳을 보기 에서 찾아 각각 기호를 쓰시오.

> **보기**
> ㉠ 위   ㉡ 식도
> ㉢ 큰창자   ㉣ 작은창자

(1) 소화를 돕는 액체를 이용해 음식물을 더 잘게 쪼개고, 영양소를 흡수하는 곳이다.
( )
(2) 음식물 찌꺼기에서 수분을 흡수하는 곳이다.
( )

06 우리 몸속 기관 중 갈비뼈로 둘러싸여 있으며, 공기 중의 산소를 받아들이는 곳은 어디입니까? ( )

① 코   ② 입
③ 폐   ④ 심장
⑤ 기관지

07 우리가 숨을 내쉴 때, 몸 안에서 생긴 이산화 탄소가 밖으로 나가는 순서에 맞게 기호를 쓰시오.

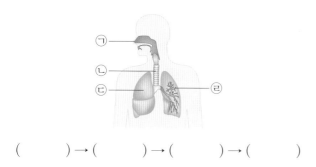

(   ) → (   ) → (   ) → (   )

[08~09] 다음은 우리 몸의 순환 기관이 하는 일을 알아보는 실험입니다. 물음에 답하시오.

08 위 실험에서 붉은 색소 물이 의미하는 것은 무엇입니까? (   )

① 폐   ② 심장
③ 혈액   ④ 콩팥
⑤ 노폐물

09 위 실험에서 주입기의 펌프를 느리게 누를 때 붉은 색소 물이 이동하는 빠르기와 이동량은 어떻게 변하는지 쓰시오.

(1) 붉은 색소 물의 이동 빠르기:
(   )

(2) 붉은 색소 물의 이동량:
(   )

중요
10 다음 중 혈액이 하는 일을 옳게 설명한 것은 어느 것입니까? (   )

① 우리 몸을 움직이게 한다.
② 공기를 이동시키는 역할을 한다.
③ 음식물을 잘게 쪼개는 역할을 한다.
④ 오줌의 형태로 몸 밖으로 내보내는 역할을 한다.
⑤ 영양소와 산소를 몸속 필요한 곳에 운반하는 역할을 한다.

11 우리 몸속 기관 중 콩팥이 하는 일에 대한 설명으로 옳은 것을 골라 기호를 쓰시오.

> ㉠ 혈액 속 노폐물을 걸러 낸다.
> ㉡ 몸속에 혈액을 흐르게 해 준다.
> ㉢ 몸의 기둥과 같은 역할을 하며 설 수 있게 해 준다.

(   )

12 다음은 배설 과정에 대한 설명입니다. (   ) 안에 들어갈 알맞은 말을 각각 쓰시오.

> • 콩팥은 혈액에 있는 (㉠)을/를 걸러 낸다.
> • 걸러진 (㉠)은/는 오줌 속에 포함되어 (㉡)에 저장되었다가 몸 밖으로 나간다.

㉠ (   ), ㉡ (   )

❶ 감각 기관과 자극이 전달되고 반응하는 과정
- 감각 기관: 주변으로부터 전달된 자극을 느끼고 받아들이는 기관. 눈, 귀, 코, 혀, 피부 등이 있음.
- 감각 기관이 받아들인 자극은 온몸에 퍼져 있는 신경계를 통해 전달됨.
- 신경계는 전달된 자극을 해석하여 행동을 결정하고 운동 기관에 명령을 내리며, 운동 기관은 명령을 수행함.
- 자극이 전달되고 반응하는 과정: 감각 기관 → 자극을 전달하는 신경계 → 행동을 결정하는 신경계 → 명령을 전달하는 신경계 → 운동 기관
- 자극이 전달되고 반응하는 과정 例

감각 기관	날아오는 공을 본다. (눈—자극)
↓ 자극을 전달하는 신경계	공이 날아온다는 자극을 전달한다.
↓ 행동을 결정하는 신경계	공을 잡겠다고 결정한다.
↓ 명령을 전달하는 신경계	공을 잡으라는 명령을 운동 기관에 전달한다.
↓ 운동 기관	공을 잡는다. (반응)

❷ 운동할 때 몸에 나타나는 변화
- 운동할 때 에너지를 내기 위해 평소보다 더 많은 영양소와 산소가 필요하므로 맥박과 호흡이 빨라짐.
- 심장이 빨리 뛰므로 맥박 수도 같이 빨라짐.
- 호흡이 빨라지므로 우리 몸에 산소를 더 많이 공급할 수 있음.
- 심장 박동이 빨라져 혈액 순환이 빨라지면 더 많은 양의 산소와 영양소가 우리 몸에 공급되어 많은 에너지를 낼 수 있음.
- 운동할 때 체온이 올라가고 땀이 나기도 함.

- 운동을 한 뒤 휴식을 취하면 체온과 맥박 수가 운동을 하기 전과 비슷해짐.
- 평소보다 더 많은 양의 영양소와 산소를 이용하므로, 노폐물과 이산화 탄소도 많이 생김.
- 혈액 속 노폐물은 콩팥을 통해 걸러지고, 이산화 탄소는 폐를 통해 밖으로 내보내짐.
- 운동할 때 체온에 비해 맥박 수의 변화가 더 뚜렷하게 나타남.

❸ 운동할 때 여러 기관이 하는 일

운동 기관	영양소와 산소를 이용하여 몸을 움직임.
소화 기관	음식물을 소화해 영양소를 흡수함.
호흡 기관	우리 몸에 필요한 산소를 흡수하고 이산화 탄소를 몸 밖으로 내보냄.
순환 기관	영양소와 산소를 온몸에 전달하고, 이산화 탄소와 노폐물을 각각 호흡 기관과 배설 기관으로 전달함.
배설 기관	혈액에 있는 노폐물을 걸러 내 오줌으로 배설함.
감각 기관	주변의 자극을 받아들임.

- 우리가 건강하게 생활하려면 몸속의 운동 기관, 소화 기관, 호흡 기관, 순환 기관, 배설 기관, 감각 기관 등이 서로 영향을 주고받으며 각각의 기능을 잘 수행해야 함.

❹ 우리 몸의 각 기관과 관련된 다양한 질병

운동 기관	근육통, 골절 등
소화 기관	위장병, 변비 등
호흡 기관	비염, 감기, 천식 등
순환 기관	심장병, 고혈압 등
배설 기관	방광염 등
감각 기관	백내장, 각막염 등

01 주변으로부터 전달된 자극을 느끼고 받아들이는 기관을 무엇이라고 합니까?

(   )

02 우리 몸속 기관 중 맛을 느끼는 감각 기관은 무엇입니까?

(   )

03 우리 몸속 기관 중 따뜻하고 차가운 정도, 누르거나 찌르는 느낌, 부드럽거나 거친 정도를 느끼는 기관은 무엇입니까?

(   )

04 감각 기관이 받아들인 자극은 온몸에 퍼져 있는 (   )을/를 통해 전달됩니다.

05 다음과 같은 상황에서 몸을 피하라고 행동을 결정하는 곳을 찾아 ○표 하시오.

상황: 날아오는 공을 본다.

(1) 자극을 전달하는 신경계 (   )
(2) 명령을 전달하는 신경계 (   )
(3) 행동을 결정하는 신경계 (   )

06 자극이 전달되고 반응하는 과정에서 신경계로부터 명령을 전달받아 반응하는 기관은 무엇입니까?

(   )

07 평상시보다 운동할 때 우리 몸이 필요로 하는 영양소와 산소의 양이 늘어납니다. 이때 심장 박동은 어떻게 변하는지 쓰시오.

(   )

08 운동할 때 체온과 맥박 수 중 변화가 더 뚜렷한 것은 무엇입니까?

(   )

09 운동하면서 점차 많아진 혈액 속 노폐물이 걸러지는 기관은 무엇입니까?

(   )

10 근육과 뼈가 움직이는 데 필요한 영양소를 얻는 기관은 무엇입니까?

(   )

11 배설 기관이 하는 일을 쓰시오.

(   )

12 우리 몸속 소화 기관과 관련된 질병을 두 가지 쓰시오.

(.   )

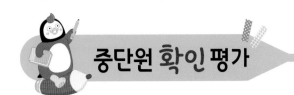
4 (2) 자극과 반응, 운동할 때 몸의 변화

01 주변으로부터 전달된 자극을 느끼고 받아들이는 기관은 어느 것입니까? (   )

① 눈   ② 폐   ③ 입
④ 기관   ⑤ 콩팥

02 다음 그림에서 활용하고 있는 감각 기관은 무엇입니까? (   )

맛있는 냄새!

① 눈   ② 코
③ 귀   ④ 혀
⑤ 피부

03 피부가 느끼는 감각은 어느 것입니까? (   )

① 물체의 색   ② 물체의 온도
③ 물체의 냄새   ④ 주변의 밝기
⑤ 물체의 빠르기

04 행동과 관련된 감각 기관이 바르게 연결된 것은 어느 것입니까? (   )

① 어두워서 불을 켠다. – 귀
② 손이 시려워 손을 비빈다. – 혀
③ 날아오는 축구공을 피한다. – 코
④ 소리가 작아 소리를 크게 한다. – 눈
⑤ 인형의 옷감이 부드러운지 만져 본다. – 피부

중요
05 다음은 자극이 전달되고 반응하는 과정을 나타낸 것입니다. (   ) 안에 들어갈 알맞은 말을 쓰시오.

> 감각 기관 → 자극을 (㉠   )하는 신경계 →
> 행동을 (㉡   )하는 신경계 → (㉢   )
> 을/를 전달하는 신경계 → 운동 기관

㉠ (   ), ㉡ (   ), ㉢ (   )

06 자극과 반응이 서로 어울리지 <u>않는</u> 것은 어느 것입니까? (   )

	자극	반응
①	눈이 부시다.	눈을 감는다.
②	큰 소리가 들린다.	귀를 막는다.
③	공이 빠르게 날아온다.	공을 피한다.
④	찌개가 넘친다.	가스 불을 켠다.
⑤	컵이 뜨겁다.	손을 놓는다.

[07~09] 오른쪽과 같이 5분간 줄넘기를 한 후 우리 몸의 변화를 알아보았습니다. 물음에 답하시오.

07 줄넘기 직후에 우리 몸이 필요로 하는 산소의 양은 어떻게 되는지 쓰시오.

( )

08 위와 같이 줄넘기를 한 후 우리 몸에 어떤 변화가 나타나는지 ( ) 안에 들어갈 알맞은 말에 ○표 하시오.

- 체온이 ㉠(낮아진다 , 그대로이다 , 높아진다).
- 호흡이 ㉡(느려진다 , 그대로이다 , 빨라진다).

09 위 08번에서 나타나는 몸의 변화 이외에 다른 변화를 한 가지 쓰시오.

( )

10 운동을 한 후 충분한 휴식을 취한 뒤 몸에 나타나는 변화로 옳은 것은 어느 것입니까? ( )

① 체온이 계속 올라간다.
② 호흡이 계속 빨라진다.
③ 체온과 호흡이 운동할 때와 비슷하게 유지된다.
④ 체온과 호흡이 운동하기 전과 비슷한 상태로 돌아간다.
⑤ 체온은 운동할 때와 비슷하게 유지되며 호흡은 점차 느려진다.

중요
11 운동을 할 때 우리 몸의 순환 기관이 하는 일을 바르게 설명한 것은 어느 것입니까? ( )

① 소화를 더 잘 되게 한다.
② 숨을 더 많이, 빠르게 쉬게 한다.
③ 영양소와 산소를 더 빠르게 많이 공급한다.
④ 체온이 많이 올라가지 않도록 땀을 흘린다.
⑤ 혈액 속의 노폐물을 소화 기관으로 전달한다.

12 다음은 콩팥이 제 기능을 잘하지 못할 때 나타나는 일입니다. ( ) 안에 들어갈 알맞은 말을 각각 쓰시오.

콩팥이 기능을 제대로 하지 못해 (㉠)에 있는 (㉡)을/를 걸러 내지 못하여 몸속에 (㉢)이/가 쌓이고 병이 생긴다.

㉠ ( ), ㉡ ( )

01 우리 몸속 기관 중 다음과 같은 역할을 하는 것은 무엇인지 쓰시오.

> • 몸의 형태를 만들어 준다.
> • 몸을 지지하는 역할을 한다.
> • 심장이나 폐, 뇌 등을 보호한다.

(   )

[02~03] 다음과 같이 납작한 빨대, 주름 빨대, 비닐봉지를 이용하여 인체 모형을 만들어 실험하였습니다. 물음에 답하시오.

비닐봉지

납작한 빨대

주름 빨대

중요
02 위 모형에 대한 설명으로 옳지 <u>않은</u> 것을 두 가지 고르시오. (,   )

① 비닐봉지는 근육을 의미한다.
② 납작한 빨대는 뼈를 의미한다.
③ 빨대의 길이가 줄어들면서 손 모양이 구부러진다.
④ 비닐봉지에 바람을 불어 넣으면 손 모양이 구부러진다.
⑤ 뼈의 길이가 변하면서 움직임이 나타난다는 것을 알 수 있다.

03 다음은 위 모형에 바람을 불어 넣기 전과 바람을 불어 넣은 후 비닐봉지의 길이를 측정한 결과입니다. 바람을 불어 넣기 전에 해당하는 것을 골라 기호를 쓰시오.

구분	㉠	㉡
비닐봉지의 길이	약 17 cm	약 21 cm

(   )

04 우리 몸에 필요한 영양소가 들어 있는 음식물을 잘게 쪼개 몸에 흡수될 수 있는 형태로 분해하는 과정을 무엇이라고 하는지 쓰시오.

(   )

05 소화에 직접 관여하는 기관을 모두 고르시오.

(   )

① 입
② 간
③ 쓸개
④ 이자
⑤ 작은창자

[06~07] 다음은 우리 몸속 기관 중 일부입니다. 물음에 답하시오.

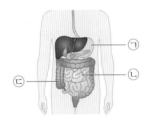

06 위 그림의 ㉠~㉢ 부분의 이름을 각각 쓰시오.

㉠ (   ), ㉡ (   ), ㉢ (   )

07 위 그림의 ㉠~㉢에 대한 설명으로 옳은 것을 모두 고르시오. (   )

① ㉠은 음식물을 이로 잘게 쪼갠다.
② ㉡은 음식물이 위로 통하는 통로이다.
③ ㉡은 소화를 돕는 액체를 분비해 음식물을 더 잘게 쪼개 죽처럼 만든다.
④ ㉡은 소화를 돕는 액체를 이용해 음식물을 더 잘게 쪼개고, 영양소를 흡수한다.
⑤ ㉢은 음식물 찌꺼기에서 수분을 흡수한다.

[08~09] 다음은 우리 몸속 호흡 기관을 나타낸 것입니다. 물음에 답하시오.

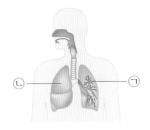

08 위 그림의 ㉠ 부분의 이름을 쓰시오.

(   )

09 위 그림의 ㉡에 대한 설명으로 옳은 것은 어느 것입니까? (   )

① 굵은 관 모양이다.
② 위로 통하는 통로이다.
③ 공기가 드나드는 곳이다.
④ 기관과 직접 연결되어 있다.
⑤ 산소와 이산화 탄소가 교환되는 곳이다.

중요
10 다음 중 숨을 들이마실 때 공기가 이동하는 기관을 순서대로 바르게 나열한 것은 어느 것입니까? (   )

① 코 → 기관지 → 폐 → 기관
② 코 → 기관 → 폐 → 기관지
③ 코 → 기관 → 기관지 → 폐
④ 폐 → 기관 → 코 → 기관지
⑤ 폐 → 기관지 → 기관 → 코

[11~12] 오른쪽은 붉은색 색소 물과 주입기를 이용하여 우리 몸의 순환 기관이 하는 일을 알아보는 실험입니다. 물음에 답하시오.

중요
11 위 실험에 대한 설명으로 옳지 <u>않은</u> 것은 어느 것입니까? (   )

① 주입기의 관은 혈관에 해당한다.
② 붉은 색소 물은 혈액에 해당한다.
③ 주입기의 펌프는 심장에 해당한다.
④ 주입기의 펌프를 느리게 누르면 붉은 색소 물의 이동량은 많아진다.
⑤ 주입기의 펌프를 빠르게 누르면 붉은 색소 물이 이동하는 빠르기가 빨라진다.

12 위 실험의 결과로 알 수 있는 순환 기관의 역할을 옳게 설명한 것을 찾아 기호를 쓰시오.

> ㉠ 몸의 기둥과 같은 역할을 하여 몸이 바로 설 수 있게 해 준다.
> ㉡ 심장의 펌프 작용으로 심장에서 나온 혈액을 온몸으로 보낸다.
> ㉢ 혈액 속 노폐물을 걸러 내 몸 밖으로 내보낸다.

(   )

13 다음 중 혈액과 혈관에 대한 설명으로 옳지 <u>않은</u> 것은 어느 것입니까? (   )

① 혈관은 온몸에 퍼져 있다.
② 혈관은 혈액이 이동하는 통로이다.
③ 혈액은 영양소와 산소를 운반한다.
④ 혈액은 근육이 움직여 심장으로 이동한다.
⑤ 혈관은 가늘고 긴 관이 복잡하게 얽혀 있다.

[14~16] 다음은 우리 몸속 기관의 일부를 나타낸 것입니다. 물음에 답하시오.

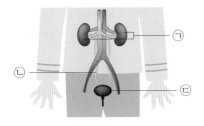

14 위 그림 속 기관과 관련 있는 과정은 무엇입니까?
( )

① 소화   ② 호흡
③ 순환   ④ 배출
⑤ 배설

15 위 그림의 ㉠~㉢에 대한 설명으로 옳지 <u>않은</u> 것을 두 가지 고르시오. (,)

① ㉠은 콩팥이다.
② ㉠은 혈액 속 노폐물을 걸러 낸다.
③ ㉡은 ㉢에서 걸러진 노폐물이 이동하는 통로이다.
④ ㉢은 강낭콩 모양으로 등허리 쪽에 두 개 있다.
⑤ ㉢은 노폐물을 모아 두었다가 몸 밖으로 내보낸다.

16 노폐물이 많은 혈액이 위의 ㉠으로 들어가면 어떻게 되는지 바르게 설명한 친구의 이름을 쓰시오.

- 준서: 노폐물이 걸러져 다시 몸속을 순환해.
- 이현: 걸러진 노폐물은 오줌이 되어 바로 몸 밖으로 내보내.

( )

[17~18] 다음은 날아오는 공을 피하는 과정입니다. 물음에 답하시오.

㉠ 빠르게 날아오는 공을 본다.
㉡ 빠르게 날아온다는 자극을 전달한다.
㉢ 공을 피하겠다고 결정한다.
㉣ 공을 피하라는 명령을 전달한다.
㉤ 공을 피한다.

중요
17 위 과정에서 자극과 반응을 찾아 각각 기호를 쓰시오.
(1) 자극: ( )
(2) 반응: ( )

18 위의 상황에서 자극을 받아들인 기관은 무엇입니까?
( )

① 눈   ② 코
③ 혀   ④ 귀
⑤ 피부

19 위의 ㉠~㉤ 중 신경계가 하는 일을 모두 골라 기호를 쓰시오.

( )

중요
20 다음은 평상시와 운동을 한 직후, 운동을 마친 후 5분 뒤에 체온과 맥박 수를 측정한 결과를 나타낸 그래프입니다. 이 그래프에 대한 설명으로 옳지 <u>않은</u> 것은 어느 것입니까? ( )

① 운동을 하면 체온이 올라간다.
② 운동을 하면 맥박 수가 증가한다.
③ 맥박 수에 비해 체온의 변화가 더 뚜렷하다.
④ 운동 후 휴식을 취하면 체온이 운동 전과 비슷해진다.
⑤ 운동 후 휴식을 취하면 맥박 수가 운동 전과 비슷해진다.

01 오른쪽과 같이 납작한 빨대, 주름 빨대, 비닐봉지를 이용하여 인체 모형을 만들어 실험하였습니다. 이 실험에서 알 수 있는 우리 몸이 움직이는 원리를 운동 기관과 관련하여 쓰시오.

비닐봉지
납작한 빨대
주름 빨대

_____

_____

_____

02 다음은 순환 기관이 하는 일을 알아보기 위한 실험입니다.

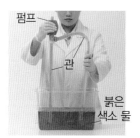

펌프
관
붉은 색소 물

(1) 주입기의 펌프를 빠르게 누르거나 느리게 누를 때 붉은 색소 물이 이동하는 모습을 아래 빈칸에 쓰시오.

주입기의 펌프	붉은 색소 물이 이동하는 빠르기	붉은 색소 물의 이동량
빠르게 누를 때	㉠	㉡
느리게 누를 때	㉢	㉣

(2) 위 (1)번 답으로 보아 심장이 빨리 뛰거나 천천히 뛰면 우리 몸 혈액의 흐름은 어떻게 되는지 쓰시오.

_____

_____

03 오른쪽은 야구 선수가 공을 치는 모습입니다. 야구 선수가 공을 보고 방망이를 휘두르는 과정을 아래의 조건에 맞게 쓰시오.

조건

• 적절한 감각 기관과 반응 행동을 제시할 것
• 자극에 알맞은 반응 행동을 제시할 것
• 자극이 전달되고 반응하는 과정에 따라 설명할 것

_____

_____

_____

04 우리 몸속 콩팥이 제 기능을 하지 못하면 우리 몸에 어떤 일이 나타날지 쓰시오.

_____

_____

❶ 에너지가 필요한 까닭과 에너지를 얻는 방법
- 에너지는 일을 할 수 있는 힘이나 능력을 의미함.
- 생물이 살아가는 데 에너지가 필요한 까닭과 에너지를 얻는 방법

구분	에너지가 필요한 까닭	에너지를 얻는 방법
사람	살아가는 데 필요함.	음식을 먹고, 먹은 음식물을 소화 · 흡수함.
사과나무	자라고 열매를 맺는 데 필요함.	햇빛으로 광합성을 하여 양분을 만듦.

- 기계가 에너지가 필요한 까닭과 에너지를 얻는 방법

구분	에너지가 필요한 까닭	에너지를 얻는 방법
휴대 전화	전화를 걸고 메시지를 확인하는 데 필요함.	- 콘센트에 연결해 충전함. - 보조 배터리에 연결해 충전함.
자동차	작동하는 데 필요함.	- 자동차에 필요한 연료를 넣음. - 전기 충전기에서 전기를 충전해 움직이는 자동차도 있음.

- 기계를 움직이거나 생물이 살아가는 데에는 에너지가 필요함.
- 기계는 전기나 기름 등에서 에너지를 얻음.
- 식물은 햇빛을 받아 스스로 양분을 만들어 에너지를 얻음.
- 동물은 식물이나 다른 동물을 먹고 에너지를 얻음.

❷ 식물과 동물이 에너지를 얻는 방법 비교
- 식물은 햇빛을 받아 광합성으로 스스로 양분을 만들어 냄으로써 에너지를 얻음.
- 동물은 다른 생물을 먹어서 얻은 양분으로 에너지를 얻음.

❸ 전기나 기름에서 에너지를 얻을 수 없게 되었을 때 우리 생활의 어려움
- 전기가 필요한 전자제품들을 사용할 수 없게 됨.

- 밤에 전등을 켤 수 없어 깜깜한 채 생활하게 됨.
- 자동차를 탈 수 없어 먼 거리도 걸어서 다녀야 함.
- 휴대 전화를 충전할 수 없어 전화를 하거나 메시지를 주고받을 수 없음.
- 겨울에 난방을 할 수 없고, 여름에 선풍기를 켜거나 냉방을 할 수 없음.
- 공장에서 기계로 물건을 만들 수 없게 됨.
- 비행기나 배 등이 움직일 수 없음.
- 병원 등에 전기를 켤 수 없어 치료를 할 수 없게 됨.

❹ 우리 주변의 에너지 형태
- 열에너지: 물체의 온도를 높여 주는 에너지
- 전기 에너지: 여러 전기 기구를 작동하게 하는 에너지
- 빛에너지: 주위를 밝게 해 주는 에너지
- 화학 에너지: 생물의 생명 활동에 필요한 에너지
- 운동 에너지: 움직이는 물체가 가진 에너지
- 위치 에너지: 높은 곳에 있는 물체가 가진 에너지

❺ 생활 속에서 이용되는 에너지의 여러 형태
- 우리가 생활하는 데에는 다양한 형태의 에너지를 이용함.
- 열에너지: 옷의 주름을 펴 주는 다리미의 열과 같이 물체의 온도를 높여 주거나 음식이 익게 해 줌.
- 전기 에너지: 전등, 텔레비전, 시계 등 우리가 생활에서 이용하는 여러 전기 기구들을 작동하게 해 줌.
- 빛에너지: 태양의 빛, 전등의 불빛처럼 어두운 곳을 밝게 비춰 줌.
- 화학 에너지: 화분의 식물이나 사람 등의 생명 활동에 필요하며, 물질이 가진 잠재적인 에너지임.
- 운동 에너지: 뛰어다니는 강아지와 같이 움직이는 물체가 가진 에너지임.
- 위치 에너지: 스키 점프하여 높이 떠오른 운동 선수, 벽에 달린 시계와 같이 높은 곳에 있는 물체가 가진 에너지임.

정답과 해설 52쪽

01 (다람쥐 , 벼)는 햇빛을 받아 스스로 양분을 만들어 에너지를 얻습니다.

02 (　　　　　)은/는 일을 할 수 있는 힘이나 능력을 의미합니다.

03 자동차는 에너지를 어떻게 얻을 수 있습니까?
（　　　　　）

04 동물과 식물 중 햇빛을 받아 광합성을 하여 스스로 양분을 만들어 에너지를 얻는 것은 무엇입니까?
（　　　　　）

05 동물과 식물 중 다른 생물을 먹고 에너지를 얻는 것은 무엇입니까?
（　　　　　）

06 전기나 기름에서 더는 에너지를 얻을 수 없게 된다면 겨울에는 난방을 할 수 (있고 , 없고) 여름에는 에어컨을 켤 수 (있습니다 , 없습니다).

07 장작에 불을 피우면 주변이 밝아지고 따뜻해집니다. 이때 나타나는 에너지 두 가지는 무엇입니까?
（　　　　，　　　　）

08 음식, 사람, 나무가 공통으로 가지고 있는 에너지는 무엇입니까?
（　　　　　）

09 다리미의 열과 같이 물체의 온도를 높여 주거나, 음식이 익게 해 주는 에너지는 무엇입니까?
（　　　　　）

10 화분의 식물이나 사람 등의 생명 활동에 필요한 에너지는 무엇입니까?
（　　　　　）

11 뛰어다니는 강아지와 같이 움직이는 물체가 가진 에너지는 무엇입니까?
（　　　　　）

12 롤러코스터와 같이 높은 곳에 있는 물체가 가진 에너지는 무엇입니까?
（　　　　　）

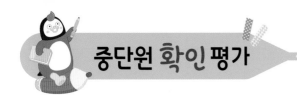
01 다음 (   ) 안에 공통으로 들어갈 알맞은 말을 쓰시오.

> • 기계를 움직이거나 생물이 살아가는 데에는 (   )이/가 필요하다.
> • 기계는 전기나 기름 등에서 (   )을/를 얻는다.

(   )

 02 다음은 식물이 에너지를 얻는 방법을 설명한 것입니다. (   ) 안에 들어갈 알맞은 말을 각각 쓰시오.

> 식물은 (㉠   )에서 오는 (㉡   )을/를 이용하여 (㉢   )(으)로 스스로 양분을 만들어 에너지를 얻는다.

㉠ (   ), ㉡ (   ), ㉢ (   )

03 오른쪽 시계에 에너지가 부족할 때 필요한 에너지는 어떻게 얻을 수 있는지 옳게 설명한 것을 보기 에서 골라 기호를 쓰시오.

> 보기
> ㉠ 기름 등의 연료를 넣는다.
> ㉡ 건전지를 새것으로 교환한다.
> ㉢ 햇빛이 잘 드는 곳으로 옮긴다.
> ㉣ 전기 콘센트에 플러그를 연결한다.

(   )

04 사람에게 에너지가 부족한 상황을 나타낸 것으로 옳지 <u>않은</u> 것은 어느 것입니까? (   )

① 살이 빠진다.
② 키가 크지 못한다.
③ 질병에 걸리기 쉬워진다.
④ 배가 고프고 움직이기 힘들다.
⑤ 외부로부터 들어오는 자극이 늘어난다.

05 다음과 같은 생물이 에너지를 얻는 방법으로 옳은 것은 어느 것입니까? (   )

① 공기 중에서 필요한 양분을 흡수한다.
② 전기나 기름 등에서 에너지를 얻는다.
③ 햇빛으로 광합성을 하여 양분을 만든다.
④ 다른 생물을 먹어 필요한 양분을 얻는다.
⑤ 다른 생물을 분해하여 필요한 양분을 얻는다.

06 필요한 에너지를 얻는 방법이 오른쪽 휴대 전화와 같은 것을 보기 에서 골라 기호를 쓰시오.

> 보기
> ㉠ 비행기   ㉡ 선풍기
> ㉢ 금붕어   ㉣ 사과나무

(   )

07 다음과 같은 방법으로 에너지를 얻는 것끼리 짝 지어진 것은 어느 것입니까? (   )

다른 식물을 먹어 양분을 얻음으로써 에너지를 얻는다.

① 말벌, 호랑이
② 나팔꽃, 잔디
③ 토끼, 호랑이
④ 코끼리, 사슴
⑤ 강아지, 개구리

중요
08 에너지 형태와 각 에너지 형태의 특징을 바르게 선으로 연결하시오.

(1) 열에너지 ・   ・㉠ 주변을 밝게 비춰 주는 에너지

(2) 빛에너지 ・   ・㉡ 물체의 온도를 높여 주는 에너지

(3) 전기 에너지 ・   ・㉢ 전기 기구를 작동하게 하는 에너지

09 다음 그림에서 화학 에너지와 관련이 있는 것을 골라 기호를 쓰시오.

㉠ 움직이는 아기
㉡ 켜져 있는 전등
㉢ 켜져 있는 텔레비전
㉣ 창문으로 들어오는 햇빛

(   )

10 전기나 기름에서 더는 에너지를 얻을 수 없게 될 때 나타나는 현상으로 옳지 않은 것은 어느 것입니까?
(   )

① 휴대 전화를 충전할 수 있다.
② 배나 비행기를 운항하지 못한다.
③ 자동차가 더 이상 움직이지 못한다.
④ 꺼진 컴퓨터나 텔레비전을 켤 수 없다.
⑤ 엘리베이터가 멈춘 후 움직이지 않는다.

11 다음은 에너지 형태에 관한 설명입니다. (   ) 안에 들어갈 알맞은 말을 쓰시오.

동물이나 식물, 사람 등 살아 있는 생명체에 공통으로 관련된 에너지는 (   ) 에너지입니다.

(   )

12 다음 촛불에서 찾을 수 있는 에너지의 형태를 두 가지 쓰시오.

(,   )

❶ 에너지 형태가 바뀌는 예

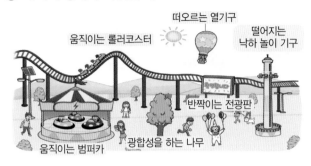

- 움직이는 롤러코스터: 전기 에너지 → 운동 에너지 ⇌ 위치 에너지 → 전기 에너지
- 움직이는 범퍼카: 전기 에너지 → 운동 에너지
- 떠오르는 열기구: 화학 에너지 → 열에너지 → 운동 에너지 → 위치 에너지
- 반짝이는 전광판: 전기 에너지 → 빛에너지
- 광합성을 하는 나무: 빛에너지 → 화학 에너지
- 떨어지는 낙하 놀이 기구: 위치 에너지 → 운동 에너지

❷ 에너지 전환

- 에너지는 다양한 형태가 있으며, 에너지는 다른 형태로 바뀔 수 있음.
- 에너지의 형태가 바뀌는 것을 에너지 전환이라고 함.
- 에너지 전환을 이용해 우리가 필요한 형태의 에너지를 얻을 수 있음.

❸ 자연 현상이나 우리 생활에서 에너지 전환이 일어나는 예

- 폭포: 위치 에너지 → 운동 에너지
- 전등에 불이 켜질 때: 전기 에너지 → 빛에너지, 열에너지
- 자동차가 달릴 때: 연료의 화학 에너지 → 운동 에너지

❹ 태양에서 온 에너지 전환 과정

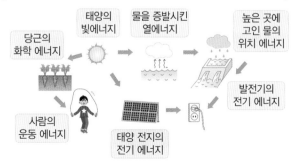

- 식물은 태양의 빛에너지를 이용해 화학 에너지를 만듦.
- 태양 전지는 태양의 빛에너지를 전기 에너지로 전환시킴.
- 동물은 식물이나 다른 동물을 먹어 화학 에너지를 얻고, 먹이가 가진 화학 에너지는 태양의 빛에너지로부터 온 것임.
- 우리가 생활에서 이용하는 에너지는 태양의 빛에너지로부터 에너지의 형태가 전환된 것임.

❺ 교실에서 에너지 전환 예시

- 따뜻한 바람이 나오는 온풍기: 전기 에너지 → 열에너지
- 켜져 있는 전등: 전기 에너지 → 빛에너지
- 햇빛을 받는 화분 속 식물: 빛에너지 → 화학 에너지
- 움직이는 학생: 화학 에너지 → 운동 에너지

❻ 태양 전지를 이용한 로봇과 태양광 해파리의 움직임

- 태양 전지를 이용한 로봇과 태양광 해파리 모두 태양 전지가 태양을 향할 때 움직이고, 태양 전지가 태양을 향하지 않을 때 움직이지 않음.
- 로봇과 해파리가 움직일 때 갖는 운동 에너지는 태양의 빛에너지가 태양 전지에서 전기 에너지로 전환되고, 전기 에너지가 전동기에서 운동 에너지로 전환된 것임.

❼ 에너지를 효율적으로 이용하는 방법

- 에너지를 효율적으로 이용하는 정도를 1~5등급으로 나타낸 '에너지 소비 효율 등급' 표시가 있음.
- 대기 전력 기준을 만족한 전기 기구에 붙인 '에너지 절약' 표시가 있음.
- 발광 다이오드(LED)등은 다른 전등에 비해 열에너지로 전환되어 손실되는 에너지의 양이 적어 에너지를 효율적으로 사용하는 기구임.

❽ 에너지를 효율적으로 이용했을 때의 좋은 점

- 전기 요금과 난방비를 줄이고, 자원을 아낄 수 있음.
- 전기 에너지를 만드는 과정에서 생기는 환경 오염을 줄일 수 있음.

정답과 해설 52쪽

01 롤러코스터가 높은 곳에서 낮은 곳으로 내려갈 때에는 (   ) 에너지가 (   ) 에너지로 전환됩니다.

02 반짝이는 전광판에서는 전기 에너지가 (   )(으)로 전환됩니다.

03 불꽃놀이를 할 때에는 (   ) 에너지가 (   ) 에너지로 전환됩니다.

04 광합성을 하는 나무에서 태양의 빛에너지는 어떤 에너지로 전환됩니까?

(   )

05 태양 전지를 이용한 로봇은 태양 전지가 태양을 향하지 않았을 때에 비해 태양을 향할 때 움직임이 어떤지 쓰시오.

(   )

06 백열등, 형광등, 발광 다이오드(LED)등 중 가장 효율이 좋은 것은 무엇입니까?

(   )

07 에너지를 효율적으로 이용하는 정도를 1~5등급으로 나타낸 표시는 무엇입니까?

(   )

08 에너지를 효율적으로 이용하면 난방비를 줄일 수 있고, 환경오염을 (늘일 , 줄일) 수 있습니다.

09 에너지를 효율적으로 이용하려면 의도하지 않은 방향으로 전환되는 에너지의 양을 (줄여야 , 늘여야) 합니다.

10 바깥 온도의 영향을 차단하여 집 안의 온도가 떨어지지 않도록 하기 위해 건물 외벽을 만들 때 무엇을 사용합니까?

(   )

11 목련과 같은 식물의 겨울눈은 추운 겨울에 어린 싹이 (   )을/를 빼앗겨 어는 것을 막아 줍니다.

12 곰이나 다람쥐 등의 동물이 먹이를 구하기 어려운 겨울 동안 자신의 화학 에너지가 소비되는 것을 줄이기 위해 하는 방법을 쓰시오.

(   )

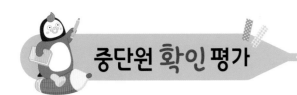

01 다음은 에너지 전환에 관한 설명입니다. ( ) 안에 들어갈 알맞은 말에 ○표 하시오.

> 에너지는 ㉠(일정한 , 다양한) 형태가 있으며 다른 형태로 바뀔 수 ㉡(있다 , 없다).

02 다음 그림의 손전등에서 일어나는 에너지 전환 과정을 설명한 것입니다. ( ) 안에 들어갈 알맞은 말을 각각 쓰시오.

> 손전등에 불이 켜질 때 (㉠) 에너지가 (㉡) 에너지와 (㉢) 에너지로 전환된다.

㉠ ( ), ㉡ ( ), ㉢ ( )

03 오른쪽과 같이 떠오르는 열기구에서 일어나는 에너지 전환 과정 중 관련이 없는 에너지 형태는 어느 것입니까? ( )

① 열에너지
② 전기 에너지
③ 운동 에너지
④ 화학 에너지
⑤ 위치 에너지

04 다음 보기 에서 에너지 전환이 일어나지 <u>않는</u> 상황을 모두 골라 기호를 쓰시오.

보기
> ㉠ 얼어 있는 물
> ㉡ 떨어지는 고드름
> ㉢ 반짝이는 전광판
> ㉣ 햇빛 받는 진달래
> ㉤ 꺼져 있는 텔레비전

( )

중요
05 다음은 우리의 일상생활에서 나타나는 에너지 전환 과정의 사례입니다. ( ) 안에 들어갈 알맞은 말을 각각 쓰시오.

> 전기밥솥에 쌀을 씻어 넣고 버튼을 누르면 맛있는 밥이 된다. 이 과정은 (㉠)이/가 (㉡)(으)로 전환되는 것을 이용한 것이다.

㉠ ( ), ㉡ ( )

06 오른쪽의 폭포에서 일어나는 것과 같은 에너지 전환 과정이 일어나는 예는 어느 것입니까?

( )

① 켜져 있는 형광등
② 움직이는 시계 바늘
③ 운동장을 달리는 어린이
④ 미끄럼을 타고 내려오는 어린이
⑤ 휴대 전화로 사진을 찍는 어린이

07 우리 생활에서 에너지 전환이 일어나는 예를 정리한 것입니다. 에너지 전환 과정이 옳은 것을 찾아 기호를 쓰시오.

> ㉠ 자전거를 타는 사람: 위치 에너지 → 운동 에너지
> ㉡ 켜져 있는 선풍기: 운동 에너지 → 전기 에너지
> ㉢ 타는 장작불: 화학 에너지 → 열에너지

( )

[08~09] 다음은 태양에서 오는 에너지가 전환되는 과정을 나타낸 것입니다. 물음에 답하시오.

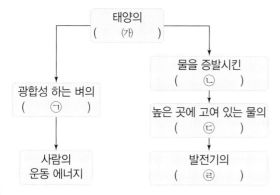

중요
08 위 (가)에 들어갈 에너지 형태를 쓰시오.

( )

09 위 ㉠~㉣에 들어갈 에너지 형태를 바르게 짝 지은 것은 어느 것입니까? ( )

① ㉠ – 열에너지
② ㉠ – 위치 에너지
③ ㉡ – 운동 에너지
④ ㉢ – 화학 에너지
⑤ ㉣ – 전기 에너지

10 에너지 소비 효율 등급 표시가 붙어 있는 전기 제품 중 가장 효율이 높은 표시는 어느 것입니까? ( )

① 1등급 　　② 2등급
③ 3등급 　　④ 4등급
⑤ 5등급

11 다음은 식물이 환경에 적응하여 에너지를 효율적으로 이용하는 예를 설명한 것입니다. ( ) 안에 들어갈 알맞은 말을 각각 쓰시오.

> 식물의 (㉠)은/는 추운 겨울에 어린 싹이 (㉡)을/를 빼앗겨 어는 것을 막아 준다.

㉠ ( ), ㉡ ( )

12 다음은 전등의 전기 에너지가 빛에너지와 열에너지로 전환되는 비율을 나타낸 그림입니다. 에너지 효율이 더 높은 전등의 기호를 쓰시오.

( )

01 다음 ( ) 안에 들어갈 알맞은 말을 쓰시오.

> ( )은/는 일을 할 수 있는 힘이나 능력을 의미한다.

( )

02 다음 중 전기나 기름에서 더는 에너지를 얻을 수 없게 되었을 때 우리 생활에 나타나는 영향으로 옳지 <u>않은</u> 것은 어느 것입니까? ( )

① 컴퓨터를 켤 수 없다.
② 비행기를 운항할 수 없다.
③ 휴대 전화를 충전할 수 없다.
④ 겨울철 난방 시간이 늘어난다.
⑤ 깜깜한 밤에도 형광등을 켤 수 없다.

중요
03 다음은 식물과 동물이 에너지를 얻는 방법을 설명한 것입니다. ( ) 안에 들어갈 알맞은 말을 각각 쓰시오.

> • 식물은 햇빛을 받아 (㉠)을/를 하여 스스로 양분을 만들어 냄으로써 에너지를 얻는다.
> • 동물은 다른 생물을 (㉡) 얻은 양분으로 에너지를 얻는다.

㉠ ( ), ㉡ ( )

04 다음 그림과 같이 벽에 걸려 있는 시계와 액자가 공통으로 가지고 있는 에너지의 형태는 무엇인지 쓰시오.

( )

05 에너지 형태에 대한 설명으로 옳지 <u>않은</u> 것은 어느 것입니까? ( )

① 빛에너지: 주변을 밝게 해 주는 에너지
② 열에너지: 주변의 온도를 높이는 에너지
③ 운동 에너지: 높이 있는 물체가 가진 에너지
④ 화학 에너지: 생물의 생명 활동에 필요한 에너지
⑤ 전기 에너지: 전기 기구를 작동하게 하는 에너지

06 오른쪽의 보행자 신호등과 관련이 있는 에너지의 형태를 보기 에서 모두 골라 기호를 쓰시오.

> 보기
> ㉠ 빛에너지   ㉡ 열에너지
> ㉢ 화학 에너지   ㉣ 전기 에너지

( )

07 다음 에너지 형태 중 떨어지고 있는 물체가 갖는 에너지는 무엇입니까? ( )

① 열에너지   ② 빛에너지
③ 화학 에너지   ④ 운동 에너지
⑤ 전기 에너지

08 다음 그림에서 알 수 있는 에너지 형태를 설명한 것 중 옳지 <u>않은</u> 것을 골라 기호를 쓰시오.

> ㉠ 빛에너지: 불이 켜져 있는 형광등
> ㉡ 열에너지: 따뜻한 바람이 나오는 온풍기
> ㉢ 운동 에너지: 천장에 매달린 작품

( )

09 다음 그림과 같이 그네를 타고 있는 아이와 관련 있는 에너지의 형태를 보기 에서 모두 골라 기호를 쓰시오.

보기
ㄱ 빛에너지　　　　　ㄴ 전기 에너지
ㄷ 화학 에너지　　　　ㄹ 위치 에너지

(　　　　　　)

10 다음 (　　) 안에 공통으로 들어갈 알맞은 말을 쓰시오.

에너지의 형태가 바뀌는 것을 (　　　　)(이)라고 한다. (　　　　)을/를 이용해 우리는 필요한 형태의 에너지를 얻을 수 있다.

(　　　　　　)

[11~12] 다음은 에너지 전환이 일어나는 예입니다. 물음에 답하시오.

(가)　　　　(나)　　　　(다)

▲ 타고 있는 석탄　　▲ 뛰고 있는 아이　　▲ 타고 있는 촛불

11 위 (가), (나), (다)에서 공통으로 나타나는 에너지 형태는 무엇입니까? (　　)

① 빛에너지　　　　② 전기 에너지
③ 화학 에너지　　　④ 운동 에너지
⑤ 위치 에너지

12 앞의 (나)에서 일어나는 에너지 전환 과정에 맞게 (　　) 안에 들어갈 알맞은 말을 쓰시오.

(　ㄱ　) 에너지 → (　ㄴ　) 에너지

ㄱ (　　　　　　), ㄴ (　　　　　　)

[13~14] 다음 놀이공원의 모습을 보고, 물음에 답하시오.

중요
13 위 그림에서 볼 수 있는 에너지 전환 과정에 대한 설명으로 옳은 것을 골라 기호를 쓰시오.

ㄱ 움직이는 범퍼카는 운동 에너지가 전기 에너지로 전환되는 것을 이용한 것이다.
ㄴ 반짝이는 전광판은 빛에너지가 전기 에너지로 전환되는 것이다.
ㄷ 태양 전지와 나무는 태양에서 오는 에너지를 직접 활용하고 있는 사례이다.

(　　　　　　)

14 위 그림에서 위치 에너지가 운동 에너지로 전환되는 경우는 어느 것입니까? (　　)

① 달려오는 아이
② 사진 찍는 아이
③ 떠 있는 열기구
④ 광합성 하는 나무
⑤ 떨어지는 놀이 기구

15 오른쪽과 같이 가스레인지를 이용하여 물을 끓이는 과정에서 나타나는 에너지 전환 과정을 설명한 것입니다. ( ) 안에 들어갈 알맞은 말을 각각 쓰시오.

> 가스의 (㉠)이/가 불의 (㉡)(으)로 전환되고, 가스 불의 (㉡)이/가 물을 끓이면서 에너지 전환이 나타난다.

㉠ (   ), ㉡ (   )

16 다음은 태양의 빛에너지가 우리 가정에까지 전달되어 오는 과정을 설명한 것입니다. 밑줄 친 내용 중 옳지 않은 것을 두 가지 골라 기호를 쓰시오.

태양의
빛에너지

> ㉠태양으로부터 온 빛에너지가 물이 증발하는 데에 사용된다. 증발된 물이 ㉡구름이 된 뒤 비로 내려 높은 곳에 고인다. 높은 곳에 고인 물은 ㉢운동 에너지를 가지고 있으며, ㉣위치 에너지를 이용해 열을 만든다.

(,   )

17 다음 ( ) 안에 들어갈 알맞은 말에 ○표 하시오.

> • 백열등은 발광 다이오드(LED)등보다 ㉠(빛에너지 , 열에너지)로 전환되는 에너지 비율이 높다.
> • 에너지를 효율적으로 이용하려면 의도하지 않은 방향으로 전환되는 에너지의 양을 ㉡(줄여야 , 늘여야) 한다.

18 곰이나 다람쥐와 같은 동물이 겨울잠을 자는 까닭을 에너지와 관련하여 바르게 설명한 것은 어느 것입니까? ( )

① 열에너지를 효율적으로 사용하기 위해서이다.
② 태양의 운동 에너지를 더 많이 얻기 위해서이다.
③ 화학 에너지를 효율적으로 사용하기 위해서이다.
④ 태양의 빛에너지를 더 효율적으로 사용하기 위해서이다.
⑤ 운동 에너지를 화학 에너지로 더 효율적으로 전환하기 위해서이다.

중요
19 에너지를 효율적으로 사용하는 방법에 대한 설명으로 옳은 것은 어느 것입니까? ( )

① 쓰지 않는 전기 제품의 플러그를 꽂아 둔다.
② 에너지 소비 효율 등급이 낮은 제품을 사용한다.
③ 단열재는 값이 비싸므로 가급적 사용하지 않는다.
④ 에어컨을 켠 교실에 공기 순환을 위해 창문을 열어 둔다.
⑤ 자주 사용하지 않는 곳은 사람이 들어올 때 켜지고 나갈 때 꺼지는 등을 설치한다.

20 다음은 어느 초등학교의 에너지 이용 실태입니다. 에너지를 효율적으로 이용하기 위해 개선해야 할 것을 골라 기호를 쓰시오.

> ㉠ 벽에 단열재를 설치했다.
> ㉡ 교실 전등을 형광등으로 설치했다.
> ㉢ 화장실 유리 창문에 이중창을 사용했다.
> ㉣ 주차장과 옥상 등에 태양 전지판이 설치되어 있다.

(   )

01 다음 그림은 음악을 들으며 춤을 추고 있는 모습입니다. 물음에 답하시오.

(1) 위 그림에서 찾을 수 있는 에너지 형태를 두 가지 쓰시오.

(,   )

(2) 사람들이 일상생활을 하는 데 에너지가 필요한 까닭을 위 (1)번 답의 에너지와 관련지어 쓰시오.

_____

_____

02 다음 두 생물이 에너지를 얻는 과정을 비교하여 쓰시오.

▲ 벼   ▲ 소

_____

_____

_____

03 다음은 우리가 이용하는 에너지 전환 과정을 나타낸 것입니다. 이 상황에서 에너지 전환 과정을 조건에 맞게 쓰시오.

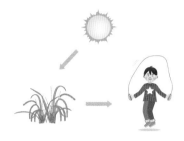

조건

- 태양의 빛에너지를 활용하여 설명할 것
- 식물과 사람이 에너지를 얻는 방법을 제시할 것

_____

_____

_____

04 다음은 건물 안에 있는 화장실 에너지 이용 실태를 조사한 결과입니다. 물음에 답하시오.

장소	조사한 내용
2층 화장실	아무도 없는데도 화장실 형광등이 켜져 있는 경우가 많다.

(1) 위에서 낭비되고 있는 에너지를 쓰시오.

(   )

(2) 위에서 낭비되고 있는 에너지를 줄이기 위한 방법을 조건에 맞게 쓰시오.

조건

- 형광등의 에너지 효율과 관련된 내용을 설명할 것
- 평소 화장실 전기 절약을 위한 행동도 함께 제시할 것

_____

_____

_____

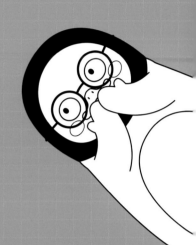

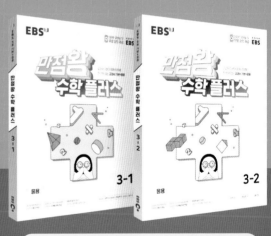

EBS와 **교보문고**가 함께하는 듄듄한 스터디메이트!

듄듄한 할인 혜택을 담은 **학습용품**과 **참고서**를 한 번에!

기프트/도서/음반 추가 할인 쿠폰팩

COUPON PACK

+QR코드를 스캔하시면 듄듄문고 쿠폰팩을 다운받을 수 있는 이벤트 페이지로 연결됩니다+

EBS

새 교육과정 반영

중학 내신 영어듣기,
초등부터
미리 대비하자!

초등 영어 듣기 실전 대비서

**영어듣기평가
완벽대비**

전국 시·도교육청 영어듣기능력평가 시행 방송사 EBS가 만든
초등 영어듣기평가 완벽대비

'듣기 - 받아쓰기 - 문장 완성'을 통한 반복 듣기	→	듣기 집중력 향상 + 영어 어순 습득
다양한 유형의 **실전 모의고사 10회** 수록	→	각종 영어 듣기 시험 대비 가능
딕토글로스* 활동 등 **수행평가 대비 워크시트** 제공	→	중학 수업 미리 적응

* Dictogloss, 듣고 문장으로 재구성하기

EBS 초등ON

Q | https://on.ebs.co.kr

★ ★ ★ ★ ★ ★
초등 공부의 모든 것
EBS 초등ON

제대로 배우고 익혀서 (溫)
더 높은 목표를 향해 위로 올라가는 비법 (ON)
초등온과 함께 즐거운 학습경험을 쌓으세요!

조금 어려운 내용에
도전해보고 싶어요.

아직 기초가 부족해서
차근차근
공부하고 싶어요.

영어의 모든 것!
체계적인
영어공부를 원해요.

조금 어려운
내용에
**도전해보고
싶어요.**

학습 고민이 있나요?

초등온에는
친구들의 **고민에 맞는**
다양한 강좌가 준비되어 있답니다.

**학교 진도에
맞춰**
공부하고
싶어요.

초등 ON 이란?

EBS가 직접 제작하고 분야별 전문 교육업체가 개발한
다양한 콘텐츠를 바탕으로,

대표강좌

초등 목표달성을 위한 <**초등온**> **서비스**를 제공합니다.

BOOK 3

해설책

BOOK 3 해설책으로
틀린 문제의 해설도
확인해 보세요!

EBS

EBS초등
무료 강의 제공
인터넷·모바일·TV

초 | 등 | 부 | 터 EBS

예습·복습·숙제까지 해결되는 교과서 완전 학습서

만점왕

BOOK 3
해설책

PENGSOO

과학 6-2

"우리 아이 독해 학습, 잘하고 있나요?"

독해 교재 한 권을 다 풀고 다음 책을 학습하려 했더니
갑자기 확 어려워지는 독해 교재도 있어요.
차근차근 수준별 학습이 가능한 독해 교재 어디 없을까요?

* 실제 학부모님들의 고민 사례

저희 아이는 여러 독해 교재를 꾸준히 학습하고 있어요.
짧은 글이라 쓱 보고 답은 쉽게 찾더라구요.
그런데, 진짜 문해력이 키워지는지는 잘 모르겠어요.

국어 독해,
이제 **특허받은 ERI로 해결**하세요!

'ERI(EBS Reading Index)'는 EBS와 이화여대 산학협력단이 개발한 과학적 독해 지수로,
글의 난이도를 낱말, 문장, 배경지식 수준에 따라 산출하였습니다.

ERI 독해가
문해력
이다

| P단계 | 1단계 | 2단계 | 3단계 | 4단계 | 5단계 | 6단계 | 7단계 |

P단계 예비 초등~초등 1학년 권장	**3단계** 기본/심화 | 초등 3~4학년 권장	**6단계** 기본/심화 | 초등 6학년~ 중학 1학년 권장
1단계 기본/심화 | 초등 1~2학년 권장	**4단계** 기본/심화 | 초등 4~5학년 권장	**7단계** 기본/심화 | 중학 1~2학년 권장
2단계 기본/심화 | 초등 2~3학년 권장	**5단계** 기본/심화 | 초등 5~6학년 권장	

BOOK**3**
해설책

만점왕 과학
6-2

① 단원 전기의 이용

(1) 전구의 밝기

구에 불이 켜지지 않습니다.

탐구 문제   11쪽

1 (가), (다)   **2** (나), (라)

1 전구 두 개를 병렬연결한 전기 회로의 전구가 직렬연결한 전기 회로의 전구보다 밝습니다. 따라서 전구 두 개를 직렬연결한 (가), (다)의 전구가 병렬연결한 (나), (라)의 전구보다 어둡습니다.

2 전기 회로 (나)와 (라)는 전구 두 개가 다른 줄에 나누어져 있어 한 전구의 불이 꺼져도 나머지 전구의 불이 꺼지지 않지만, 전기 회로 (가)와 (다)는 전구 두 개가 한 줄로 연결되어 있어서 한 전구의 불이 꺼지면 나머지 전구의 불도 꺼집니다.

핵심 개념 문제   12~13쪽

01 (1) 전지(건전지) (2) 스위치   02 ③   03 (나)   04 (2) ○
(3) ○   05 ⊙ 직렬, ⓒ 병렬   06 (나)   07 (가)   08 ⊙ 직렬,
ⓒ 병렬

01 (1)은 전지이고, (2)는 스위치입니다.

02 ① 전지는 전구에 전기를 공급하여 불이 켜지도록 하는 전기 부품입니다.
② 전구는 빛을 내는 전기 부품입니다.
④ 전구 끼우개는 전구를 돌려 끼워 전구를 전선에 쉽게 연결할 수 있게 합니다.
⑤ 전지 끼우개는 용수철이 있는 부분에 전지의 (−)극을 끼워서 사용합니다.

03 (가)는 전구가 전지의 (−)극에만 연결되어 있으므로 전

04 전기 회로에서 전구에 불을 켜려면 전지, 전선, 전구가 끊기지 않게 연결하고, 전기 부품에서 전기가 통하는 부분끼리 연결합니다. 또 전구는 전지의 (+)극과 (−)극에 각각 연결합니다.

05 전구 두 개 이상을 한 줄로 연결하는 방법을 전구의 직렬연결, 전구 두 개 이상을 여러 줄에 나누어 각각 연결하는 방법을 전구의 병렬연결이라고 합니다.

06 (가)와 (다)는 전구의 병렬연결이고, (나)는 전구의 직렬연결입니다.

07 (가)는 전구 두 개를 여러 줄에 나누어 각각 연결한 전구의 병렬연결이고, (나)는 전구 두 개를 한 줄로 연결한 전구의 직렬연결입니다. 병렬연결한 전구가 직렬연결한 전구보다 더 밝습니다.

08 전구의 직렬연결에서는 한 전구의 불이 꺼지면 나머지 전구의 불도 꺼지지만, 전구의 병렬연결에서는 한 전구의 불이 꺼져도 나머지 전구의 불이 꺼지지 않습니다.

중단원 실전 문제   14~16쪽

01 ㉣, 스위치   02 전기 회로   03 ⓒ   04 만세   05 ⑤
06 ⓒ, ㉣   07 (나), (다)   08 예 전구가 전지의 (+)극과 (−)극에 각각 연결되어 있지 않다.   09 (1) – ⊙ (2) – ⓒ   10
(가) 직렬연결 (나) 병렬연결   11 (나)   12 ⑤   13 ③   14 (나), (라),
예 전구 두 개를 다른 줄에 나누어 연결하였다.   15 (나), (라)
16 예 전구 두 개를 한 줄로 연결한다.   17 ⑤   18 병렬

01 전기를 흐르게 하거나 흐르지 않게 하는 전기 부품은 스위치입니다. ⊙은 전구, ⓒ은 전구 끼우개, ㉣은 전지 끼우개입니다.

02 전지, 전구, 전선 등 전기 부품을 서로 연결하여 전기가 흐르도록 한 것을 전기 회로라고 합니다.

03 집게 달린 전선에서 ⓒ(집게) 부분은 금속으로 만들어 져서 전기가 잘 통하지만 ㉠(겉면) 부분은 고무(또는 플라스틱)로 만들어져서 전기가 통하지 않습니다.

04 고무는 전기가 통하지 않는 물질이며, 전구에 불을 켜 려면 전기를 공급하는 전지가 필요합니다.

05 전구, 전지, 전선이 끊기지 않게 연결되어 있으며 전구 가 전지의 (+)극과 (−)극에 각각 연결되어 있으므로 전기가 흘러 전구에 불이 켜집니다.

06 전기 회로에서 전구에 불을 켜려면 전지, 전선, 전구를 끊기지 않게 연결하고, 전기 부품에서 전기가 통하는 부분끼리 연결해 전기 회로를 만듭니다. 또 전구는 전 지의 (+)극과 (−)극에 각각 연결합니다. 전지의 한 극에 전구를 직접 연결할 수도 있으므로 집게 달린 전 선을 꼭 두 개 이상 사용하지 않아도 됩니다.

07 (나), (다)는 전구에 불이 켜집니다. (가)는 전구가 전지의 (+)극에만 연결되어 있으므로 전구에 불이 켜지지 않 습니다.

08 전구가 전지의 (−)극에만 연결되어 있으므로 전구에 불이 켜지지 않습니다. 전구를 전지의 (+)극과 (−)극 에 각각 연결해야 전구에 불이 켜집니다.

> **채점 기준**
>
> 전구가 전지의 한 극에만 연결되어 있고, 양극에 각각 연결되 어 있지 않다는 내용으로 썼으면 정답으로 합니다.

09 전기 회로에서 전구 두 개 이상을 한 줄로 연결하는 방 법을 전구의 직렬연결, 전구 두 개 이상을 여러 줄에 나 누어 각각 연결하는 방법을 전구의 병렬연결이라고 합 니다.

10 (가)는 전구 두 개를 한 줄로 연결한 전구의 직렬연결이 고, (나)는 전구 두 개를 여러 개의 줄에 나누어 각각 연 결한 전구의 병렬연결입니다.

11 전구 두 개가 각각 다른 줄에 연결되어 있으므로 전구 의 병렬연결입니다.

12 전구를 병렬연결한 전기 회로의 전구가 전구를 직렬연 결한 전기 회로의 전구보다 더 밝습니다.

13 전구의 연결 방법에 따라 전구의 밝기가 다릅니다.

14 전구의 밝기가 밝은 전기 회로는 전구 두 개가 각각 다 른 줄에 나누어 한 개씩 병렬연결된 (나)와 (라)입니다.

> **채점 기준**
>
> | 상 | 전구의 밝기가 밝은 전기 회로를 두 개 찾고, 전구 연결 방법의 공통점을 옳게 쓴 경우 |
> |---|---|
> | 중 | 전구의 밝기가 밝은 전기 회로를 두 개 찾았지만, 전구 연결 방법의 공통점을 옳게 쓰지 못한 경우 |
> | 하 | 답을 틀리게 쓴 경우 |

15 전구를 병렬연결한 (나)와 (라)는 한 전구의 불이 꺼져도 나머지 전구의 불은 꺼지지 않습니다. 전구 두 개가 다 른 줄에 나누어져 있어 한 전구의 불이 꺼져도 나머지 전구는 영향을 받지 않기 때문입니다.

16 전구 두 개가 병렬연결된 전기 회로에서 전구 두 개를 직렬연결하면 전구의 밝기가 더 어두워집니다.

> **채점 기준**
>
> 전구 두 개를 한 줄에 직렬연결한다는 내용으로 썼으면 정답 으로 합니다.

17 전구 두 개가 직렬연결된 전기 회로에서 전구 한 개를 빼내고 스위치를 달면 나머지 전구의 불도 꺼집니다.

18 전구의 병렬연결에서는 한 전구의 불이 꺼져도 나머지 전구의 불이 꺼지지 않습니다.

 서술형·논술형 평가 돋보기　　　17쪽

1 (1) (다), (라) (2) 예 (다)는 전구가 전지의 (+)극에만 연결되어 있기 때문이다. (라)는 전구에 연결된 전선이 모두 전지의 (−) 극에만 연결되어 있기 때문이다. (3) 예 전지, 전선, 전구를 끊 기지 않게 연결하고, 전구를 전지의 (+)극과 (−)극에 각각 연결한다. **2** 예 세 개의 전구가 직렬연결되어 있다. **3** (1) ㉠: (나), (라), ㉡: (가), (다) (2) 예 (가)와 (다)는 전구 두 개를 한 줄로 연결하였다. (나)와 (라)는 전구 두 개를 다른 줄에 나누어 연결 하였다. (3) 예 전구를 병렬연결한 전기 회로의 전구가 전구를 직렬연결한 전기 회로의 전구보다 더 밝다.

1 (1) ㈐, ㈑ 전기 회로는 전구에 불이 켜지지 않습니다.

(2) 전구는 전지의 (＋)극과 (－)극에 각각 연결해야 불이 켜집니다.

채점 기준	
상	㈐와 ㈑에서 전구에 불이 켜지지 않는 까닭을 모두 옳게 쓴 경우
중	㈐와 ㈑ 중 한 가지만 전구에 불이 켜지지 않는 까닭을 옳게 쓴 경우
하	답을 틀리게 쓴 경우

(3) 전구에 불이 켜지는 전기 회로는 전지, 전선, 전구가 끊기지 않게 연결되어 있고, 전구가 전지의 (＋)극과 (－)극에 각각 연결되어 있습니다.

채점 기준	
전구가 전지의 양극에 각각 끊어지지 않고 연결되어 있어야 한다는 내용으로 썼으면 정답으로 합니다.	

2 전구의 직렬연결에서는 한 전구의 불이 꺼지면 나머지 전구의 불도 꺼집니다.

채점 기준	
세 개의 전구가 한 줄에 연결된 직렬연결 방법이라는 내용으로 썼으면 정답으로 합니다.	

3 (1) ㈎, ㈐는 전구의 직렬연결이고, ㈏, ㈑는 전구의 병렬연결입니다.

(2) 전구의 직렬연결은 전구 두 개 이상을 한 줄로 연결하는 방법이고, 전구의 병렬연결은 전구 두 개 이상을 여러 개의 줄에 나누어 연결하는 방법입니다.

채점 기준	
상	전구의 연결 방법 각각의 공통점을 모두 옳게 쓴 경우
중	전구의 연결 방법 중 하나의 공통점만 옳게 쓴 경우
하	답을 틀리게 쓴 경우

(3) 전구 두 개를 병렬연결한 전기 회로의 전구가 전구 두 개를 직렬연결한 전기 회로의 전구보다 더 밝습니다.

채점 기준	
보기 의 말을 모두 사용하여 전구 두 개를 병렬연결할 때 전구의 밝기가 더 밝다는 내용으로 썼으면 정답으로 합니다.	

(2) 전자석의 성질

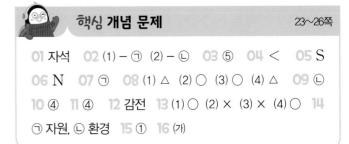

탐구 문제 　　　　　　　　　　　22쪽

1 ㈏　**2** ②

1 전자석에 전지 한 개를 연결했을 때보다 전지 두 개를 서로 다른 극끼리 한 줄로 연결했을 때 더 많은 클립이 붙습니다.

2 전지의 두 극을 연결한 방향이 바뀌면 전자석의 극이 반대로 바뀝니다.

핵심 개념 문제 　　　　　　　　　23～26쪽

01 자석　**02** (1) － ㉠　(2) － ㉡　**03** ⑤　**04** ＜　**05** S
06 N　**07** ㉠　**08** (1) △　(2) ○　(3) ○　(4) △　**09** ㉡
10 ④　**11** ④　**12** 감전　**13** (1) ○　(2) ×　(3) ×　(4) ○　**14**
㉠ 자원, ㉡ 환경　**15** ①　**16** ㈎

01 전자석은 전기가 흐를 때만 자석의 성질이 나타나는 자석입니다.

02 스위치를 닫으면 에나멜선에 전기가 흘러 전자석의 끝부분에 시침바늘이 붙습니다.

03 전자석은 서로 다른 극끼리 한 줄로 연결된 전지의 개수를 다르게 해 전자석의 세기를 조절할 수 있습니다.

04 전자석에 전지 한 개를 연결했을 때보다 전지 두 개를 서로 다른 극끼리 한 줄로 연결했을 때 더 많은 시침바늘이 붙습니다.

05 자석은 같은 극끼리 서로 밀어 내고 다른 극끼리 끌어당기므로, 나침반 바늘의 N극이 가리키는 전자석의 끝은 S극입니다.

06 전지의 두 극을 반대로 연결하면 전자석의 두 극이 바뀌어 S극이었던 곳은 N극이 됩니다.

07 전자석은 전지의 두 극을 연결한 방향이 바뀌면 전자석의 극이 바뀌고, 전자석에 연결된 전지의 수를 바꾸어

전자석의 세기를 조절할 수 있습니다.

08 영구 자석은 자석의 세기가 일정하지만 전자석은 전자석에 연결된 전지의 개수를 다르게 하여 세기를 조절할 수 있습니다. 영구 자석은 자석의 극이 일정하지만 전자석은 전지의 두 극을 연결한 방향이 바뀌면 전자석의 극이 바뀝니다.

09 전자석을 이용한 예로는 선풍기, 머리 말리개, 자기 부상 열차 등이 있습니다.

10 전자석 기중기를 사용하면 무거운 철제품을 전자석에 붙여 다른 장소로 옮길 수 있습니다.
① 세탁기는 전동기 속 전자석이 회전하면서 통을 돌려 빨래를 합니다.
② 전기 자동차는 전동기 속 전자석을 이용해 바퀴를 돌려 자동차를 움직입니다.
③ 헤드폰 스피커는 전자석의 세기나 극을 바꿀 수 있는 성질을 이용해 떨림을 만들어 소리를 냅니다.
⑤ 자기 부상 열차는 전기가 흐르면 자기 부상 열차와 철로가 서로 밀어 내어 열차가 철로 위에 떠서 이동하기 때문에 빠르게 달릴 수 있습니다.

11 ① 깜박이는 형광등을 손으로 만지지 않습니다.
② 물 묻은 손으로 전기 기구를 만지지 않습니다.
③ 콘센트에서 플러그를 뽑을 때는 전선을 잡아당기지 않고 플러그의 머리를 잡고 뽑습니다.
⑤ 콘센트 한 개에 플러그 여러 개를 한꺼번에 꽂아서 사용하지 않습니다.

12 화재나 감전과 같은 사고의 위험이 있기 때문에 전기를 안전하게 사용해야 합니다.

13 (2) 에어컨과 같은 냉방 기구를 켤 때는 문을 닫습니다.
(3) 냉장고에 물건을 가득 넣어 두면 전기 에너지가 낭비됩니다.

14 전기를 절약하지 않으면 지구 자원이 낭비되고, 환경 문제가 발생할 수 있습니다.

15 점화기는 불을 붙이기 위해 사용하는 도구입니다.

16 콘센트 덮개는 전기 기구를 사용하지 않을 때에는 콘센트를 덮어 주는 장치입니다. 콘센트는 개방되어 있으므로 손으로 금속 물질을 넣거나 물이 흘러 들어가면 감전 사고가 발생할 수 있습니다. 과전류 차단 장치는 집 밖에서 들어오는 전기가 너무 세거나 집 안에 누전이 생길 때 가정의 전기 시설을 보호해 줍니다.

중단원 실전 문제　　　　　27~30쪽

01 ②　**02** ㉡　**03** 예 에나멜선을 100번 이상 한쪽 방향으로 촘촘하게 감는다.　**04** ㉢　**05** ①　**06** ㉠ 전자석, ㉡ 영구 자석　**07** (나)　**08** 세기　**09** (나)　**10** ㉠ S, ㉡ N　**11** ③　**12** 예 전지의 극을 반대로 하면 전자석의 극이 바뀌기 때문이다.　**13** 소민　**14** 예 전자석은 전기가 흐를 때 자석이 되므로 철로 된 물체를 끌어당겨.　**15** ③, ④　**16** ③　**17** ㉠ 전자석, ㉡ 밀어 내어, ㉢ 없어　**18** 예 감전 사고를 예방할 수 있다.　**19** ㉡　**20** 예 플러그를 뽑을 때는 머리 부분을 잡고 뽑는다.　**21** ㉠ 화재, ㉡ 환경　**22** ④　**23** 퓨즈　**24** ②

01 전자석은 둥근머리 볼트에 에나멜선을 감고, 전선을 이용하여 에나멜선 양 끝에 전지와 스위치를 연결하여 만듭니다.

02~03 에나멜선과 둥근머리 볼트로 전자석을 만들 때 종이 테이프를 감은 둥근머리 볼트에 에나멜선을 100번 이상 한쪽 방향으로 촘촘하게 감습니다.

채점 기준
에나멜선을 여러 방향이 아닌 한쪽 방향으로 감아야 한다는 내용을 썼으면 정답으로 합니다.

04 전기가 흐르는 에나멜선을 감은 둥근머리 볼트에 자석의 성질이 나타납니다.

05 스위치를 닫으면 에나멜선에 전기가 흘러 전자석의 끝 부분에 시침바늘이 붙습니다. 스위치를 닫지 않으면 전기가 흐르지 않기 때문에 전자석의 끝부분에 시침바늘이 붙지 않습니다.

06 영구 자석은 늘 자석의 성질이 나타나지만, 전자석은 전기가 흐를 때만 자석의 성질이 나타납니다.

07 전자석에 전지 한 개를 연결했을 때보다 전지 두 개를 서로 다른 극끼리 한 줄로 연결했을 때 더 많은 시침바늘이 붙습니다.

08 전자석에 연결된 전지의 개수에 따라 전자석의 세기를 조절할 수 있습니다.

09 전자석에 서로 다른 극끼리 한 줄로 연결한 전지의 개수가 많을수록 전자석의 세기가 세집니다.

10 자석은 같은 극끼리 서로 밀어 내고 다른 극끼리 끌어당기므로, 나침반 바늘의 N극이 가리키는 전자석의 끝은 S극이고, 반대쪽은 N극입니다.

11 전지의 두 극을 반대로 연결하면 전자석의 두 극이 바뀌어 S극이었던 곳은 N극이 됩니다.

12 전자석은 전지의 두 극을 연결한 방향이 바뀌면 전자석의 극도 바뀝니다.

> **채점 기준**
> 전지의 극을 바꾸면 전자석의 극이 바뀐다는 내용을 썼으면 정답으로 합니다.

13 자석은 철로 된 물체를 끌어당깁니다.

14 전자석은 전기가 흐를 때는 자석의 성질이 나타나므로 철로 된 물체를 끌어당깁니다. 플라스틱으로 된 물체는 자석에 붙지 않습니다.

> **채점 기준**
> 전자석이 철로 된 물체만 끌어당긴다는 내용을 썼으면 정답으로 합니다.

15 우리 생활에서 전자석이 이용된 예는 세탁기와 스피커입니다. 손전등은 빛을 내는 전기 기구로 전자석을 이용한 것이 아닙니다. 나침반의 바늘과 자석 다트는 영구 자석의 성질을 이용하였습니다.

16 모두 전자석의 성질을 이용한 것이나 전기가 흐를 때 시침바늘이 붙는 것과 같은 현상을 이용한 것은 전자석 기중기입니다.

17 자기 부상 열차는 전기가 흐를 때 자기 부상 열차와 철로가 서로 밀어내어 열차가 철로 위에 떠서 이동하기 때문에 열차와 철로 사이의 마찰이 없어 빠르게 이동할 수 있습니다.

18 콘센트에 손으로 금속을 넣거나 물이 흘러들어가면 감전 사고가 발생합니다. 콘센트 덮개는 이러한 사고를 예방할 수 있습니다.

> **채점 기준**
> 감전 사고를 예방할 수 있다는 내용을 썼으면 정답으로 합니다.

19 플러그를 뽑을 때 전선을 잡아당기면 전선이 끊어질 수 있어 위험합니다.

20 플러그를 뽑을 때는 플러그의 머리 부분을 잡고 뽑습니다.

> **채점 기준**
> 전선을 잡아당기지 않고 플러그를 잡고 뽑는다는 내용으로 썼으면 정답으로 합니다.

21 전기를 안전하게 사용하지 않으면 안전사고나 전기 화재 등이 발생할 수 있으며, 전기를 절약하지 않으면 지구 자원이 낭비되고, 환경 문제가 발생할 수 있습니다.

22 ④ 전기를 절약하려면 냉장고 문을 닫고 물을 마십니다.

23 퓨즈는 높은 온도에서 쉽게 녹는 금속으로 만들어졌습니다. 전기 기구에 센 전기가 흘러서 온도가 높아지면 퓨즈가 순식간에 녹아 전기의 흐름을 차단해 주기 때문에 전기로 인한 화재를 예방해 줍니다.

24 감지 등과 시간 조절 콘센트는 전기를 절약하기 위해 사용하는 제품입니다.

1 ⑩ 사포로 문질러 겉면을 벗겨 낸다.   **2** (1) ⑩ (가)와 (나)의 나침반 바늘이 가리키는 방향이 반대이다. (2) ⑩ 전지의 두 극을 연결한 방향을 바꾸어 전자석의 극을 바꿀 수 있다. **3** ⑩ 막대자석과 달리 전자석은 전기가 흐를 때만 자석의 성질이 나타난다. 막대자석은 자석의 세기를 조절할 수 없지만, 전자석은 자석의 세기를 조절할 수 있다. 막대자석은 자석의 극이 일정하지만, 전자석은 자석의 극을 바꿀 수 있다. **4** ⑩ 콘센트에서 플러그를 뽑을 때 전선을 잡아당기지 않는다. 물 묻은 손으로 전기 기구를 만지지 않는다. 콘센트 한 개에 플러그 여러 개를 한꺼번에 꽂아 사용하지 않는다. 전선에 걸려 넘어지지 않도록 전선을 정리한다.

1 에나멜선은 구리선(전기가 통하는 물질)에 에나멜(전기가 통하지 않는 물질)을 입힌 전선으로 사포로 문질러 겉면을 벗겨 내면 구리선이 드러납니다.

채점 기준	

에나멜선 양 끝을 사포로 벗겨 낸다는 내용으로 썼으면 정답으로 합니다.

2 (1) 전지의 극을 반대로 하여 연결하면 나침반 바늘이 가리키는 방향이 반대가 됩니다.

채점 기준	

나침반 바늘이 가리키는 방향이 반대로 바뀐다는 내용을 썼으면 정답으로 합니다.

(2) 전지의 두 극을 반대로 연결하면 전자석의 두 극이 바뀌어 N극이었던 곳은 S극이 되고, S극이었던 곳은 N극이 된다는 것을 알 수 있습니다.

채점 기준	

전자석의 극을 바꿀 수 있다는 내용을 썼으면 정답으로 합니다.

3 막대자석은 항상 자석의 성질을 띠지만, 전자석은 전기가 흐를 때만 자석의 성질을 띱니다. 막대자석은 자석의 세기가 일정하지만, 전자석은 자석의 세기를 조절할 수 있습니다. 막대자석은 극을 바꿀 수 없지만, 전자석은 전지의 두 극을 반대로 연결하여 N극과 S극의 위치를 바꿀 수 있습니다.

채점 기준	
상	막대자석과 전자석의 다른 점 두 가지를 모두 옳게 쓴 경우
중	막대자석과 전자석의 다른 점을 한 가지만 옳게 쓴 경우
하	답을 틀리게 쓴 경우

4 전기를 안전하지 않게 사용하고 있는 모습을 찾으면 전선에 걸려 넘어지는 모습, 물 묻은 손으로 플러그를 만지는 모습, 플러그를 뽑을 때 전선을 잡아당기는 모습, 콘센트 한 개에 플러그 여러 개를 한꺼번에 꽂아서 사용하는 모습 등입니다. 전기를 위험하게 사용하면 감전되거나 화재가 발생할 수 있습니다.

채점 기준	
상	전기를 안전하게 사용하는 방법을 두 가지 모두 쓴 경우
중	전기를 안전하게 사용하는 방법을 한 가지만 쓴 경우
하	답을 틀리게 쓴 경우

01 ① **02** ⑤ **03** ⑤ **04** ③ **05** ① **06** ㉠ 직렬, ㉡ 병렬 **07** (가) **08** (3) ○ **09** (나) **10** ①, ③ **11** ⑩ 전등 한 개가 고장 나도 다른 전등이 꺼지지 않는다. **12** ㉠, ㉢, ㉢, ㉡ **13** ⑩ 전자석은 전기가 흐를 때만 자석의 성질이 나타난다. **14** ⑤ **15** ④ **16** ② **17** ㉯ **18** ⑤ **19** (1) ㉡ (2) ㉢ **20** ⑩ 전기가 흐를 때만 자석이 되는 성질을 이용하여 무거운 철제품을 원하는 장소로 옮길 수 있다. **21** ④ **22** ⑩ 전기를 안전하게 사용하지 않으면 감전되거나 화재가 발생할 수 있다. **23** 희선 **24** ③, ⑤

01 전구에 전기를 공급하여 불이 켜지도록 하는 전기 부품은 전지입니다.

② 전지 끼우개는 전기 회로를 만들 때 전지를 끼워 사용하면 전선에 쉽게 연결할 수 있습니다.

③ 집게 달린 전선은 전기가 흐르는 통로 역할을 합니다.
④ 스위치는 전기를 흐르게 하거나 흐르지 않게 합니다.
⑤ 전구 끼우개에 전구를 돌려 끼우면 전구를 전선에 쉽게 연결할 수 있습니다.

02 ① (+)극과 (−)극이 있는 전기 부품은 전지입니다.
② 전기가 흐르는 통로는 집게 달린 전선입니다.
③ 빛을 내는 전기 부품은 전구입니다.
④ 전기 부품에는 전기가 잘 통하는 물질로 만들어진 부분과 전기가 잘 통하지 않는 물질로 만들어진 부분이 있습니다.

03 ㉠, ㉡, ㉣ 전기 회로의 전구에 불이 켜집니다. ㉢ 전기 회로는 전구에 연결된 전선이 모두 전지의 (−)극에만 연결되어 있기 때문에 전구에 불이 켜지지 않습니다.

04 전구는 전지의 (+)극과 (−)극에 각각 연결하고 회로가 끊기지 않아야 불이 켜집니다.

05 전지, 전선, 전구 등의 전기 부품을 서로 연결하여 전기가 흐르도록 한 것을 전기 회로라고 합니다. 전지, 전선, 전구를 끊기지 않게 연결하고, 전구는 전지의 (+)극과 (−)극에 각각 연결하며, 전기 부품의 전기가 잘 통하는 부분끼리 연결해야 전구에 불이 켜집니다.

06 전구 두 개 이상을 한 줄로 연결하는 방법을 전구의 직렬연결, 전구 두 개 이상을 여러 줄에 나누어 각각 연결하는 방법을 전구의 병렬연결이라고 합니다.

07 전구의 직렬연결은 전구 두 개 이상을 한 줄로 연결하는 방법입니다. (내)는 전구 두 개가 다른 줄에 나누어 연결되어 있는 전구의 병렬연결입니다.

08 전구의 연결 방법에 따라 전구의 밝기가 달라지는데, 병렬연결된 전구가 직렬연결된 전구보다 밝기가 더 밝습니다.

09 전구를 병렬로 연결하면 전구 여러 개가 각각 다른 길에 나누어져 있는데, 이것은 전구 한 개를 연결한 전기 회로가 여러 개 있는 것과 같으므로, 전구의 밝기는 전구 한 개를 연결한 전기 회로와 비슷합니다.

10 전구의 직렬연결에서는 한 전구의 불이 꺼지면 나머지 전구의 불도 꺼집니다. ①, ③은 전구의 직렬연결이고, ②, ④, ⑤는 전구의 병렬연결입니다.

11 전구의 병렬연결에서는 한 전구의 불이 꺼져도 나머지 전구의 불은 꺼지지 않습니다. 따라서 전등 하나가 고장 나도 나머지 전등은 불이 켜져 있어 편리합니다.

> **채점 기준**
> 전등 하나가 고장 나도 다른 전등이 꺼지지 않는다는 내용을 썼으면 정답으로 합니다.

12 전자석은 전기가 흐를 때만 자석의 성질이 나타나는 자석입니다. 둥근머리 볼트에 종이테이프를 감고 에나멜선을 100번 이상 한쪽 방향으로 촘촘하게 감은 뒤, 에나멜선 양쪽 끝부분을 사포로 문질러 겉면을 벗겨 내고 전기 회로에 연결해 전자석을 완성합니다.

13 스위치를 닫으면 에나멜선에 전기가 흘러 전자석의 끝부분에 시침바늘이 붙습니다. 이를 통해 전자석은 전기가 흐를 때만 자석의 성질이 나타난다는 것을 알 수 있습니다.

> **채점 기준**
> 전기가 흐를 때만 자석의 성질이 나타난다는 내용을 썼으면 정답으로 합니다.

14 전자석은 연결된 전지의 개수를 다르게 하여 전자석의 세기를 조절할 수 있습니다. 전자석에 전지 한 개를 연결했을 때보다 전지 두 개를 서로 다른 극끼리 한 줄로 연결했을 때 더 많은 클립이 붙습니다.

15 자석은 같은 극끼리 서로 밀어 내고 다른 극끼리 끌어당기므로, 나침반 바늘의 N극이 가리키는 전자석의 끝은 S극이고, 나침반 바늘의 S극이 가리키는 전자석의 끝은 N극입니다.

16 전자석에 연결된 전지의 극을 반대로 연결하면 전자석의 극이 바뀝니다.

17 ㉾ 전자석은 전지의 두 극을 연결한 방향에 따라 전자석의 극이 달라집니다.

18 자기 부상 열차는 전자석의 성질을 이용하여 만든 것으

로, 전기가 흐를 때 자기 부상 열차와 철로가 서로 밀어내어 열차가 철로 위에 떠서 이동하기 때문에 열차와 철로 사이의 마찰이 없어 빠르게 달릴 수 있습니다.

19 머리 말리개는 전동기 속 전자석을 이용해 날개를 돌려 바람을 일으킵니다. 헤드폰 스피커는 전자석의 세기나 극을 바꿀 수 있는 성질을 이용해 떨림을 만들어 소리를 냅니다. 전기 자동차는 전동기 속 전자석을 이용해 바퀴를 돌려 자동차를 움직이고, 전자석 잠금 장치는 전자석을 이용해 문을 잠그거나 열 수 있습니다.

20 전자석 기중기는 전기가 흐를 때만 자석이 되는 성질을 이용하여 무거운 철제품을 다른 장소로 쉽게 옮길 수 있습니다.

채점 기준

전기가 흐를 때만 자석이 되는 성질을 이용하여 무거운 철제품을 다른 장소로 옮길 수 있다는 내용을 썼으면 정답으로 합니다.

21 우리가 지켜야 할 전기 안전 수칙에는 깜박거리는 형광등을 손으로 만지지 않기, 플러그를 뽑을 때 전선을 잡아당기지 않기, 물에 젖은 행주를 전기 제품에 걸쳐 두지 않기, 콘센트에 손가락이나 젓가락과 같은 물체를 집어넣지 않기, 콘센트 한 개에 여러 개의 플러그를 한꺼번에 꽂아서 사용하지 않기 등이 있습니다.

22 전기를 안전하게 사용하지 않으면 감전되거나 화재가 일어날 수 있습니다.

채점 기준

'감전이 된다.' 또는 '화재 사고가 일어난다.'는 내용을 썼으면 정답으로 합니다.

23 전기를 절약하려면 낮에는 전등을 끄고, 사용하지 않는 전기 제품의 플러그는 콘센트에서 뽑아 놓습니다. 안 쓰는 전기 제품의 플러그를 뽑으면 전기 회로가 끊어져 전기가 흐르지 않습니다.

24 전기를 절약하기 위해 사용하는 제품에는 사람의 움직임을 감지하는 감지 등, 스마트 기기를 이용하여 무선으로 전기 기구를 켜고 끌 수 있는 스마트 플러그 등이

있습니다.

① 전동기는 내부의 전자석에 전기가 흐르면 물체를 회전시킬 수 있는 장치입니다.

② 콘센트는 전기 제품의 플러그를 꽂는 부분입니다.

⑤ 과전류 차단 장치는 누전 사고를 예방하기 위해 사용하는 제품입니다.

수행평가 미리 보기 37쪽

1 (1) 해설 참조 (2) ⑩ 전지, 전선, 전구가 끊기지 않게 연결한다. 전구를 전지의 (+)극과 (−)극에 각각 연결한다. 전기 부품에서 전기가 통하는 부분끼리 연결한다. **2** (1) 닫았을 때 (2) ⑩ 전자석의 세기를 조절할 수 있다. (3) 반대 (4) ⑩ 전자석의 극을 바꿀 수 있다.

1 (1)

| 전구에 불이 켜지는 전기 회로 | ⓒ, ⓒ |
| 전구에 불이 켜지지 않는 전기 회로 | ㉠, ㉣, ⑩, ㉰ |

(2) 전구에 불이 켜지는 전기 회로는 전지, 전선, 전구가 끊기지 않게 연결되어 있고, 전구가 전지의 (+)극과 (−)극에 각각 연결되어 있으며, 전기 부품에서 전기가 통하는 부분끼리 연결되어 있습니다.

2 스위치를 닫았을 때만 시침바늘이 전자석에 붙는 것으로 보아 전자석은 전기가 흐를 때만 자석이 된다는 것을 알 수 있습니다. 전지 한 개를 연결했을 때보다 전지 두 개를 서로 다른 극끼리 한 줄로 연결했을 때 시침바늘이 더 많이 붙는 것으로 보아 전자석의 세기를 조절할 수 있다는 것을 알 수 있습니다. 전지의 극을 반대로 하면 나침반 바늘이 가리키는 방향이 반대가 되는 것으로 보아 전자석의 극을 바꿀 수 있다는 것을 알 수 있습니다.

(1) 태양 고도, 그림자 길이, 기온

탐구 문제   42쪽

1 기온 그래프   **2** ⑤

---

1 태양 고도가 높아지면 기온이 높아지므로 태양 고도와 기온 그래프의 모양이 비슷하게 변화합니다.

2 ⑤ 그림자 길이가 길수록 기온은 낮아집니다.

핵심 개념 문제   43~44쪽

01 태양 고도   **02** ㈏   **03** ④   **04** 30°   **05** 그림자 길이
06 ②   **07** ㉢   **08** ①

---

01 태양 고도는 태양의 높이를 의미하며, 태양이 지표면과 이루는 각으로 나타냅니다.

02 ㈎ 태양 고도가 낮을 때 태양이 지표면과 이루는 각이 작고, ㈏ 태양 고도가 높을 때 태양이 지표면과 이루는 각이 큽니다.

03 태양 고도는 햇빛이 잘 드는 편평한 곳에서 측정하고, 막대기의 그림자가 측정기의 눈금과 평행하게 되도록 조정합니다. 각도기의 중심을 막대기의 그림자 끝에 맞춘 다음 그림자 끝과 실이 이루는 각을 측정하는데 실을 잡아당길 때 막대기가 휘어지지 않도록 주의합니다.

04 태양이 지표면과 이루는 각은 30°입니다.

05 태양 고도가 높아지면 그림자 길이가 짧아지므로 그래프의 모양이 반대로 변화합니다.

06 태양 고도가 높아지면 그림자 길이는 짧아지고 기온은 높아집니다.

07 하루 중 태양이 정남쪽에 위치하면 태양이 남중했다고 하며, 이때 태양 고도가 하루 중 가장 높습니다.

---

08 태양의 남중 고도는 태양이 남중했을 때의 고도를 의미하며, 이때 하루 중 태양 고도가 가장 높습니다. 우리나라에서는 태양이 낮 12시 30분 무렵에 남중하며, 하루 중 기온이 가장 높은 때는 14시 30분으로 태양 고도가 가장 높을 때와 기온이 가장 높은 때는 두 시간 정도의 차이가 있습니다.

중단원 실전 문제   45~46쪽

01 ④   **02** ②   **03** ㈎   **04** ②   **05** 52°   **06** (1) ㈎ (2) ⒝ 태양 고도가 높아질수록 그림자 길이는 짧아지기 때문이다.   **07** ㉠ ㈏, ㉡ 높고, ㉢ 짧으며, ㉣ 정북쪽   **08** ①   **09** (1) 12:30 (2) 14:30   **10** ⑤   **11** ⒝ 태양 고도가 높아질수록 그림자 길이는 짧아지고, 기온은 높아진다.   **12** ④

---

01 막대기의 길이가 길어지면 그림자 길이도 함께 길어지기 때문에 태양 고도는 변하지 않습니다.

02 ① 태양 고도는 같은 장소에서 측정합니다.
③ 태양 고도를 측정하기 적합한 장소는 햇빛이 잘 드는 편평한 곳입니다.
④ 막대기가 휘면 그림자 길이가 변하여 태양 고도 측정값에 오차가 생기므로, 휘지 않도록 적절한 힘으로 실을 당깁니다.
⑤ 기온은 백엽상에 있는 온도계를 이용하여 측정하거나 그늘진 곳에서 1.5 m 높이에 온도계를 매달고 측정합니다.

03 태양 고도는 오전부터 낮 12시 30분까지 점점 높아집니다. 따라서 오전 8시 30분에 측정한 태양 고도가 오전 11시 30분에 측정한 태양 고도보다 더 낮습니다.

04 하루 중 태양 고도가 가장 높은 때는 태양이 남중했을 때입니다. 우리나라에서는 낮 12시 30분 무렵에 태양 고도가 가장 높으며 태양은 정남쪽 방향에 있습니다. 이때 그림자는 정북쪽을 향하고 그림자 길이는 가장 짧습니다. 하루 중 기온이 가장 높은 때는 14시 30분 무렵입니다.

05 우리나라에서는 낮 12시 30분 무렵에 태양이 남중합니다.

06 ㈎는 태양 고도가 높아질수록 값이 작아지기 때문에 그림자 길이이고, ㈏는 태양 고도가 높아질 때 값이 커지기 때문에 기온을 측정한 것입니다.

채점 기준	
상	그림자 길이를 측정한 것을 찾고, 그렇게 생각한 까닭을 옳게 쓴 경우
중	그림자 길이를 측정한 것을 찾았으나 그렇게 생각한 까닭이 틀린 경우
하	답을 틀리게 쓴 경우

07 하루 중 태양이 정남쪽에 위치했을 때의 고도를 태양의 남중 고도라고 하며, 이때 태양 고도는 하루 중 가장 높습니다. 태양이 남중했을 때 그림자는 정북쪽을 향하고, 그림자 길이는 하루 중 가장 짧습니다.

08 태양 고도가 높아지면 기온이 높아지므로 두 그래프의 모양은 비슷하게 변화합니다. 태양 고도가 높아지면 그림자 길이는 짧아지므로 두 그래프의 모양은 반대로 변화합니다.

09 태양 고도는 낮 12시 30분 무렵에 가장 높고 그 후 낮아지며, 기온은 14시 30분 무렵에 가장 높고 그 후 낮아집니다.

10 태양 고도는 오전에 점점 높아지다가 낮 12시 30분 무렵에 가장 높고, 이후 점차 낮아집니다. 그림자 길이는 오전에 점점 짧아지다가 낮 12시 30분 무렵에 가장 짧고, 이후 점차 길어집니다. 태양 고도가 가장 높을 때 그림자 길이는 가장 짧습니다.

11 태양 고도가 높아지면 그림자 길이는 짧아지고, 기온은 높아집니다.

채점 기준	
상	보기 의 말을 모두 사용하여 태양 고도와 그림자 길이의 관계, 태양 고도와 기온의 관계를 모두 옳게 쓴 경우
중	보기 의 말 중 하나가 빠졌거나 태양 고도, 그림자 길이, 기온의 관계 중 한 가지만 옳게 쓴 경우
하	답을 틀리게 쓴 경우

12 태양 고도는 낮 12시 30분 무렵에 가장 높고 그 후 점점 낮아지며, 그림자 길이는 낮 12시 30분 무렵에 가장 짧고 그 후 점점 길어집니다.

 서술형·논술형 평가 돋보기 47쪽

1 (1) ⑩ 그림자 끝과 실이 이루는 각을 측정한다. (2) ⑩ 막대기의 길이가 길어지면 그림자 길이도 함께 길어지므로 태양 고도는 변화가 없다. **2** ⑩ 태양 고도는 가장 높고, 그림자 길이는 가장 짧다. **3** ⑩ 태양 고도는 높아지고, 그림자 길이는 짧아진다. 기온은 높아진다. **4** (1) ㉢ (2) ⑩ 기온은 14시 30분 무렵에 가장 높기 때문이다.

1 (1) 실을 막대기의 그림자 끝에 맞춘 뒤, 그림자 끝과 실이 이루는 각을 측정합니다.

(2) 태양 빛은 지구에 평행으로 오기 때문에 막대기의 길이가 길어지면 그림자 길이도 함께 길어집니다. 따라서 태양 고도는 막대기의 길이에 상관없이 일정하게 측정됩니다.

채점 기준	

태양 고도가 달라지지 않는다는 내용을 썼으면 정답으로 합니다.

2 하루 중 태양이 정남쪽에 위치했을 때의 고도를 태양의 남중 고도라고 하며, 이때 태양 고도는 하루 중 가장 높습니다. 태양이 남중했을 때 그림자는 정북쪽을 향하고, 그림자 길이는 하루 중 가장 짧습니다.

채점 기준	
상	태양이 남중했을 때의 태양 고도와 그림자 길이를 모두 옳게 쓴 경우
중	태양이 남중했을 때의 태양 고도와 그림자 길이 중 하나만 옳게 쓴 경우
하	답을 틀리게 쓴 경우

3 태양 고도는 오전에 높아지기 시작하여 낮 12시 30분 무렵 가장 높고, 그 후에 다시 낮아집니다. 그림자 길이는 오전에 짧아지기 시작하여 낮 12시 30분에 가장 짧고, 기온은 14시 30분까지 높아지다가 그 후에 다시

낮아집니다.

채점 기준	
상	태양 고도와 그림자 길이, 기온의 변화를 모두 옳게 쓴 경우
중	세 가지의 변화 중 1~2가지만 옳게 쓴 경우
하	답을 틀리게 쓴 경우

4 (2) 기온은 오전부터 높아지다가 14시 30분 무렵 가장 높고 그 후 다시 낮아집니다.

채점 기준
기온은 14시 30분 무렵에 가장 높다는 내용을 썼으면 정답으로 합니다.

(2) 계절에 따른 태양의 남중 고도, 낮과 밤의 길이, 기온 변화

탐구 문제 50쪽

1 ④ **2** (1) ○

1 태양의 남중 고도에 따른 기온 변화를 비교하는 실험이므로 태양의 남중 고도를 의미하는 전등과 태양 전지판이 이루는 각을 다르게 해야 합니다.

2 전등과 태양 전지판이 이루는 각이 클 때 소리 발생기에서 나는 소리가 더 큽니다.

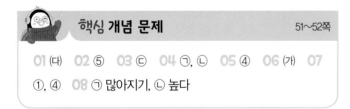

핵심 개념 문제 51~52쪽

01 (다) **02** ⑤ **03** ㉢ **04** ㉠, ㉡ **05** ④ **06** (가) **07** ①, ④ **08** ㉠ 많아지기, ㉡ 높다

01 계절에 따른 태양의 남중 고도를 관찰하면, 겨울에 가장 낮습니다.
(가)는 태양의 남중 고도가 여름과 겨울의 중간인 봄과 가을, (나)는 태양의 남중 고도가 가장 높은 여름입니다.

02 태양의 남중 고도는 3월부터 높아져서 6월에 가장 높고, 그 후 계속 낮아져서 12월에 가장 낮아졌다가 3월까지 다시 조금씩 높아집니다.

03 (가)는 낮의 길이가 가장 긴 여름입니다. 여름에는 태양의 남중 고도가 가장 높습니다.

04 ㉢ 봄에는 낮의 길이가 여름보다 짧고, 겨울보다 깁니다. ㉣ 겨울에는 태양의 남중 고도가 낮기 때문에 낮의 길이가 짧습니다.

05 ④ 전등과 태양 전지판 사이의 거리는 같게 해야 할 조건입니다. 이 실험에서는 전등과 태양 전지판이 이루는 각만 다르게 해야 합니다.

06 전등과 태양 전지판이 이루는 각이 클 때 소리 발생기에서 나는 소리가 더 큽니다.

07 여름에는 태양의 남중 고도가 높기 때문에 기온이 높고, 겨울에는 태양의 남중 고도가 낮기 때문에 기온이 낮습니다.

08 태양의 남중 고도가 높으면 좁은 면적을 비추기 때문에 같은 면적에 도달하는 에너지양이 많아져 지표면이 더 많이 데워지므로 기온이 높아집니다.

중단원 실전 문제 53~54쪽

01 ㉢ **02** ② **03** ㉡, ㉢ **04** ③, ⑤ **05** ④ **06** 예 태양의 남중 고도가 높으면 낮의 길이가 길어지고, 태양의 남중 고도가 낮으면 낮의 길이가 짧아진다. **07** ㉠ 길어, ㉡ 높아, ㉢ 짧아, ㉣ 낮아 **08** ② **09** (1) - ㉠ (2) - ㉡ (3) - ㉢ **10** (1) (가) (2) (나) **11** (가) 여름, (나) 겨울 **12** 예 태양의 남중 고도가 달라지면 일정한 면적의 지표면에 도달하는 태양 에너지양이 달라져서 기온이 달라진다.

01 태양의 남중 고도는 여름에 가장 높습니다. ㉠은 겨울, ㉡은 봄과 가을의 태양의 위치 변화입니다.

02 계절에 따른 태양의 남중 고도를 관찰하면, 겨울이 가

장 낮고, 여름이 가장 높습니다. 봄과 가을은 여름과 겨울의 중간입니다.

03 계절에 따라 태양의 남중 고도가 달라지기 때문에 낮과 밤의 길이가 달라집니다.

04 ① 낮의 길이는 12월에 가장 짧습니다.
② 낮의 길이는 6월에 가장 깁니다.
④ 계절에 따라 낮의 길이가 달라집니다.

05 7월부터 12월까지 태양의 남중 고도는 낮아지고, 낮의 길이는 짧아집니다. 따라서 한 달 뒤에는 10월 24일보다 태양의 남중 고도는 낮아지고, 낮의 길이는 짧아집니다.

06 월별 태양의 남중 고도 그래프와 월별 낮의 길이 그래프는 모양이 비슷합니다. 따라서 태양의 남중 고도가 높을수록 낮의 길이가 길어지고, 태양의 남중 고도가 낮을수록 낮의 길이가 짧아진다는 것을 알 수 있습니다.

채점 기준
태양의 남중 고도가 높아질수록 낮이 길어지고, 태양의 남중 고도가 낮아질수록 낮이 짧아진다는 내용을 썼으면 정답으로 합니다.

07 월별 태양의 남중 고도, 낮의 길이, 월평균 기온 그래프의 모양은 비슷합니다. 따라서 태양의 남중 고도가 높은 여름에는 낮의 길이가 길어지고 기온은 높아집니다. 반대로 태양의 남중 고도가 낮은 겨울에는 낮의 길이가 짧아지고 기온은 낮아집니다.

08 전등과 태양 전지판이 이루는 각이 달라짐에 따라 지표면에 도달하는 태양 에너지양이 달라 지표면을 데우는 정도가 달라집니다. 따라서 태양의 남중 고도에 따른 기온의 변화를 알아보는 실험입니다.

09 실험에서 사용된 전등은 자연에서 태양을 의미하고, 태양 전지판은 지표면을 의미합니다. 전등과 태양 전지판이 이루는 각은 태양과 지표면이 이루는 각으로 태양의 남중 고도를 의미합니다.

10 전등과 태양 전지판이 이루는 각이 크면 전등이 좁은 면적을 비추기 때문에 같은 면적에 도달하는 에너지양

이 많아 소리의 크기가 큽니다. 반대로 전등과 태양 전지판이 이루는 각이 작으면 전등이 넓은 면적을 비추기 때문에 같은 면적에 도달하는 에너지양이 적어 소리의 크기가 작습니다.

11 ⑺는 태양의 남중 고도가 높은 여름, ⑷는 태양의 남중 고도가 낮은 겨울에 해당합니다.

12 계절에 따라 태양의 남중 고도가 달라지기 때문에 기온이 달라집니다. 태양의 남중 고도가 달라지면 일정한 면적의 지표면에 도달하는 태양 에너지양이 달라지기 때문에 기온이 달라집니다.

채점 기준
보기 의 말을 모두 넣어 태양의 남중 고도에 따라 지표면에 도달하는 태양 에너지양이 달라져 기온이 변한다는 내용을 썼으면 정답으로 합니다.

서술형·논술형 평가 돋보기 55쪽

1 (1) ㉠ 겨울, ㉡ 봄, 가을, ㉢ 여름 (2) 예 태양의 남중 고도는 ㉢일 때 가장 높고 ㉠일 때 가장 낮으며, ㉡일 때 ㉠과 ㉢의 중간 정도이다. (3) 예 낮의 길이가 길어진다, 기온이 높아진다 등 **2** 예 태양의 남중 고도가 낮을수록 낮의 길이가 짧아지기 때문이야. **3** 예 여름에는 태양의 남중 고도가 높아서 지표면에 도달하는 태양 에너지양이 많아 지표면이 많이 데워져 기온이 높아지고, 겨울에는 태양의 남중 고도가 낮아서 지표면에 도달하는 태양 에너지양이 적어 지표면이 적게 데워져 기온이 낮아진다.

1 (1) 태양의 남중 고도는 여름에 가장 높고, 겨울에 가장 낮습니다. 봄과 가을에는 태양의 남중 고도가 여름과 겨울의 중간입니다.
(2) ㉢ 여름에 태양의 남중 고도가 가장 높고, ㉠ 겨울에 태양의 남중 고도가 가장 낮습니다. ㉡ 봄, 가을에는 태양의 남중 고도가 여름과 겨울의 중간 정도입니다.

(3) ㉡에서 ㉢은 봄에서 여름으로 변할 때입니다. 여름이 되면서 낮의 길이는 더 길어지고, 밤의 길이는 더 짧아집니다. 여름이 되면 기온은 더 높아집니다.

2 태양의 남중 고도가 낮아질수록 낮의 길이는 짧아집니다. 동지는 태양의 남중 고도가 가장 낮기 때문에 1년 중 낮이 가장 짧고, 밤이 가장 긴 날입니다.

3 계절에 따라 태양의 남중 고도가 변하면 지표면에 도달하는 태양 에너지양이 변하기 때문에 기온도 변합니다. 지표면에 도달하는 태양 에너지양이 많아지면 지표면이 더 많이 데워지므로 기온이 높아집니다.

(3) 계절의 변화가 생기는 까닭

탐구 문제 58쪽

1 ③   2 (나)

1 같게 해야 할 조건에는 전등과 지구본 사이의 거리, 태양 고도 측정기를 붙이는 위치 등이 있고, 다르게 해야 할 조건은 지구본의 자전축 기울기입니다.

2 지구본의 자전축이 수직인 채 공전할 때 지구본의 각 위치에 따라 태양의 남중 고도가 변하지 않고, 지구본의 자전축이 기울어진 채 공전할 때 지구본의 각 위치에 따라 태양의 남중 고도가 변합니다.

핵심 개념 문제 59~60쪽

01 ㉤   02 (1) - ㉡, ㉢ (2) - ㉠, ㉣   03 (3) ○   04 (나)
05 ②, ③   06 영웅   07 (나)   08 겨울

01 계절이 달라지면 태양의 남중 고도, 낮의 길이, 기온, 그림자 길이 등이 달라집니다. 지구의 자전축은 계절에 상관없이 약 23.5° 기울어져 있습니다.

02 여름에는 태양의 남중 고도가 높아져서 낮의 길이가 길고, 기온이 높습니다. 겨울에는 태양의 남중 고도가 낮아져서 낮의 길이가 짧고, 기온이 낮습니다.

03 지구본의 자전축이 수직인 채 공전할 때에는 태양의 남중 고도에 변화가 없습니다.

04 지구본의 자전축이 기울어진 채 공전할 때에는 태양의 남중 고도가 달라지고, 계절이 변합니다.

05 지구의 자전축이 공전 궤도면에 대하여 기울어진 채 태양 주위를 공전하기 때문에 지구의 각 위치에 따라 태양의 남중 고도가 달라지고, 계절이 변합니다.

06 지구의 자전축이 공전 궤도면에 대하여 수직인 채 태양 주위를 공전하면 태양의 남중 고도가 변하지 않기 때문에 계절도 변하지 않습니다.

07 지구가 ㈜의 위치에 있을 때 북반구에서는 태양의 남중 고도가 가장 높은 여름이고, ㈏의 위치에 있을 때는 태양의 남중 고도가 가장 낮은 겨울입니다.

08 남반구의 계절은 북반구와 반대입니다. 따라서 북반구의 계절이 여름일 때 남반구는 겨울입니다.

 중단원 **실전 문제** 61~62쪽

01 ④   **02** ㉠, ㉢, ㉤   **03** ①   **04** 예 지구본의 자전축을 23.5° 기울이고 지구본을 공전시킨다.   **05** ㈏ 여름, ㈐ 겨울   **06** ㉤   **07** ⑤   **08** ②, ⑤   **09** 계절의 변화가 생기지 않는다. 예 왜냐하면 지구의 자전축이 수직인 채로 태양 주위를 공전하면 태양의 남중 고도가 변하지 않기 때문이다.   **10** >   **11** ㉡   **12** 여름, 예 북반구에서 겨울일 때 남반구에서는 태양의 남중(북중) 고도가 높기 때문이다.

01 계절이 달라지면 태양의 남중 고도, 낮과 밤의 길이가 달라집니다. 지표면에 도달하는 태양 에너지양이 달라져서 기온도 달라집니다.
　④ 지구의 공전 방향은 서쪽에서 동쪽(시계 반대 방향)으로 항상 일정합니다.

02 지구본의 우리나라에 태양 고도 측정기를 붙인 다음, 지구본의 자전축을 수직으로 맞추고 전등으로부터 30 cm 떨어진 거리에 둡니다. 전등의 높이를 조절하고 태양의 남중 고도를 측정한 후 지구본을 공전시키며 관찰합니다.

03 지구본의 자전축이 수직인 채 공전할 때에는 ㈜~㈐의 각 위치에서 태양의 남중 고도가 변하지 않습니다.

04 지구본의 자전축이 기울어진 채 공전할 때에는 지구본의 위치에 따라 태양의 남중 고도가 달라집니다.

　채점 기준
지구본의 자전축을 기울인 채 공전시킨다는 내용을 썼으면 정답으로 합니다.

05 ㈏는 태양의 남중 고도가 가장 높은 여름이고, ㈐는 태양의 남중 고도가 가장 낮은 겨울입니다. ㈜는 겨울과

여름 사이에 있는 봄, ㈐는 여름과 겨울 사이인 가을입니다.

06 지구의 자전축이 공전 궤도면에 대하여 기울어진 채 공전하면 지구의 각 위치에 따라 태양의 남중 고도가 달라지고, 낮의 길이와 기온이 변해 계절의 변화가 생깁니다.

07 지구의 자전축이 공전 궤도면에 대하여 기울어진 채 태양 주위를 공전하기 때문에 지구의 각 위치에 따라 태양의 남중 고도가 달라집니다.

08 계절이 변하는 가장 큰 원인은 지구 자전축이 23.5° 기울어져 있고, 지구가 공전을 한다는 것입니다.

09 지구의 자전축이 공전 궤도면에 대하여 수직인 채 태양 주위를 공전한다면 태양의 남중 고도가 달라지지 않아 계절의 변화가 생기지 않을 것입니다.

　채점 기준

상	계절 변화와 까닭을 모두 옳게 쓴 경우
중	계절 변화와 까닭 중 한 가지만 옳게 쓴 경우
하	답을 틀리게 쓴 경우

10 ㈜위 위치에서 북반구는 태양의 남중 고도가 높고, ㈏의 위치에서 북반구는 태양의 남중 고도가 낮습니다.

11 ㈜의 태양의 남중 고도가 높은 여름, ㈏는 태양의 남중 고도가 낮은 겨울입니다. 여름에 겨울보다 기온이 높습니다.

12 남반구는 북반구와 계절이 서로 반대입니다.

　채점 기준

상	계절과 까닭을 모두 옳게 쓴 경우
중	계절과 까닭 중 한 가지만 옳게 쓴 경우
하	답을 틀리게 쓴 경우

1 (1) 예 다르게 해야 할 조건은 지구본의 자전축 기울기이고, 같게 해야 할 조건은 전등과 지구본 사이의 거리, 태양 고도 측정기를 붙이는 위치 등이다. (2) 예 ㉡의 위치에서 태양의 남중 고도가 가장 높고, ㉣의 위치에서 가장 낮다. ㉠과 ㉢의 태양의 남중 고도는 ㉡과 ㉣의 중간 정도이다. (3) 예 지구의 자전축이 공전 궤도면에 대하여 기울어진 채 태양 주위를 공전하기 때문이다. **2** 예 계절의 변화가 생기지 않는다. 지구가 공전하지 않고 자전만 한다면 태양의 남중 고도가 달라지지 않기 때문이다. **3** (1) ㉠ 겨울, ㉡ 여름 (2) 예 북반구에서 겨울일 때 남반구에서는 태양의 남중(북중) 고도가 높기 때문에 여름이다.

1 (1) 지구본의 자전축 기울기만 다르게 하고 나머지는 모두 같게 해야 합니다.

채점 기준

상	다르게 해야 할 조건과 같게 해야 할 조건을 모두 옳게 쓴 경우
중	둘 중 하나만 옳게 쓴 경우
하	답을 틀리게 쓴 경우

(2) 지구본의 자전축이 기울어진 채 공전할 때에는 ㉠~㉣의 각 위치에서 태양의 남중 고도가 달라집니다.

채점 기준

지구본의 각 위치에 따라 태양의 남중 고도가 변한다는 내용을 썼으면 정답으로 합니다.

(3) 지구의 자전축이 공전 궤도면에 대하여 기울어진 채 태양 주위를 공전하면 지구의 각 위치에 따라 태양의 남중 고도가 달라지고, 계절이 변합니다.

채점 기준

지구의 자전축이 기울어진 채 공전하기 때문이라는 내용을 썼으면 정답으로 합니다.

2 지구의 자전축이 기울어져 있지만 지구가 공전하지 않고 자전만 한다면 지구의 위치가 변하지 않기 때문에 태양의 남중 고도가 달라지지 않아 낮과 밤의 변화만 생기고 계절의 변화가 생기지 않습니다.

채점 기준

상	지구가 공전하지 않을 때 생기는 일과 그 까닭을 모두 옳게 쓴 경우
중	두 가지 중 한 가지만 옳게 쓴 경우
하	답을 틀리게 쓴 경우

3 (1) 남반구는 북반구와 계절이 반대입니다.

(2) 북반구에서 겨울일 때 남반구의 위치에서는 태양의 남중(북중) 고도가 높아서 여름이 됩니다.

채점 기준

북반구와 남반구의 태양의 남중 고도가 다르기 때문이라는 내용을 썼으면 정답으로 합니다.

01 ① **02** ㉡ **03** ③ **04** 해설 참조 **05** ㉢ **06** 예 하루 중 태양 고도가 가장 높은 때는 낮 12시 30분이고 기온이 가장 높은 때는 14시 30분이다. **07** (가) **08** ㉤ **09** ② **10** ② **11** (1) 겨울 (2) 여름 **12** ⑤ **13** ③ **14** ③ **15** ④ **16** (가) **17** (1) - ㉠ (2) - ㉡ **18** 서후, 예 태양의 남중 고도가 높아질수록 같은 면적의 지표면에 도달하는 태양 에너지양이 많아져. **19** ② **20** 지구본의 자전축 기울기 **21** ② **22** ③, ④ **23** ② **24** ③

01 막대기의 길이가 길어지면 그림자 길이도 함께 길어지기 때문에 태양 고도에는 변화가 없습니다. 따라서 태양 고도는 태양과 지표면이 이루는 각인 20°입니다.

02 하루 동안 태양 고도는 오전부터 높아지다가 낮 12시 30분에 가장 높고 그 이후에 다시 낮아집니다. 따라서 오전 9시부터 오전 11시 무렵까지 태양 고도는 점점 높아집니다.

03 ㉠은 태양이 남중했을 때입니다. 이때 태양 고도는 하루 중 가장 높고, 그림자 길이는 가장 짧으며 그림자가 정북쪽을 향합니다.

04 (1) ㉠ ●
(2) ㉡ ●
(3) ㉢ ●

● 기온
● 태양 고도
● 그림자 길이

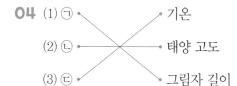

㉠은 오전부터 낮 12시 30분까지 값이 작아지다가 그 이후 다시 커지는 것으로 보아 그림자 길이 그래프이고, ㉡은 오전부터 낮 12시 30분까지 값이 커지다가 그 이후 작아지는 것으로 보아 태양 고도 그래프입니다. ㉢은 오전부터 오후 14시 30분까지 값이 커지다가 그 이후 작아지는 것으로 보아 기온 그래프입니다.

05 ㉢ 하루 중 태양 고도가 가장 높은 때와 기온이 가장 높은 때는 약 2시간 정도 차이가 납니다.

06 태양 고도가 가장 높을 때는 낮 12시 30분 무렵이며, 기온이 가장 높을 때는 14시 30분으로 두 시간 정도의 차이가 있습니다.

> **채점 기준**
> 태양 고도가 가장 높은 시각과 기온이 가장 높은 시각이 다르다는 내용을 썼으면 정답으로 합니다.

07 태양 고도가 낮을수록 기온은 낮아집니다.

08 태양의 남중 고도는 겨울에서 여름으로 갈수록 높아집니다.

09 태양의 남중 고도는 여름에 가장 높고, 겨울에 가장 낮습니다. 봄과 가을은 여름과 겨울의 중간 정도입니다.

10 ㉠은 겨울, ㉡은 봄, 가을, ㉢은 여름을 나타냅니다.
① 여름에 기온이 가장 높습니다.
② 여름에는 태양의 남중 고도가 가장 높습니다. 태양의 남중 고도가 높으면 태양이 지표면 위에서 지나가는 길도 길어지기 때문에 낮의 길이가 길어집니다.
③ 태양이 남중했을 때 그림자 길이는 여름에 가장 짧습니다.
⑤ 태양의 남중 고도가 높으면 햇빛이 교실 안까지 들어오지 않습니다.

11 겨울에는 낮의 길이가 짧아 해가 일찍 지고, 여름에는 낮의 길이가 길어 해가 늦게 집니다.

12 태양의 남중 고도가 높으면 낮의 길이가 길어지고, 태양의 남중 고도가 낮으면 낮의 길이가 짧아지므로, 월별 낮의 길이 그래프와 월별 태양의 남중 고도 그래프의 모양이 비슷합니다.

13 여름에는 태양의 남중 고도가 가장 높고 낮의 길이가 가장 깁니다. 겨울에는 태양의 남중 고도가 가장 낮고 낮의 길이가 가장 짧습니다.

14 전등은 태양, 태양 전지판은 지표면, 전등과 태양 전지판이 이루는 각은 태양의 남중 고도를 의미합니다.

15 ④ 전등과 태양 전지판이 이루는 각은 다르게 해야 할 조건입니다.

16 전등과 태양 전지판이 이루는 각이 클 때 전등이 좁은 면적을 비추기 때문에 같은 면적에 도달하는 에너지양이 많습니다.

17 전등과 태양 전지판이 이루는 각이 크다는 것은 태양의 남중 고도가 높다는 것을 의미하므로 여름을 나타내고, 전등과 태양 전지판이 이루는 각이 작다는 것은 태양의 남중 고도가 낮다는 것을 의미하므로 겨울을 나타냅니다.

18 계절에 따라 태양의 남중 고도가 달라지면 같은 면적의 지표면에 도달하는 태양 에너지양이 달라지기 때문에 기온이 달라집니다. 태양의 남중 고도가 높아질수록 같은 면적의 지표면에 도달하는 태양 에너지양이 많아지고, 태양의 남중 고도가 낮아질수록 같은 면적의 지표면에 도달하는 태양 에너지 양이 적어집니다.

> **채점 기준**
>
> | 상 | 잘못 말한 친구의 이름을 쓰고 바르게 고쳐 쓴 경우 |
> |---|---|
> | 중 | 잘못 말한 친구의 이름은 옳게 썼으나 바르게 고쳐 쓰지 못한 경우 |
> | 하 | 답을 틀리게 쓴 경우 |

19 지구본의 자전축이 공전 궤도면에 대하여 기울어진 채 태양 주위를 공전하기 때문에 태양의 남중 고도가 달라져 기온이 달라지고 계절이 변합니다.

20 지구본의 자전축 기울기에 따른 태양의 남중 고도 변화

를 알아보는 실험이므로, 지구본의 자전축 기울기만 다르게 하고 나머지 조건은 같게 합니다.

21 (가)는 지구본의 자전축이 수직인 채 공전하기 때문에 지구본의 위치에 따라 태양의 남중 고도가 변하지 않습니다. (나)는 지구본의 자전축이 기울어진 채 공전하기 때문에 지구본의 위치에 따라 태양의 남중 고도가 변합니다. ⓒ의 위치에서 태양의 남중 고도가 가장 높고, ⓔ의 위치에서 가장 낮습니다.

22 지구의 자전축이 공전 궤도면에 대하여 기울어진 채 태양 주위를 공전하면 지구의 각 위치에 따라 태양의 남중 고도가 달라지고, 그에 따라 그림자 길이, 낮의 길이, 기온도 달라져 계절의 변화가 생깁니다.

23 (가)의 위치에서 북반구는 태양의 남중 고도가 높은 여름이고, (나)의 위치에서 북반구는 태양의 남중 고도가 낮은 겨울입니다.

24 남반구는 북반구와 계절이 서로 반대입니다. 따라서 북반구가 여름일 때 남반구는 겨울입니다.

(2) 전등과 태양 전지판이 이루는 각이 클 때 전등이 좁을 면적을 비추므로 같은 면적에 도달하는 에너지양이 많아져서 소리 발생기에서 나오는 소리가 더 큽니다.

채점 기준

상	소리가 더 큰 것의 기호를 쓰고 그 까닭을 옳게 쓴 경우
중	소리가 더 큰 것의 기호는 옳게 썼으나 까닭을 틀리게 쓴 경우
하	답을 틀리게 쓴 경우

2 (1)

(가)	(나)
예 지구본의 각 위치에 따라 태양의 남중 고도가 변하지 않는다.	예 지구본의 각 위치에 따라 태양의 남중 고도가 변한다.

(2) 지구본의 자전축이 기울어진 채 공전하면 지구본의 각 위치에 따라 태양의 남중 고도가 달라진다는 실험 결과를 통해 계절이 변하는 까닭을 알 수 있습니다.

채점 기준

지구의 자전축이 기울어진 채 태양 주위를 공전하면 계절이 변한다는 내용을 썼으면 정답으로 합니다.

수행 평가 미리 보기   69쪽

1 (1) 예 계절에 따라 기온이 달라지는 까닭은 태양의 남중 고도가 달라지기 때문일 것이다. (2) 예 전등과 태양 전지판이 이루는 각이 클 때 소리가 더 크다. 왜냐하면 빛이 좁은 면적을 비추기 때문에 같은 면적에 도달하는 에너지양이 더 많기 때문이다. **2** (1) 해설 참조 (2) 예 지구의 자전축이 공전 궤도면에 대하여 기울어진 채 태양 주위를 공전하면 지구의 각 위치에 따라 태양의 남중 고도가 달라지고, 계절이 변한다.

1 (1) 계절에 따라 기온이 달라지는 까닭은 태양의 남중 고도가 달라지기 때문일 것이라는 가설을 알아보기 위한 실험입니다.

채점 기준

태양의 남중 고도가 달라지기 때문에 기온이 달라질 것이라는 내용을 썼으면 정답으로 합니다.

3 단원
연소와 소화

(1) 연소

탐구 문제   75쪽

1 (2) ○　2 ㉠ 붉게(붉은색으로), ㉡ 물

1 촛불을 집기병으로 덮으면 시간이 지나면서 집기병 안쪽 벽면이 뿌옇게 흐려집니다.

2 푸른색 염화 코발트 종이는 물에 닿으면 붉게 변합니다. 초가 연소하고 나면 푸른색 염화 코발트 종이가 붉게 변합니다. 이것으로 보아 초가 연소하면 물이 생긴다는 것을 알 수 있습니다.

핵심 개념 문제   76~77쪽

01 ④　02 ①　03 (나)　04 ③　05 연소　06 ⑤　07 (1) ○　08 ⑤

01 ④ 알코올램프 심지에 불을 붙여 알코올이 탈 때에는 시간이 지날수록 용기 속 알코올이 점점 줄어듭니다.

02 물질이 탈 때에는 공통적으로 빛과 열이 발생합니다.

03 산소가 발생하는 삼각 플라스크가 들어 있는 아크릴 통 속에 있는 초가 더 오래 탑니다.

04 이 실험에서는 아크릴 통 속에 산소가 공급되는 정도만 다르게 하여 초가 타는 시간을 비교해 보았습니다. 따라서 초가 타는 시간이 다르게 나타나는 현상에 영향을 준 것은 산소 공급의 유무입니다.

05 물질이 산소와 빠르게 반응하여 빛과 열을 내는 현상을 연소라고 합니다.

06 물질이 연소하기 위해서는 탈 물질과 산소, 발화점 이상의 온도가 필요합니다.

07 촛불을 덮었던 집기병에 석회수를 넣고 흔들면 석회수가 뿌옇게 흐려집니다. 이것으로 보아 초가 연소하면 이산화 탄소가 생긴다는 것을 알 수 있습니다.

08 초가 연소하면 물과 이산화 탄소가 생깁니다.

중단원 실전 문제   78~80쪽

01 ⑤　02 성조　03 예 불꽃 주변이 밝아진다. 열이 생기고 주변의 온도가 높아진다.　04 ②　05 (3) ○　06 (가)　07 ②　08 처음보다 줄어들었다　09 ⑤　10 성냥의 머리 부분　11 ④　12 탈 물질, 산소, 발화점 이상의 온도　13 ②　14 예 연소 후 물이 생성되는지 확인하기 위해　15 ⑤　16 ②　17 이산화 탄소　18 ㉢, ㉤

01 ⑤ 초가 탈 때에는 초의 길이가 점점 짧아집니다.

02 알코올램프에 불을 붙여 알코올이 탈 때 알코올의 불꽃 색은 초의 불꽃 색과 다르게 나타납니다.

03 초와 알코올이 탈 때 공통적으로 관찰할 수 있는 점은 다음과 같습니다.
- 불꽃 주변이 밝아집니다.
- 열이 생기고 주변의 온도가 높아집니다.
- 타는 물질이 줄어듭니다.
- 타는 물질의 무게가 줄어듭니다.
- 불꽃 아래나 주변보다 윗부분이 더 뜨겁습니다.
- 바람에 불꽃이 흔들립니다.

채점 기준	
상	공통적으로 관찰되는 현상 두 가지를 옳게 쓴 경우
중	공통적으로 관찰되는 현상을 한 가지만 옳게 쓴 경우
하	답을 틀리게 쓴 경우

04 ② 전구에서 빛이 나는 것은 전기를 이용한 것으로 물질이 탈 때 나타나는 빛과 열을 이용하는 예로 적절하지 않습니다.

05 (가) 아크릴 통에는 빈 삼각 플라스크를 놓아두고, (나) 아

크릴 통에는 산소가 발생하는 삼각 플라스크를 놓아두었습니다. 이것은 두 아크릴 통 속에 산소가 공급되는 정도를 다르게 했을 때 초가 타는 시간을 비교해 보기 위한 것입니다.

06 ㈎ 아크릴 통 속의 초는 산소가 공급되지 않아 산소가 공급되는 ㈏ 아크릴 통 속의 초보다 먼저 꺼집니다.

07 ㈏ 아크릴 통 속의 초가 더 오래 타는 까닭은 ㈎와는 다르게 산소를 공급받기 때문입니다.

08 초가 탄 이후 비커 속에 들어 있는 산소의 비율이 약 21 %에서 약 17 %로 줄어들었습니다.

09 초가 타면서 산소를 사용했기 때문에 초가 탄 후 비커 속에 들어 있는 산소의 비율이 줄어든 것입니다.

10 성냥의 머리 부분이 나무 부분보다 발화점이 더 낮아 먼저 불이 붙습니다.

11 성냥의 머리 부분과 나무 부분에 불이 붙는 순서가 다른 까닭은 성냥의 머리 부분과 나무 부분이 타기 시작하는 온도(발화점)가 다르기 때문입니다.

12 물질이 연소하려면 탈 물질, 산소, 발화점 이상의 온도가 모두 필요합니다.

채점 기준	
상	탈 물질, 산소, 발화점 이상의 온도를 모두 옳게 쓴 경우
중	두 가지만 옳게 쓴 경우
하	답을 틀리게 쓴 경우

13 모닥불이나 장작불에 부채질을 하는 까닭은 공기 중 산소를 원활하게 공급하기 위해서입니다.

14 투명한 아크릴 통 안쪽 벽에 푸른색 염화 코발트 종이를 붙이는 것은 연소 후 생성되는 물질 중 물이 있는지 확인하기 위해서입니다.

채점 기준	
물을 확인하기 위해서라는 내용을 포함하여 설명했으면 정답으로 합니다.	

15 푸른색 염화 코발트 종이는 물을 만나면 붉은색으로 변합니다.

16 촛불을 덮었던 집기병에 석회수를 넣고 살살 흔드는 것은 이산화 탄소가 있는지 확인하는 실험입니다.

17 이산화 탄소는 석회수를 뿌옇게 흐려지게 하는 성질이 있습니다. 석회수가 뿌옇게 흐려진 것은 초가 연소한 후 이산화 탄소가 생성되었기 때문입니다.

18 물질이 연소한 후 생성되는 물질은 물과 이산화 탄소입니다.

서술형·논술형 평가 돋보기 81쪽

1 (1) 성냥의 머리 부분 (2) ⓔ 성냥의 머리 부분이 나무 부분보다 발화점이 더 낮기 때문이다. **2** ⓔ 물질에 불을 직접 붙이지 않아도 발화점 이상의 온도가 되면 물질이 타기 때문이다. **3** (1) 작은 아크릴 통 속의 촛불이 먼저 꺼진다. (2) ⓔ 큰 아크릴 통보다 작은 아크릴 통 속에 공기(산소)가 더 적게 들어 있기 때문이다. **4** ⓔ 초가 연소하면서 작은 물방울이 맺혔기 때문이다.

1 (2) 물질마다 발화점이 다르기 때문에 물질마다 불이 붙는 데 걸리는 시간이 다릅니다.

채점 기준	
상	'성냥의 머리 부분이 나무 부분보다 발화점이 더 낮기 때문이다.'로 두 물질의 발화점을 비교하여 쓴 경우
중	발화점이 다르다는 의미로 쓴 경우
하	답을 틀리게 쓴 경우

2 물질에 불을 직접 붙이지 않아도 발화점 이상으로 온도가 높아지면 물질이 탑니다.

채점 기준	
상	'물질의 온도가 발화점 이상으로 올라가면 물질이 타기 시작한다. 또는 발화점 이상으로 계속 열을 가하면 물질이 타게 된다.'는 의미로 옳게 쓴 경우
중	발화점 이상의 온도의 의미만 쓴 경우
하	답을 틀리게 쓴 경우

3 (2) 크기가 다른 아크릴 통으로 촛불을 동시에 덮은 것은 공기(산소)의 양에 따라 초가 타는 시간을 비교해 보기 위한 것입니다.

채점 기준	
상	작은 아크릴 통 속 공기(산소)의 양이 적기 때문이라고 쓴 경우 또는 큰 아크릴 통 속 공기(산소)의 양이 많기 때문에 작은 아크릴 통 속 촛불이 상대적으로 더 일찍 꺼진다는 의미로 쓴 경우도 인정
중	두 아크릴 통 속 공기(산소)의 양이 다르기 때문이라고 쓴 경우
하	답을 틀리게 쓴 경우

4 아크릴 통 벽면이 뿌옇게 된 것은 초가 연소하면서 생성된 수증기가 벽면에 달라붙어 응결되면서 작은 물방울이 맺혔기 때문입니다.

채점 기준	
상	초가 연소하면서 물방울이 생겼다는 의미로 옳게 쓴 경우
중	초가 연소했다는 의미만 썼거나 설명의 일부만 옳게 쓴 경우
하	답을 틀리게 쓴 경우

(2) 소화

탐구 문제	84쪽

1 ② 2 산소

1 핀셋으로 초의 심지 집기, 초의 심지를 가위로 자르기, 촛불을 입으로 '후' 하고 불기, 가스레인지의 연료 조절 밸브 잠그기는 모두 탈 물질을 제거하여 불을 끄는 방법입니다.
② 촛불에 분무기로 물 뿌리기는 발화점 미만으로 온도를 낮추어 불을 끄는 방법입니다.

2 촛불 위에 모래를 뿌리면 산소가 공급되지 않아 불이 꺼집니다.

핵심 개념 문제
85~86쪽

01 ① 02 ⓒ, ⓔ, ⓜ 03 소화 04 ㉠ 05 ① 06 ㉠ 젖은, ⓛ 낮춰, ⓒ 아래 07 (2) ○ 08 ⓒ

01 초의 심지를 가위로 잘랐을 때 불이 꺼지는 까닭은 탈 물질이 공급되는 것을 막았기 때문입니다.

02 ㉠ 분무기로 물을 뿌려 촛불을 끄는 것은 발화점 미만으로 온도를 낮추어 불을 끄는 것입니다.
ⓛ 심지를 핀셋으로 집어 불을 끄는 것은 탈 물질을 없애 불을 끄는 것입니다.

03 연소의 조건 세 가지 중 한 가지 이상을 없애 불을 끄는 것을 소화라고 합니다.

04 가스레인지의 연료 조절 밸브를 잠가 불을 끄는 것은 탈 물질을 없애 불을 끄는 것입니다.

05 화재가 발생하면 승강기 대신 계단을 이용하여 이동합니다.
② 화재가 발생하면 119에 신고합니다.
③ 문틈으로 연기가 새 들어오면 문을 열지 않습니다.
④ 연기가 보이면 젖은 수건으로 코와 입을 가리고 낮은 자세로 이동합니다.
⑤ 아래층으로 피할 수 없을 때에는 높은 곳(옥상)으로 올라갑니다.

06 화재가 발생했을 때 연기는 열에 의해 위로 올라가므로 젖은 수건으로 코와 입을 막고 몸을 낮춰 유독 가스가 적은 아래쪽으로 몸을 숙여 이동합니다.

07 (1) 소화기는 잘 보이는 곳에 비치하고 한 달에 한 번씩 위아래로 흔들어 내용물이 굳지 않도록 합니다.
(3) 커튼이나 벽 장식 등은 불에 잘 타지 않는 소재를 사용합니다.

08 그림 속 장면은 평상시 화재 발생을 대비해 대피 경로를 확인하고 훈련하는 모습입니다.

01 (1) – ⓒ (2) – ⓒ (3) – ⓐ　**02** 예 초의 심지를 따라 탈 물질이 올라가지 못하기 때문이다.　**03** ⓐ 탈 물질, ⓒ 소화　**04** ④　**05** ⓒ, ⓐ, ⓔ, ⓒ　**06** (1) ⓐ, ⓔ (2) ⓒ, ⓒ　**07** (1) – ⓒ (2) – ⓐ (3) – ⓒ　**08** (1) × (2) ○ (3) ×　**09** ⑤　**10** ④　**11** ①　**12** 예 평소 학교 곳곳에 마련된 소화기의 위치를 미리 파악해 둔다. 평상시 화재 발생 대비 훈련에 진지하게 참여하여 대피 경로를 익혀 둔다. 등

01 (1) 초의 심지를 자르면 탈 물질(초의 성분)이 심지를 타고 올라가지 못하므로 촛불이 꺼집니다.

(2) 촛불에 분무기로 물을 뿌리면 발화점 미만으로 온도가 낮아져 촛불이 꺼집니다.

(3) 집기병으로 촛불을 덮으면 산소가 공급되지 않아 촛불이 꺼집니다.

02 핀셋으로 초의 심지를 집으면 심지를 따라 탈 물질이 올라가지 못하므로 잠시 후 촛불이 꺼집니다.

채점 기준	
상	핀셋으로 심지를 집고 있어서 탈 물질이 이동하는 것을 막아 탈 물질 공급을 막는다는 의미로 쓴 경우
중	탈 물질과 관계있다는 내용으로 쓴 경우
하	답을 틀리게 쓴 경우

03 연소에 필요한 탈 물질과 산소 공급, 발화점 이상의 온도로 높이기 중 한 가지 이상의 조건을 없애 불을 끄는 것을 소화라고 합니다.

04 분말 소화기로 불이 덮이도록 분말 가루를 골고루 덮어 불을 끄는 것은 산소 공급을 차단하여 불을 끄는 방법입니다.

05 분말 소화기의 사용 방법은 다음과 같습니다.

① "불이야!"를 크게 외치고, 불이 난 곳으로 소화기를 재빨리 가져옵니다.

② 소화기를 바닥에 내려놓고, 손잡이의 안전핀을 뽑습니다.

③ 바람을 등지고 서서 호스의 끝부분을 잡고 다른 손으로 손잡이를 힘껏 움켜줍니다.

④ 빗자루로 마당을 쓸듯이 앞에서부터 골고루 뿌립니다.

06 초의 심지를 잘라 불을 끄는 것과 낙엽이나 나뭇가지 등 탈 물질을 치워 불이 붙지 않게 하는 것은 탈 물질을 제거하여 불을 끄는 방법입니다. 마른 모래로 불을 덮거나 젖은 수건으로 불을 덮는 것은 산소 공급을 막아 불을 끄는 방법입니다.

07 (1) 나무나 종이 등에 불이 붙었을 때에는 탈 물질을 없애거나 물을 뿌려 발화점 미만으로 온도를 낮추어 불을 끕니다.

(2) 기름에 불이 붙었을 때에는 절대로 물을 뿌리지 말고, 마른 모래를 덮거나 유류 화재용 소화기를 사용하여 불을 끕니다.

(3) 콘센트에 불이 붙었을 때에는 감전의 위험이 있으므로 물을 뿌리지 말고 전기 화재용 소화기를 사용하여 불을 끕니다.

08 (1) 화재 발생 시 계단을 이용하여 대피합니다.

(2) 연기가 발생하거나 불이 난 것을 발견하면 즉시 "불이야!"를 외치고 주변 사람들에게 알려야 합니다.

(3) 불에 의해 생긴 가스나 기체를 마시지 않도록 젖은 수건으로 코와 입을 막고 이동합니다.

09 화재로 인한 피해를 줄이기 위해 화재 감지기, 옥내 소화전, 비상벨 등 소방 시설의 작동 상태를 주기적으로 점검합니다.

10 버스나 지하철 등 사람이 많이 모이거나 활용하는 장소는 불에 잘 타지 않는 소재를 사용하여 화재 발생 시 피해를 줄이도록 합니다.

11 교실에서 수업하는 중에 화재가 발생했을 때에는 화재가 발생한 곳에 가지 않고 선생님의 안내에 따라 질서 있게 대피합니다.

12 학교 곳곳에 마련된 소화기 위치를 미리 파악해 둡니다. 평상시 화재 발생을 대비해 대피 경로를 확인하고 훈련합니다. 등

채점 기준
화재를 예방하기 위해 우리가 할 수 있는 적절한 방법을 썼으면 정답으로 합니다.

1 (1) ㉢ (2) 예 불이 켜진 난로 주변에 탈 물질을 제거하여 화재를 예방하는 것이다. **2** 예 흙을 덮어 산소를 차단하여 불을 끄는 것이다. **3** (1) 불을 끄려고 물을 뿌렸다는 내용 (2) 예 유류 화재용 소화기를 사용하여 불을 끈다. **4** 예 재빨리 선생님이나 어른들게 화재가 발생한 곳을 알린다. 119에 신고한다. 등

1 (2) 불이 켜진 난로 주변에 탈 물질이 있으면 화재가 발생할 수 있습니다.

채점 기준	
상	연소의 조건 중 탈 물질을 제거하여 불이 붙는 것을 막아 화재를 예방한다는 의미로 쓴 경우
중	탈 물질 제거만 쓴 경우
하	답을 틀리게 쓴 경우

2 작은 불씨가 있는 곳을 흙으로 덮는 것은 산소를 차단하여 불을 끄는 것입니다.

채점 기준	
상	산소를 차단하여 소화를 한다는 의미로 쓴 경우
중	산소 차단만 쓴 경우
하	답을 틀리게 쓴 경우

3 (2) 기름에 불이 붙었을 때 물을 뿌리면 안 되며, 마른 모래를 덮거나 유류 화재용 소화기를 사용해 불을 끕니다.

채점 기준	
상	유류 화재용 소화기를 사용하여 불을 끈다는 의미로 쓴 경우
중	유류 화재용 소화기만 쓴 경우
하	답을 틀리게 쓴 경우

4 화재가 발생한 것을 목격하면, 재빨리 선생님이나 어른들한테 화재가 발생한 곳을 알린 후 선생님 안내에 따라 비상 경보기를 누르고, 119에 신고합니다. 등

채점 기준	
상	방과 후 학교에서 화재가 발생한 것을 목격했을 때 올바른 대처 방법을 두 가지 쓴 경우
중	올바른 대처 방법을 한 가지만 쓴 경우
하	답을 틀리게 쓴 경우

대단원 마무리
91~94쪽

01 ④ **02** ⑤ **03** ㉠ 산소, ㉡ 열 **04** (1) ○ (2) × (3) ○ **05** ㉡ **06** 예 (내)에는 산소가 공급되므로 (개)에 비해 초가 더 오래 탈 수 있다. **07** ㉢ **08** ④ **09** ㉡ **10** (2) ○ **11** 발화점 **12** ② **13** 예 공기 중의 산소를 공급해서 나무가 잘 타도록 하기 위한 것이다. **14** ㉠, ㉢ **15** (1) ○ **16** ② **17** (1) – ㉡ (2) – ㉠ (3) – ㉢ **18** ④ **19** ㉠ 탈 물질, ㉡ 한 **20** (1) ㉡, ㉣ (2) ㉢, ㉤ (3) ㉠ **21** ④ **22** ㉢, ㉤ **23** 효주 **24** 예 젖은 수건이나 옷을 적셔 입과 코를 막는다.

01 초가 탈 때 불꽃은 위아래로 길쭉한 모양이며 주황색, 노란색, 붉은색 등을 띱니다. 그리고 불꽃은 중간 부분이 가장 밝습니다. 불꽃에 손을 가까이 하면 윗부분이 옆부분보다 더 뜨겁습니다. 시간이 지날수록 초의 길이가 짧아집니다.

02 ⑤ 초와 알코올이 연소하면서 시간이 지날수록 탈 물질이 줄어들게 됩니다.

03 물질이 산소와 빠르게 반응하여 빛과 열을 내는 현상을 연소라고 합니다.

04 아크릴 통 속에 산소가 공급되는 정도만 다르게 하고, 나머지 조건은 모두 같게 해야 합니다. 두 개의 초에 동시에 불을 붙이고, 두 개의 초에 동시에 아크릴 통을 덮어야 합니다.

05 빈 삼각 플라스크를 놓아둔 쪽의 초가 먼저 꺼집니다.

06 (개)에는 산소가 공급되지 않아 촛불이 먼저 꺼지게 되며, (내)에는 산소가 공급되므로 초가 더 오래 탈 수 있습니다.

물을 만나면 붉게 변합니다.

07 초가 타기 전보다 타고 난 후 공기 중 산소의 비율이 줄어듭니다.

08 초가 타면서 산소를 사용했기 때문에 초가 타고 난 후 공기 중 산소의 비율이 줄어듭니다.

09 실험을 통해 공기 중 산소의 비율이 낮아지면 불이 꺼질 수 있음을 확인할 수 있습니다.

10 알코올램프로 철판을 가열해 철판의 온도가 높아지면 성냥의 머리 부분에 먼저 불이 붙습니다.

11 성냥의 머리 부분은 나무 부분보다 발화점이 낮아 먼저 불이 붙습니다.

12 물질이 연소하려면 탈 물질과 산소, 발화점 이상의 온도가 모두 충족되어야 하며, 연소 후 물과 이산화 탄소가 만들어집니다.

13 장작불에 산소를 더 많이 공급해서 더 잘 타게 하려고 부채질을 합니다.

14 물체에 직접 불을 붙이지 않고 연소시키는 경우는 볼록 렌즈로 종이에 불 붙이는 경우, 성냥갑에 성냥 머리를 마찰시켜 불을 붙이는 경우, 잘 마른 나무끼리 서로 비벼서 불을 붙이는 경우 등이 있습니다.

15 연소 후 만들어진 이산화 탄소가 석회수를 뿌옇게 흐려지게 합니다.

16 연소 후 물이 생성되는지 확인하기 위해서 푸른색 염화 코발트 종이를 사용합니다. 푸른색 염화 코발트 종이는

17 (1) 초의 심지를 자르는 것은 탈 물질을 제거하여 불을 끄는 것입니다. 난로 옆에 불이 붙기 쉬운 물질을 치우는 것도 같은 원리를 이용한 예입니다.

(2) 분무기로 물을 뿌리는 것은 발화점 미만으로 온도를 낮추어 불을 끄는 것입니다. 장작불에 찬물을 뿌리는 것도 같은 원리를 이용한 예입니다.

(3) 집기병으로 촛불을 덮는 것은 산소를 차단하여 불을 끄는 것입니다. 알코올램프의 뚜껑을 덮어 불을 끄는 것도 같은 원리를 이용한 예입니다.

18 초를 모두 태워 없애는 경우, 촛불을 입으로 불어서 끄는 경우, 초의 심지를 자르거나 핀셋으로 집는 경우는 모두 탈 물질을 제거하여 불을 끄는 방법입니다.
④ 촛불을 아크릴 통으로 덮어 불을 끄는 것은 산소를 차단하여 불을 끄는 방법입니다.

19 연소의 조건인 탈 물질, 산소의 공급, 발화점 이상의 온도 중 한 가지 이상을 없애 불을 끄는 것을 소화라고 합니다.

20 ㉡, ㉣은 탈 물질을 없애 불을 끄는 방법입니다. ㉢, ㉤은 산소 공급을 차단해서 불을 끄는 방법이며, ㉠은 발화점 미만으로 온도를 낮춰 불을 끄는 방법입니다.

21 ④ 화재가 발생하면 정전으로 승강기가 멈춰 갇힐 수 있으므로 승강기 대신에 계단으로 대피합니다.

22 기름에 불이 붙어 화재가 발생했을 때에는 119에 신고를 하여 도움을 요청하고, 어른 등의 도움을 받아 유류 화재용 소화기를 사용하여 불을 끄거나 위험할 경우 대피하여야 합니다.

23 화재가 발생했을 때 승강기를 이용하면 위험할 수 있으므로 계단을 이용하여 대피합니다.

24 화재로 발생한 연기를 흡입하지 않기 위해서는 젖은 수건이나 옷을 적셔 입과 코를 막고 자세를 낮추어 이동합니다.

채점 기준	
상	젖은 수건이나 옷을 적셔 코와 입을 막는다는 의미로 쓴 경우
중	마른 수건을 사용한다거나 코만 막는다는 내용으로 쓴 경우
하	답을 틀리게 쓴 경우

수행 평가 미리 보기 95쪽

1 (1) 해설 참조, (2) 해설 참조 2 (1) 예 초를 연소시키기 전 집기병 안쪽에 물이 있는지 확인하기 위해서 (2) 예 붉은색으로 변한다.

1 (1) • 같게 한 조건: 크기가 같은 초 두 개, 삼각 플라스크의 크기, 두 개의 초에 동시에 불을 붙이고 아크릴 통을 동시에 덮기, 크기가 같은 아크릴 통

• 다르게 한 조건: 빈 삼각 플라스크와 산소가 발생하는 삼각 플라스크

(2) • 먼저 꺼지는 초: 빈 삼각 플라스크가 들어 있는 곳에 있는 초

• 까닭: 산소가 공급되지 못하므로 상대적으로 먼저 꺼집니다.

채점 기준	
상	(1)과 (2)를 모두 옳게 설명한 경우
중	(1)과 (2) 중 내용의 일부가 부족한 경우
하	답을 틀리게 쓴 경우

2 (1) 초를 연소시키기 전 집기병 안쪽에 물이 있는지 확인하기 위해서 먼저 집기병 안쪽을 확인합니다.

(2) 푸른색 염화 코발트 종이가 붉은색으로 변합니다.

채점 기준	
상	(1)과 (2)를 모두 옳게 설명한 경우
중	(1)과 (2) 중 한가지만 바르게 쓴 경우
하	답을 틀리게 쓴 경우

④ 단원 우리 몸의 구조와 기능

(1) 우리 몸속 기관의 생김새와 하는 일

탐구 문제 102쪽

1 ㉢ 2 펌프

1 주입기로 붉은 색소 물의 이동을 관찰하는 실험에서 붉은 색소 물은 혈액을 의미합니다.

2 주입기의 펌프 작용으로 붉은 색소 물이 관을 통해 이동하듯이 심장은 펌프 작용으로 혈액을 온몸으로 순환시킵니다.

핵심 개념 문제 103~106쪽

01 뼈 02 ③ 03 (1) 근육 (2) 뼈 04 ③ 05 ② 06 ㉡, ㉢, ㉣ 07 ④ 08 작은창자 09 ㉣ 10 폐 11 ㉠ 심장, ㉡ 혈관 12 ㉠ 산소(영양소), ㉡ 영양소(산소) 13 ㉠ 14 ㉠ 빨라지고, ㉡ 많아 15 ② 16 ㉠

01 뼈는 우리 몸의 형태를 만들어 주고, 몸을 지지하는 역할을 합니다. 또 심장이나 폐, 뇌 등을 보호합니다.

02 ③ 근육이 줄어들거나 늘어나면서 뼈를 움직여 우리 몸이 움직이게 합니다.

03 근육이 뼈에 어떻게 작용하는지 알아보는 실험입니다. 비닐봉지와 납작한 빨대는 각각 우리 몸에서 근육과 뼈의 역할을 합니다.

04 팔을 안쪽으로 굽혔다 펼 수 있는 것은 근육이 수축과 이완을 하면서 움직일 수 있는 것입니다.

05 우리 몸의 소화 기관 중 ㉠은 위입니다.

06 음식물이 직접 지나가지 않지만 소화를 도와주는 기관에는 간, 쓸개, 이자 등이 있습니다.

07 우리 몸속 소화 기관 중 음식물 찌꺼기에서 수분을 흡

수하는 기관은 큰창자입니다.

08 음식물은 입 → 식도 → 위 → 작은창자 → 큰창자를 거치며 소화되고 남은 찌꺼기는 항문으로 배출됩니다.

09 ㉠은 코, ㉡은 기관, ㉢은 폐, ㉣은 기관지입니다.

10 가슴 부분에 있어 갈비뼈에 의해 보호받고, 기관지로 들어온 공기와 몸에서 생긴 이산화 탄소를 교환하는 호흡 기관은 폐입니다.

11 가슴 부분에 크기와 모양이 주먹만 하게 생긴 ㉠은 심장입니다. 긴 관 모양으로 온몸에 퍼져 있는 ㉡은 혈관입니다.

12 심장에서 나온 혈액이 혈관을 통해 온몸으로 이동하여 우리 몸 곳곳에 산소와 영양소를 공급하는 일을 주기적으로 되풀이하는 것을 혈액 순환이라고 합니다.

13 주입기의 펌프는 심장 역할, 주입기의 관은 혈관 역할을 합니다.

14 주입기의 펌프를 빠르게 누르면 붉은 색소 물이 이동하는 빠르기가 빨라지고, 붉은 색소 물의 이동량이 많아집니다.

15 혈액 속 노폐물을 몸 밖으로 내보내는 기관은 배설 기관이며, 콩팥과 방광 등이 있습니다.

16 혈액 속 노폐물을 걸러 주는 곳은 콩팥입니다.

중단원 실전 문제
107~110쪽

01 ㉠, ㉢ **02** ㉣ **03** (1) - ㉡ (2) - ㉢ (3) - ㉠ **04** ⑤
05 (1) ○ (2) × (3) ○ **06** (나) **07** ㉠ 근육, ㉡ 근육, ㉢ 뼈 **08** ① **09** ㉢, 위 **10** 영양소 **11** ③ **12** 예 음식물은 입 → 식도 → 위 → 작은창자 → 큰창자 → 항문의 순서로 이동한다. **13** ㉠ 코, ㉡ 기관, ㉢ 폐, ㉣ 기관지 **14** ①, ④, ⑤ **15** ② **16** ㉣, ㉤ **17** ④ **18** ㉠ 심장, ㉡ 혈관, ㉢ 혈액 **19** 예 혈액이 이동하는 빠르기가 빨라지고 혈액의 이동량이 많아진다. **20** ⑤ **21** ㉠ 콩팥, ㉡ 방광 **22** ③ **23** 예 콩팥에서 걸러진 혈액은 다시 온몸을 순환한다. **24** ㉢, ㉡, ㉠, ㉣

01 머리뼈는 뇌를, 갈비뼈는 몸속 여러 장기를 보호하는 역할을 합니다.

02 짧은 뼈가 이어져 우리 몸의 기둥과 같은 역할을 하는 뼈는 척추뼈입니다.

03 팔뼈는 위쪽은 한 개, 아래쪽은 두 개의 뼈로 긴 모양입니다. 머리뼈는 둥근 바가지 모양입니다. 갈비뼈는 좌우로 둥글게 연결되어 공간을 만들어 줍니다.

04 ⑤ 뼈는 심장이나 뇌, 폐 등을 보호합니다. 작은창자나 큰 창자는 뼈에 둘러싸인 기관이 아닙니다.

05 뼈와 근육 모형으로 우리 몸의 움직임을 알아보는 실험입니다. 비닐봉지는 근육, 납작한 빨대는 뼈를 나타냅니다.

06 (가)는 비닐봉지에 바람을 불어 넣기 전이며, (나)는 비닐봉지에 바람을 불어 넣은 후의 모습입니다.

07 근육의 길이가 늘어나거나 줄어들면서 근육과 연결된 뼈가 움직이게 됩니다.

08 입, 식도, 위, 작은창자, 큰창자, 항문 등은 소화 기관입니다. 코는 호흡에 관여하는 기관으로 공기가 드나드는 곳이며, 냄새를 맡는 감각 기관이기도 합니다.

09 여러 소화 기관 중 위는 소화를 돕는 액체를 분비하여 음식물과 섞고, 음식물을 잘게 쪼개 죽처럼 만듭니다.

10 ㉣은 작은창자로 소화를 돕는 액체를 이용해 음식물을 더 잘게 쪼개고, 영양소를 흡수합니다.

11 ㉤은 큰창자로 굵은 관 모양이며, 작은창자를 감싸고 있습니다.
① 입과 위를 연결하는 것은 ㉡(식도)입니다.
② 음식물 찌꺼기를 몸 밖으로 배출하는 것은 ㉥(항문)입니다.
④ 꼬불꼬불한 관 모양으로 배의 가운데에 있는 것은 ㉣(작은창자)입니다.
⑤ 이로 음식물을 잘게 부수고 혀로 침과 음식물이 섞이게 하는 것은 ㉠(입)입니다.

12 음식물은 입 → 식도 → 위 → 작은창자 → 큰창자를 거쳐 소화되고, 음식물 찌꺼기는 항문으로 배출됩니다.

음식물이 지나는 소화 기관을 모두 포함하여 썼으면 정답으로 합니다.

13 우리 몸속 호흡 기관으로 ㉠은 코, ㉡은 기관, ㉢은 폐, ㉣은 기관지입니다.

14 ② ㉡은 굵은 관 모양으로 공기가 이동하는 통로인 기관입니다.
③ ㉢은 좌우에 한 쌍이 부풀어 있는 모양의 폐입니다.

15 코로 들어온 공기는 기관과 기관지를 지나 폐로 이동합니다.

16 우리 몸속 순환 기관은 혈액의 이동에 관여하는 심장과 혈관입니다.

17 주입기의 펌프를 눌렀을 때 붉은 색소 물이 이동하는 것을 관찰함으로써 순환 기관이 하는 일을 알아보는 실험입니다.

18 주입기의 펌프 작용은 몸의 심장과 같은 역할을 하고, 주입기의 관은 혈관의 역할을 합니다. 관 속을 흐르는 붉은 색소 물은 혈액을 나타냅니다.

19 심장이 빨리 뛰면 혈액도 빠르게 흘러 이동하는 양이 많아집니다.

혈액의 이동 빠르기와 혈액의 이동량을 모두 바르게 썼으면 정답으로 합니다.

20 혈액 속 노폐물을 걸러 밖으로 내보내는 기관을 배설 기관이라고 합니다.

21 강낭콩 모양으로 등허리 쪽에 한 쌍 있는 ㉠은 콩팥입니다. 콩팥과 연결되어 있는 작은 공 모양으로 생긴 ㉡은 방광입니다.

22 콩팥은 혈액에 있는 노폐물을 걸러 냅니다.

23 콩팥에서 걸러진 혈액은 다시 온몸을 순환합니다.

콩팥에서 노폐물이 걸러진 혈액은 다시 온몸을 순환한다는 내용을 포함하여 썼으면 정답으로 합니다.

24 우리 몸의 배설 과정은 다음과 같습니다.
㉢ 혈액이 온몸을 순환하면서 혈액 속에 노폐물이 많아집니다.
㉡ 온몸을 돌아 노폐물이 많아진 혈액이 콩팥으로 이동합니다.
㉠ 콩팥에서 혈액 속 노폐물을 걸러 냅니다.
㉣ 콩팥에서 걸러진 노폐물은 오줌 속에 포함되어 방광에 저장되었다가 몸 밖으로 나갑니다.

 서술형·논술형 평가 돋보기 111쪽

1 예 뼈에 붙은 근육이 늘어나거나 줄어들면서 근육과 연결된 뼈가 움직이기 때문이다. **2** (1) ㉠ 위, ㉡ 작은창자 (2) 예 소화를 돕는 액체를 이용해 음식물을 더 잘게 쪼개고, 영양소를 흡수한다. **3** 예 몸속으로 들어온 공기는 영양소와 함께 몸을 움직이거나 여러 기관이 일을 하는 데 사용된다. **4** 예 심장은 펌프 작용으로 혈액을 온몸으로 순환시키는 역할을 한다.

1 뼈에 붙은 근육이 늘어나거나 줄어들면서 근육과 연결된 뼈가 움직이기 때문에 우리 몸이 움직일 수 있습니다.

상	예시 답안과 같이 쓴 경우
중	근육이 움직인다는 의미로 쓴 경우
하	답을 틀리게 쓴 경우

2 (1) ㉠은 위, ㉡은 작은창자입니다. (2) 작은창자는 소화를 돕는 액체를 이용해 음식물을 더 잘게 쪼개고, 영양소를 흡수합니다.

상	예시 답안과 같이 쓴 경우
중	잘게 쪼개거나 영양소를 흡수하는 것 중 한 개만 쓴 경우
하	답을 틀리게 쓴 경우

3 숨을 들이마실 때 몸속으로 들어온 공기는 영양소와 함께 몸을 움직이거나 여러 기관이 일을 하는 데 사용됩니다.

채점 기준	
상	몸을 움직이거나 기관이 일을 하는 데 사용된다는 의미로 쓴 경우
중	한 가지만 쓴 경우
하	답을 틀리게 쓴 경우

4 심장은 펌프 작용으로 혈액을 온몸으로 순환시키는 역할을 합니다.

채점 기준	
상	보기의 말을 모두 포함하여 심장의 역할을 옳게 쓴 경우
중	보기의 말을 모두 포함하여 썼으나 일부 내용이 부족하거나 잘못된 내용이 포함된 경우
하	답을 틀리게 쓴 경우

(2) 자극과 반응, 운동할 때 몸의 변화

탐구 문제　　　　　　　　114쪽

1 (1) ×　(2) ×　(3) ○　**2** ㉠ 열, ㉡ 올라간다, ㉢ 심장, ㉣ 빨라진다

1 운동을 하면 체온이 올라가고 맥박 수가 증가합니다. 운동을 하고 휴식을 취하면 체온과 맥박이 평상시와 비슷해집니다.

2 운동을 하면 몸에서 에너지를 많이 내면서 열이 많이 나기 때문에 체온이 올라갑니다. 또 평소보다 산소와 영양소를 더 많이 이용하므로 심장이 빠르게 뛰어 맥박과 호흡이 빨라집니다.

핵심 개념 문제　　　　　　115~116쪽

01 ④　**02** ②, ④　**03** ③　**04** 신경계　**05** ③　**06** ㉠
07 ①, ④　**08** ⑤

01 꽃의 냄새를 맡는 기관은 감각 기관입니다.

02 피부가 느끼는 감각은 차갑고 따뜻한 느낌, 누르는 느낌, 아픈 느낌, 피부에 닿는 부드럽거나 거친 느낌 등입니다.

03 자극이 전달되고 반응하는 과정에서 운동 기관은 전달된 명령에 맞춰 행동을 하는 기관입니다.

04 자극은 감각 기관 → 자극을 전달하는 신경계 → 행동을 결정하는 신경계 → 명령을 전달하는 신경계 → 운동 기관 순으로 전달되고 반응합니다.

05 운동을 하면, 숨이 차거나 심장과 맥박이 빨리 뛰며, 체온이 올라가기도 하고 땀이 나기도 합니다.

06 체온의 변화에 비해 맥박 수의 변화가 더 뚜렷하게 나타납니다. 따라서 ㉠은 체온 변화 그래프, ㉡은 맥박 수 변화 그래프입니다.

07 운동할 때 우리 몸이 에너지를 내고, 근육을 움직이기 위해 우리 몸에서 가장 필요한 것은 산소와 영양소입니다.

08 ⑤ 근육을 움직이는 데 필요한 영양소는 순환 기관을 통해 공급받습니다.

중단원 실전 문제　　　　　　117~118쪽

01 ②　**02** (1) - ㉠　(2) - ㉣　(3) - ㉡　(4) - ㉢　**03** ④
04 신경계　**05** (1) 예 공이 날아온다. (2) 예 공을 피한다.
06 ④　**07** ㉠, ㉤, ㉣, ㉢, ㉡　**08** ②　**09** ㉠ 올라, ㉡ 증가
10 예 운동을 하면 운동하기 전보다 체온이 올라가고 호흡과 맥박 수가 증가하고, 운동 후 휴식을 취하면 다시 운동하기 전과 비슷하게 회복된다.　**11** ③　**12** ④

01 감각 기관의 대부분은 얼굴에 집중되어 있습니다.

02~03 눈은 밝기와 물체를 보는 시각, 입 속 혀는 맛을 보는 미각, 코는 냄새를 맡는 후각, 귀는 소리를 듣는 청각, 피부는 온도와 촉감을 느낄 수 있는 피부 감각을 담당하는 기관입니다.

04 신경계는 온몸에 퍼져 있으며, 감각 기관으로부터 전달받은 자극을 해석하여 행동을 결정하고 운동 기관에 명령을 내립니다.

05 그림에서 날아오는 공을 본 것은 감각 기관을 통해 자극을 받아들인 것이며, 공을 피한 것은 명령을 전달받아 운동 기관이 몸을 움직인 것입니다.

채점 기준
자극과 반응을 예시 답과 같은 의미로 모두 옳게 썼으면 정답으로 합니다.

06 자극을 보고 적절한 행동을 하도록 결정하는 것은 행동을 결정하는 신경계입니다.

07 자극이 전달되고 반응하는 과정은 감각 기관 → 자극을 전달하는 신경계 → 행동을 결정하는 신경계 → 명령을 전달하는 신경계 → 운동 기관으로 진행됩니다.

08 1분 동안 제자리 달리기를 하면, 가만히 있을 때보다 땀이 나기도 하며, 숨이 가쁘고 심장과 맥박이 빠르게 뜁니다.

09 운동을 하면 체온이 올라가고, 맥박 수가 증가합니다.

10 운동하기 전 평온한 상태에서 운동을 하면 체온이 올라가고 맥박 수가 증가합니다. 휴식을 취하면 다시 평온한 상태와 비슷하게 회복됩니다.

채점 기준

상	운동 전 상태의 체온과 맥박이 운동을 하면서 올라갔다가 휴식을 취하면 다시 운동 전 상태와 비슷해진다는 의미로 쓴 경우
중	운동 전, 운동 중, 운동 후의 결과를 매끄럽게 비교하지 못한 경우
하	답을 틀리게 쓴 경우

11 근육이 움직이는 데 필요한 산소는 호흡 기관으로부터 얻습니다.

12 감기와 천식, 폐렴은 호흡 기관에 주로 생기는 질병이며, 위장병과 변비는 소화 기관에 생기는 질병입니다. 심장병과 고혈압은 순환 기관에 생기는 질병이며, 백내장과 각막염은 눈에 생기는 질병입니다.

 서술형·논술형 평가 돋보기 119쪽

1 예 코로 냄새를 맡는다. 혀로 맛을 본다. 2 (1) 눈 (2) 공을 잡겠다고 결정한다. 3 (1) ㉠ 체온, ㉡ 맥박 수 (2) 예 운동을 하면서 우리 몸에 산소와 영양소를 평상시보다 더 많이 필요로 하기 때문에 심장이 빨리 뛰면서 맥박 수가 빨라진다. 4 예 일상 생활을 하면서 혈액에 쌓인 노폐물은 콩팥을 통해 걸러져 방광에 저장되었다가 몸 밖으로 나가며, 노폐물이 걸러진 혈액은 다시 온몸을 순환한다.

1 눈으로 음식을 보고, 코로 음식의 냄새를 맡으며, 혀로 음식의 맛을 봅니다. 등

채점 기준

상	감각 기관을 사용하는 경우 두 가지를 옳게 쓴 경우
중	옳은 내용을 한 가지만 쓴 경우
하	답을 틀리게 쓴 경우

2 눈으로 시각 정보를 받아들여 명령을 내리는 신경계가 공을 잡으라고 명령을 내립니다.

채점 기준

상	공을 잡으라는 명령을 내리는 의미로 쓴 경우
중	공을 잡는다는 의미로 쓴 경우
하	답을 틀리게 쓴 경우

3 (1) ㉠은 체온이고, ㉡은 1분당 맥박 수입니다.
(2) 운동을 하면서 우리 몸에 산소와 영양소를 평상시보다 더 많이 필요로 하기 때문에 심장이 빨리 뛰면서 맥박 수가 빨라집니다. 휴식을 취하면서 다시 평상시 상태와 비슷한 양의 산소와 영양소만 필요로 하기 때문에 맥박 수가 평상시와 비슷해집니다.

채점 기준

상	평상시보다 더 많은 산소와 영양소를 필요로 하기 때문에 심장이 빨리 뛴다는 의미로 쓴 경우
중	설명이 부족한 경우
하	답을 틀리게 쓴 경우

4 일상 생활을 하면서 노폐물이 많아진 혈액은 콩팥에서 노폐물이 걸러집니다. 걸러진 노폐물은 방광에 저장되

었다가 몸 밖으로 나가며, 노폐물이 걸러진 혈액은 다시 온몸을 순환합니다.

채점 기준	
상	콩팥에서 노폐물이 걸러지고, 노폐물이 걸러진 혈액은 다시 온몸을 순환한다는 내용과 걸러진 노폐물은 몸 밖으로 나간다는 의미를 바르게 쓴 경우
중	일부 설명을 부족하게 쓴 경우
하	답을 틀리게 쓴 경우

대단원 마무리

121~124쪽

01 (1) (가) (2) (나) **02** ① **03** ㉠ 뼈, ㉡ 운동 기관 **04** ②, ③, ④ **05** ② **06** ㉡ 위, ㉢ 작은창자, ㉣ 큰창자 **07** ③ **08** 예 ㉢(작은창자)은 소화를 돕는 액체를 이용해 음식물을 더 잘게 쪼개고, 영양소를 흡수하고, ㉣(큰창자)은 남은 음식물에서 수분을 흡수한다. **09** ④ **10** ④ **11** 예 코로 들이마신 공기를 폐 구석구석으로 전달하는 데 효과적이다. **12** ② **13** 혈관 **14** ㉠ 심장, ㉡ 혈관 **15** ②, ③, ⑤ **16** ㉂, ㉺ **17** 예 노폐물이 많은 혈액은 콩팥에서 노폐물이 걸러진 후 다시 온몸을 순환한다. **18** ② **19** ③ **20** 귀 **21** ㉠ 자극을 전달하는 신경계, ㉡ 행동을 결정하는 신경계, ㉢ 명령을 전달하는 신경계 **22** 맥박 수 **23** (1) × (2) × (3) ○ **24** ②

01~02 뼈와 근육 모형에서 납작한 빨대는 뼈를, 비닐봉지는 근육을 의미합니다. 비닐봉지에 바람을 넣으면 비닐봉지의 길이가 짧아지면서 손 모양이 구부러집니다. 이를 통해 뼈에 붙은 근육이 움직이면서 우리 몸에 움직임이 나타나는 것을 알 수 있습니다.

03 뼈는 우리 몸의 형태를 만들어 주고, 몸을 지지하는 역할을 합니다. 또 심장이나 폐, 뇌 등을 보호합니다. 우리 몸속 기관 중 움직임에 관여하는 뼈와 근육을 운동 기관이라고 합니다.

04 음식물이 직접 지나가지 않지만 소화를 돕는 기관은 간, 쓸개, 이자입니다.

05 ㉠은 식도, ㉡은 위, ㉢은 작은창자, ㉣은 큰창자, ㉤은 항문입니다.

06 위와 작은창자, 큰창자의 모습입니다.

07 식도는 긴 관 모양으로 입과 위를 연결하여 음식물이 위로 통하는 통로 역할을 합니다. 위는 작은 주머니 모양으로 식도와 작은창자를 연결합니다. 작은창자는 꼬불꼬불한 관 모양으로 배의 가운데에 있고, 큰창자는 굵은 관 모양으로 작은창자 둘레를 감싸고 있습니다. 항문은 소화·흡수되지 않은 음식물 찌꺼기를 몸 밖으로 배출합니다.

08 작은창자는 소화를 돕는 액체를 이용해 음식물을 더 잘게 쪼개고, 영양소를 흡수합니다. 큰창자는 남은 음식물에서 수분을 흡수합니다.

채점 기준	
상	작은창자는 영양소를, 큰창자는 수분을 흡수한다는 의미로 쓴 경우
중	둘 중 한 가지 역할만 쓴 경우
하	답을 틀리게 쓴 경우

09 호흡은 숨을 들이마시고 내쉬는 과정입니다.

10 ㉠은 코, ㉡은 기관, ㉢은 폐, ㉣은 기관지의 모습입니다.

11 기관지는 여러 갈래로 갈라져 있어 폐 구석구석으로 공기를 전달하는 데 효과적입니다.

채점 기준	
공기를 폐에 잘 전달할 수 있다는 의미로 썼으면 정답으로 합니다.	

12 몸속 폐에서는 코로 들어온 공기 속 산소를 받아들이고 이산화 탄소를 내보냅니다.

13 혈관은 혈액이 이동하는 통로로 온몸에 퍼져 있으며 굵은 것도 있고 가는 것도 있습니다. 가늘고 긴 관이 복잡하게 얽힌 곳도 있습니다.

14 주입기와 붉은 색소 물을 이용하는 실험에서 주입기의 펌프는 심장을, 주입기의 관은 혈관을, 붉은 색소 물은

혈액을 나타냅니다.

15 ① 주입기와 붉은 색소 물을 이용하는 실험은 순환 기관이 하는 일을 알아보기 위한 실험입니다.
④ 주입기의 펌프를 느리게 누르면 붉은 색소 물이 이동하는 빠르기가 느려집니다.

16 우리 몸속 배설 기관에는 콩팥과 방광 등이 있습니다.

17 노폐물이 많은 혈액은 콩팥에서 노폐물이 걸러진 후 다시 혈관을 통해 온몸을 순환합니다.

채점 기준

상	예시 답안과 같이 쓴 경우
중	노폐물이 걸러진다는 내용은 썼으나 온몸 순환의 의미가 부족한 경우
하	답을 틀리게 쓴 경우

18 우리 몸속 방광은 작은 공 모양으로 콩팥과 연결되어 있으며, 콩팥에서 걸러진 노폐물이 오줌에 섞여 저장되는 곳입니다.

19 입은 소화 기관입니다. 입 속 혀는 맛을 느끼는 감각 기관입니다.

20 소리 자극이 들어오는 기관은 귀입니다.

21 외부로부터 들어온 자극은 자극을 전달하는 신경계 ➡ 행동을 결정하는 신경계 ➡ 명령을 전달하는 신경계를 통해 운동 기관에 전달되어 반응으로 나타납니다.

22~23 운동을 하면 체온과 맥박 수가 증가합니다. 이때 맥박 수가 체온보다 더 뚜렷한 변화가 나타납니다.

24 장염은 소화 기관에 나타나는 질병입니다.

 수행평가 미리 보기 125쪽

1 (1) 바람을 불어 넣었을 때 (2) 예 팔뼈에 붙은 근육이 늘어나거나 줄어들면서 근육과 연결된 팔뼈가 움직이기 때문에 우리 몸이 움직일 수 있다. **2** (1) ㉠ 심장, ㉡ 혈관, ㉢ 혈액 (2) 예 주입기의 펌프를 빠르게 눌렀을 때 붉은 색소 물이 빠르게 이동하듯이 심장이 빨리 뛰면 혈관을 따라 혈액이 빠르게 온몸을 순환한다.

1 (1) 이 실험에서 주입기의 펌프는 심장을, 관은 혈관을, 붉은 색소 물은 혈액을 의미합니다.
(2) 팔뼈에 붙은 근육이 늘어나거나 줄어들면서 근육과 연결된 팔뼈가 움직이기 때문에 우리 몸이 움직일 수 있습니다.

채점 기준

상	예시 답안과 같이 쓴 경우
중	근육이 움직인다는 의미로 쓴 경우
하	답을 틀리게 쓴 경우

2 주입기의 펌프를 빠르게 눌렀을 때 붉은 색소 물이 빠르게 이동하듯이 심장이 빨리 뛰면 혈관을 따라 혈액이 빠르게 온몸을 순환합니다.

채점 기준

상	심장이 빠르게 뛰면 혈액을 빠르게 온몸으로 순환시킨다는 의미로 쓴 경우
중	펌프 작용과 심장을 연결하지 못하거나 혈액이 온몸으로 빠르게 순환한다는 의미를 나타내지 못한 경우
하	답을 틀리게 쓴 경우

에너지와 생활

(1) 에너지의 형태

탐구 문제 130쪽

1 (1) ○ 2 열에너지

1 전등의 불빛처럼 어두운 곳을 밝게 비춰 주는 에너지는 빛에너지입니다.

2 옷의 주름을 펴 주는 다리미의 열과 같이 물체의 온도를 높여 주거나, 음식이 익게 해 주는 에너지는 열에너지입니다.

핵심 개념 문제 131~132쪽

01 에너지 02 ⑤ 03 불편해진다 04 ④ 05 전기 에너지 06 ③ 07 ④ 08 ㉢

01 에너지는 일을 할 수 있는 힘이나 능력을 통틀어 부르는 말입니다. 기계를 움직이거나 생물이 살아가는 데에는 에너지가 필요합니다.

02 에너지가 부족하다는 표시가 나타난 휴대 전화는 전기 충전기를 연결하여 필요한 전기 에너지를 얻습니다.

03 전기나 기름에서 더는 에너지를 얻을 수 없게 된다면 우리 생활이 매우 불편해집니다.

04 ④ 전기를 사용할 수 없으면 여름철 에어컨을 켜거나 선풍기를 켜는 등의 냉방을 할 수 없습니다.

05 전등, 텔레비전, 냉장고 등 우리가 생활에서 이용하는 여러 전기 기구들을 작동하게 하는 에너지는 전기 에너지입니다.

06 생물이 생명 활동을 하는 데 필요한 에너지는 화학 에너지입니다.

07 ④ 떨어지고 있는 폭포수는 위치 에너지를 가지고 있습니다.

08 ㉢ 켜진 촛불은 빛에너지와 열에너지를 가지고 있습니다.

중단원 실전 문제 133~134쪽

01 에너지 02 ㉣, ㉤ 03 ⑩ 밥을 먹는다. 음식을 먹는다. 04 ㉡, ㉢ 05 ⑤ 06 ③ 07 ⑩ 밤에 전등을 켤 수 없다. 텔레비전을 켤 수 없다. 등 08 ④ 09 ⑤ 10 ⑩ 전기 에너지, 화학 에너지 11 ③ 12 휴대 전화로 사진이나 영상을 찍고 있다.

01 식물은 햇빛을 받아 스스로 양분을 만들어 에너지를 얻으며, 동물은 식물이나 다른 동물을 먹어 에너지를 얻습니다.

02 선풍기는 전기 콘센트에 꽂아 에너지를 얻습니다. 이와 같은 방법으로 에너지를 얻는 것은 휴대 전화와 컴퓨터입니다.

03 운동 후 배가 고프면 밥을 먹거나 음식을 먹어서 에너지를 보충합니다.

채점 기준
음식을 먹는다는 내용을 포함하여 썼으면 정답으로 합니다.

04 기계를 움직이는 데 필요한 에너지는 기름이나 전기를 통해 얻습니다.

05 식물은 햇빛을 받아 광합성으로 스스로 양분을 만들어 에너지를 얻습니다.

06 자동차는 사용하는 연료에 따라 주유소에서 기름을 넣거나 액화 석유 가스(LPG)를 충전하거나 전기 충전소에서 전기를 충전하여 에너지를 얻습니다.

07 우리가 생활하는 데 전기나 기름에서 더는 에너지를 얻을 수 없으면 휴대 전화를 충전할 수도 없어 전화를 하거나 메시지를 주고받을 수 없게 됩니다. 또 겨울에 난방을 할 수도 없고, 공장에서 기계를 움직이지 못하게

됩니다.

채점 기준	
상	전기나 기름에서 더는 에너지를 얻을 수 없을 때 생기는 어려움을 두 가지 모두 옳게 쓴 경우
중	한 가지만 옳게 쓴 경우
하	답을 틀리게 쓴 경우

08 텔레비전, 냉장고, 전기밥솥, 선풍기는 모두 전기 에너지가 있어야 작동합니다.

09 화분의 식물은 화학 에너지, 달리는 자동차는 운동 에너지, 벽에 달린 시계와 스키 점프하는 사람은 위치 에너지와 관련 있습니다.

10 빛에너지: 햇빛, 전등 불빛 / 전기 에너지: 온풍기, 전등 / 열에너지: 온풍기의 따뜻한 바람 / 위치 에너지: 천장에 달린 작품 / 화학 에너지: 화분의 식물, 사람 등입니다.

11 ③ 높이 올라간 그네와 관련 있는 에너지는 위치 에너지입니다.

12 휴대 전화를 작동하게 하는 에너지는 전기 에너지입니다.

채점 기준	
휴대 전화 또는 스마트 기기를 포함하여 썼으면 정답으로 합니다.	

서술형·논술형 평가 돋보기   135쪽

1 예 식물은 햇빛을 받아 광합성으로 스스로 양분을 만들어 냄으로써 에너지를 얻고, 동물은 다른 생물을 먹어서 얻은 양분으로 에너지를 얻는다.   2 예 충전기의 플러그를 콘센트에 연결해 충전한다.   3 예 화학 에너지 – 나무 또는 아이들, 위치 에너지 – 점프하고 있는 아이들 또는 깃발, 빛에너지 – 태양 등   4 예 현주, 위치 에너지는 높은 곳에 있는 물체가 가진 에너지야.

1 식물은 햇빛을 받아 광합성으로 스스로 양분을 만들어 냄으로써 에너지를 얻고, 동물은 다른 생물을 먹어서 얻은 양분으로 에너지를 얻습니다.

채점 기준	
상	식물과 동물이 에너지를 얻는 방법을 옳게 비교하여 쓴 경우
중	식물이나 동물이 에너지를 얻는 방법 중 한 가지만 옳게 쓴 경우
하	답을 틀리게 쓴 경우

2 전기 제품의 배터리에 에너지가 부족하다는 표시가 나타날 경우 충전기의 플러그를 콘센트에 연결해 충전하거나 보조 배터리에 연결하여 사용합니다.

채점 기준	
충전을 통해 전기 에너지를 얻어야 한다는 내용을 썼으면 정답으로 합니다.	

3 운동장 그림에서 볼 수 있는 에너지 형태에는 운동 에너지, 화학 에너지, 위치 에너지, 빛에너지 등이 있습니다.

채점 기준	
상	찾은 상황과 에너지 형태가 어울리게 두 가지를 쓴 경우
중	한 가지만 바르게 쓴 경우
하	답을 틀리게 쓴 경우

4 위치 에너지는 높은 곳에 있는 물체가 가진 에너지입니다.

채점 기준	
상	에너지 형태에 대해 바르게 말하지 않은 친구의 이름을 쓰고, 내용을 바르게 고쳐 쓴 경우
중	에너지 형태에 대해 바르게 말하지 않은 친구의 이름은 썼으나 에너지 형태에 대한 설명이 부족한 경우
하	답을 틀리게 쓴 경우

(2) 에너지 전환과 이용

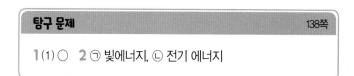

탐구 문제	138쪽
1 (1) ○ 2 ㉠ 빛에너지, ㉡ 전기 에너지	

1 태양광 로봇은 태양 전지가 태양을 향할 때에만 움직입니다.

2 태양의 빛에너지가 태양 전지에서 전기 에너지로 전환되고, 이 전기 에너지는 전동기에서 로봇을 움직일 때 운동 에너지로 전환됩니다. 따라서 태양광 로봇을 움직이게 한 것은 결국 태양의 빛에너지에서 온 것입니다.

01 범퍼카가 움직이는 과정에서 전기 에너지는 운동 에너지로 전환됩니다.

02 전기 에너지로 출발한 롤러코스터가 오르막길을 올라갈 때 운동 에너지가 위치 에너지로 전환됩니다.

03 물을 증발시킨 열에너지가 높은 곳에 고인 물의 위치 에너지로 전환되고, 발전기의 전기 에너지로 전환되는 과정을 나타낸 것입니다.

04 태양의 빛에너지가 태양 전지를 통해 전기 에너지로 전환됩니다.

05 ㉠은 에너지 효율이 높은 기자재에 붙여 주는 인증 마크이며, ㉡은 대기 전력 저감 프로그램에 따라 절전 기준을 만족한 제품에 붙여 주는 표시입니다. ㉢은 에너지를 많이 소비하고 보급률이 높은 제품을 대상으로 1~5등급으로 분류하고, 제품의 등급을 알려 주는 표시입니다.

06 다른 전등에 비해 열에너지로 전환되는 비율이 가장 낮은 발광 다이오드(LED)등이 에너지를 가장 효율적으로 이용하는 것입니다.

07 건물을 지을 때 단열재를 사용하는 까닭은 겨울철 집 안의 열이 바깥으로 빠져나가는 것을 막고, 여름철 바깥 온도의 영향을 차단하여 열이 냉방하고 있는 집 안으로 들어오는 것을 막기 위해서입니다.

08 목련의 겨울눈은 추운 겨울에 어린 싹이 열에너지를 빼앗겨 어는 것을 막아 줍니다.

01 에너지는 다양한 형태가 있으며, 다른 형태의 에너지로 바뀔 수 있습니다. 이처럼 에너지의 형태가 바뀌는 것을 에너지 전환이라고 합니다.

02 ② 꺼진 휴대 전화는 작동하지 않으므로 에너지의 형태가 바뀌지 않습니다.

03 켜진 형광등이나 반짝이는 전광판은 모두 전기 에너지가 빛에너지로 전환되는 사례입니다.

04 폭포에서 물이 떨어질 때는 위치 에너지가 운동 에너지로 전환됩니다. 높이 올라갔다 내려오는 그네도 이와 같은 에너지 전환이 나타납니다.

05 ㉡ 움직이는 물체가 갖는 에너지는 운동 에너지입니다. 풍선 안의 공기를 데운 열에너지는 열기구의 운동 에너지로 전환됩니다.

06 전기 에너지가 물을 뜨겁게 데워 뜨거운 물의 열에너지로 전환되는 사례입니다.

채점 기준

예시 답과 같이 에너지 전환 과정을 썼으면 정답으로 합니다.

07 태양 전지를 이용한 로봇이 에너지를 얻어 스스로 움직이게 하려면 태양 전지를 햇빛이 향하는 곳에 두면 됩니다.

08 햇빛을 받는 태양 전지에서 빛에너지가 전기 에너지로, 전기 에너지가 전동기에서 운동 에너지로 전환되어 로봇이 움직이게 됩니다.

09 ② 장작불은 화학 에너지가 열에너지 또는 빛에너지로 전환되는 사례입니다.

10 추운 겨울에 어린 싹이 열에너지를 빼앗겨 어는 것을 막기 위해 여러 겹의 비늘과 털로 덮인 겨울눈을 만듭니다.

채점 기준	
상	열에너지를 빼앗기는 것을 막는다는 의미로 쓴 경우
중	에너지의 관점을 제시하지 못했으나 어는 것을 막는다는 의미로 쓴 경우
하	답을 틀리게 쓴 경우

11 곰이나 다람쥐가 겨울잠을 자는 까닭은 몸의 화학 에너지 소비를 줄이기 위해서입니다.

12 발광 다이오드(LED)등은 백열등보다 전기 에너지를 빛에너지로 전환할 때 손실되는 에너지가 적어 에너지 효율이 높습니다. 건물을 지을 때 이중창, 단열재를 사용하면 건물 안 열 손실을 줄여 에너지 효율을 높일 수 있습니다.

🧢 서술형·논술형 평가 돋보기
143쪽

1 예 전기 난로 – 전기 난로를 이용하여 주변의 공기를 따뜻하게 한다. 전기 주전자 – 전기 주전자를 이용하여 물을 끓인다.
2 예 태양에서 온 빛에너지는 식물의 광합성을 통해 화학 에너지로 전환된다. 그리고 소가 풀을 먹음으로써 다시 소의 화학 에너지로 전환된다.　**3** (1) 운동 에너지, 위치 에너지 (2) 예 롤러코스터가 ⓒ(높은 곳)에서 ⓒ(낮은 곳)으로 이동할 때는 위치 에너지가 운동 에너지로 전환되고, ⓒ(낮은 곳)에서 ㉣(높은 곳)로 이동할 때는 반대로 전환된다.　**4** (1) 발광 다이오드(LED)등 (2) 예 같은 양의 전기 에너지를 사용해도 열에너지로 소모하는 양이 가장 적고, 빛에너지로 전환되는 양이 가장 많기 때문이다.

1 전기 난로를 이용하여 주변을 따뜻하게 하고, 전기 주전자로 물을 끓이거나 전기밥솥을 이용하여 밥을 합니다.

채점 기준	
상	전기 에너지가 열에너지로 전환되는 물건을 이용하는 사례를 올바르게 두 가지 쓴 경우
중	옳은 내용 한 가지만 쓴 경우
하	옳은 내용을 한 가지만 썼거나 답을 틀리게 쓴 경우

2 태양에서 온 빛에너지는 식물의 광합성을 통해 화학 에너지로 전환됩니다. 그리고 소가 풀을 먹음으로써 다시 소의 화학 에너지로 전환됩니다.

채점 기준	
상	태양에서 온 빛에너지, 풀의 화학 에너지, 소의 화학 에너지를 모두 쓴 경우
중	일부를 부족하게 쓴 경우
하	답을 틀리게 쓴 경우

3 (1) 롤러코스터가 낮은 곳에서 높은 곳으로 이동할 때는 운동 에너지가 위치 에너지로 전환됩니다.
(2) 롤러코스터가 ⓒ(높은 곳)에서 ⓒ(낮은 곳)으로 이동할 때는 위치 에너지가 운동 에너지로 전환되고, ⓒ(낮은 곳)에서 ㉣(높은 곳)로 이동할 때는 반대로 전환됩니다.

채점 기준	
상	ⓒ, ⓒ, ㉣ 각각의 장소에서 에너지 전환의 예를 옳게 설명한 경우
중	일부 설명이 부족한 경우
하	답을 틀리게 쓴 경우

4 발광다이오드(LED)등은 같은 양의 전기 에너지를 사용해도 열에너지로 소모되는 양이 가장 적고, 빛에너지로 전환되는 양이 가장 많습니다.

채점 기준	
상	보기 에 제시된 말을 모두 사용하고, 같은 양의 전기 에너지를 사용하여 열에너지로 소모되는 양이 가장 적고 빛에너지로 전환되는 양이 가장 많다는 의미로 쓴 경우
중	보기 에 제시된 말을 모두 쓰지 않은 경우
하	답을 틀리게 쓴 경우

01 ㉡   **02** ⑤   **03** ③   **04** ㉲ 식물이 자라고 열매를 맺는 데 에너지가 필요하기 때문이다.   **05** ④   **06** ①   **07** ④   **08** ㉡   **09** 전기 에너지, 빛에너지   **10** ③   **11** ㉲ 전기 에너지가 빛에너지로 전환되고 있다.   **12** (2) ○   **13** ㉲ 태양 전지가 태양을 향할 때는 해파리가 움직이고, 태양을 향하지 않을 때는 해파리가 움직이지 않는다.   **14** ②   **15** ③   **16** ㉭   **17** (1) ㉢ (2) ㉣, ㉫   **18** ③   **19** ㉠, ㉣   **20** ㉲ 이 전기 제품의 에너지 소비 효율은 1등급이다.   **21** ⑤   **22** (다)   **23** ④   **24** ㉲ 전기를 아껴 전기 요금을 줄일 수 있다. 전기 에너지를 만드는 과정에서 일어나는 환경 오염을 줄일 수 있다.

01 자동차의 연료가 부족하면 주유소에 가서 기름(연료)을 넣어야 합니다.

02 동물은 다른 식물이나 동물을 먹어 얻은 양분으로 에너지를 얻습니다.

03 식물은 햇빛을 받아 광합성으로 스스로 양분을 만들어 에너지를 얻는 생물입니다.

04 식물이 자라고 열매를 맺는 데에는 에너지가 필요합니다.

> **채점 기준**
> 에너지가 필요한 까닭을 식물의 자람과 관련지어 썼으면 정답으로 합니다.

05 처마 끝에 매달려 있는 고드름은 위치 에너지를 가지고 있습니다.

06 사람에게는 음식을 먹음으로써 얻게 되는 화학 에너지가 있습니다.

07 전등이나 텔레비전, 휴대 전화 등 우리가 일상생활에서 사용하는 물건을 작동시켜 주는 에너지는 전기 에너지입니다.

08 떠 있는 열기구, 천장에 매달린 전등, 미끄럼틀 위에 있는 아이는 모두 위치 에너지를 가지고 있습니다. 움직이는 범퍼카는 에너지는 전기 에너지, 운동 에너지를 가지고 있습니다.

09 켜져 있는 모니터에서 찾을 수 있는 형태의 에너지는 전기 에너지, 빛에너지입니다.

10 높은 곳에 있는 시계, 게시판에 붙어 있는 물체는 위치 에너지를 가지고 있습니다. 손 들고 있는 아이들은 운동 에너지, 켜져 있는 텔레비전은 전기 에너지, 창문으로 들어오는 햇빛은 빛에너지, 열에너지와 관련이 있습니다.

11 켜져 있는 형광등에는 전기 에너지가 빛에너지로 전환되고 있습니다.

> **채점 기준**
> 전기 에너지가 빛에너지로 전환된다는 내용을 썼으면 정답으로 합니다.

12 열기구가 땅에서 하늘로 떠오를 때는 연료의 화학 에너지 → 불의 열에너지 → 열기구의 운동 에너지 → 열기구의 위치 에너지로 전환되고 있습니다.

13 태양 전지가 태양을 향할 때는 햇빛을 받아 해파리가 움직이고, 태양을 향하지 않을 때는 해파리가 움직이지 않습니다.

> **채점 기준**
>
> | 상 | 예시 답안과 같이 쓴 경우 |
> |---|---|
> | 중 | 두 상황을 비교하지 않고, 어느 한쪽의 경우만 쓴 경우 |
> | 하 | 답을 틀리게 쓴 경우 |

14 해파리의 움직임에 영향을 준 에너지는 태양의 빛에너지입니다.

15 태양에서 온 에너지는 태양 전지에서 전기 에너지로 전환됩니다.

16 높은 곳에 고여 있는 물에는 위치 에너지가 있습니다.

17 태양으로부터 오는 에너지는 ㉢ 태양 전지를 거쳐 ㉟ 가정의 전기 에너지로 이용됩니다. 그리고 ㉣ 물을 증발하는 열에너지를 거쳐 ㉭ 높은 곳에 비로 내려 고이고, 이곳에 고인 물은 ㉫ 위치 에너지가 전기 에너지로 전환되어 ㉟ 가정의 전기 에너지로 이용됩니다.

18 태양에서 오는 에너지(빛에너지)는 당근의 화학 에너지, 태양 전지의 전기 에너지, 물을 증발시킨 열에너지 등 다양하게 전환됩니다. 우리가 생활에서 이용하는 대부분의 에너지는 태양의 빛에너지로부터 에너지의 형태가 전환된 것입니다.

19 에너지를 효율적으로 사용하면 전기 요금을 절약할 수 있고, 전기 에너지를 만드는 과정에서 나타나는 환경 오염을 줄일 수 있습니다.

20 이 전기 제품의 에너지 소비 효율은 1등급이라는 표시입니다. 1등급인 제품이 에너지를 가장 효율적으로 이용하는 제품입니다.

21 ① 발광 다이오드(LED)등이 백열등보다 빛의 밝기가 더 밝습니다.
② 발광 다이오드(LED)등은 백열등보다 에너지 효율이 더 높습니다.
③ 의도하지 않은 방향으로 전환된 열에너지의 비율이 가장 낮은 전등이 에너지 효율이 높습니다.
④ 같은 양의 전기 에너지를 사용했을 때 빛의 밝기가 더 밝은 전등이 에너지 효율이 높습니다.

22 전구의 밝기가 같고 전기 사용량이 적은 것이 에너지 효율이 높은 것입니다.

23 여름철 냉방을 충분히 하면서 환기를 자주 시키면 에어컨의 에너지 소비가 커집니다.

24 전기 효율이 좋은 제품을 쓰면 전기를 아껴 전기 요금을 줄일 수 있습니다. 또 전기 에너지를 만드는 과정에서 일어나는 환경 오염을 줄일 수 있습니다.

채점 기준

상	전기 에너지를 절약하면 좋은 점 두 가지를 옳게 쓴 경우
중	한 가지만 옳게 쓴 경우
하	답을 틀리게 쓴 경우

 수행평가 미리 보기 149쪽

1 (1) ㉠ 빛에너지로 전환된다. ㉡ 열에너지로 전환된다. (2) 화학 에너지 → 운동 에너지, 예 달리는 아이 등 **2** (1) 예 태양 전지에 햇빛이 잘 비춰지도록 한다. (2) 태양 전지

1 (1) 전등은 전기 에너지를 빛에너지로 전환해 사용하는 기구이고, 전기다리미는 전기 에너지를 열에너지로 전환해 사용하는 기구입니다.
(2) 강아지가 움직일 때는 화학 에너지가 운동 에너지로 전환됩니다. 이런 에너지 전환 과정은 달리는 아이의 모습에서도 나타납니다.

채점 기준

상	예시 답안과 같이 쓴 경우
중	(1)과 (2) 중 하나만 맞게 쓴 경우
하	답을 틀리게 쓴 경우

2 (1) 태양광 로봇은 태양이 태양 전지를 비출 때에는 움직이지만, 비추지 않을 때에는 움직이지 않습니다.
(2) 태양의 빛에너지가 태양 전지를 통해 전기 에너지로 전환되고, 이 전기 에너지가 전동기를 움직여 운동 에너지로 전환됩니다. 따라서 로봇이 움직이는 데 필요한 에너지는 태양 전지에서 생깁니다.

채점 기준

상	예시 답안과 같이 쓴 경우
중	(1)과 (2) 중 하나만 맞게 쓴 경우
하	답을 틀리게 쓴 경우

1단원 (1) 중단원 쪽지 시험

5쪽

01 전기 부품 02 전기 회로 03 스위치 04 철 05 ㉡
06 ㉐ 전구를 전지의 (＋)극과 (－)극에 각각 연결한다. 07
전구의 직렬연결 08 전구의 병렬연결 09 전구 두 개를 병
렬연결한 전기 회로 10 전구의 직렬연결 11 전구의 병렬연
결 12 병렬

중단원 확인 평가 1 (1) 전구의 밝기

6~7쪽

01 ㉠ 전기 부품, ㉡ 전기 회로 02 ② 03 ㉡ 04 ④, ⑤
05 ⑤ 06 ⑤ 07 ㉠ 직렬, ㉡ 병렬 08 (1) – ㉡ (2) –
㉠ 09 ㉢ 10 ③ 11 ㈏ 12 ㉠ 꺼진다, ㉡ 켜진다

01 전지, 전선, 전구 등을 전기 부품이라고 하며, 전기 부
품을 연결해 전기가 흐르도록 한 것을 전기 회로라고
합니다.

02 전지는 전구에 전기를 공급하여 불이 켜지도록 하는 전
기 부품으로, 볼록 튀어나온 끝부분이 (＋)극이고, 평평
한 끝부분이 (－)극입니다.
① 전구는 빛을 내는 전기 부품입니다.
③ 스위치는 전기를 흐르게 하거나 흐르지 않게 합니다.
④ 전지 끼우개는 전지를 끼우면 전선에 쉽게 연결할
수 있습니다.
⑤ 집게 달린 전선은 전기가 흐르는 길입니다.

03 스위치에서 스위치를 누르는 부분은 플라스틱으로 되
어 있어 전기가 통하지 않습니다.

04 전기 회로에서 전구에 불을 켜려면 전지, 전선, 전구를
끊기지 않게 연결하고, 전구는 전지의 (＋)극과 (－)극
에 각각 연결합니다. 또 전기 부품의 전기가 잘 통하는
부분끼리 연결해야 전구에 불이 켜집니다.

05 전기 회로에서 전구가 전지의 (＋)극에만 연결되어 있어

전구에 불이 켜지지 않습니다. 전구에 불을 켜려면 전구
를 전지의 (＋)극와 (－)극에 각각 연결해야 합니다.

06 ㈏는 전구에 불이 켜지고, ㈎는 전구가 전지의 (－)극
에만 연결되어 있으므로 전구에 불이 켜지지 않습니다.

07 전구 두 개 이상을 한 줄로 연결하는 방법을 전구의 직
렬연결이라고 하고, 전구 두 개 이상을 여러 개의 줄에
나누어 연결하는 방법을 전구의 병렬연결이라고 합
니다.

08 (1)과 ㉡은 전구의 직렬연결이고, (2)와 ㉠은 전구의 병
렬연결입니다.

09 전구를 병렬로 연결하면 전구 여러 개가 각각 다른 길
에 나누어져 있어 전구 한 개를 연결한 전기 회로가 여
러 개 있는 것과 같습니다. 따라서 전구의 밝기는 전구
한 개를 연결한 전기 회로와 비슷합니다.

10 ㈎는 전구의 직렬연결이고, ㈏는 전구의 병렬연결입니
다. 전구 두 개를 직렬로 연결하면 전구 두 개가 한 줄
에 있어 전기가 흐르는 데 방해가 되어 전구의 밝기가
줄어들지만 전구 두 개를 병렬로 연결하면 전구 두 개
가 다른 줄로 나누어 있어 전구의 밝기는 전구 한 개를
연결한 전기 회로와 같습니다.

11 전구 두 개를 두 줄에 나누어 병렬로 연결하였습니다.

12 전구의 직렬연결에서는 한 전구의 불이 꺼지면 나머지
전구의 불이 꺼지지만 전구의 병렬연결에서는 한 전구
의 불이 꺼져도 나머지 전구의 불이 꺼지지 않습니다.

1단원 (2) 중단원 쪽지 시험

9쪽

01 자석 02 ㉐ 한쪽 방향으로 촘촘하게 감는다. 03 전자
석에 붙는다. 04 영구 자석, 전자석 05 전자석 06 극이
바뀐다. 07 전자석 기중기 08 밀어 내어 09 플러그
10 ㉐ 감전되거나 화재가 발생할 수 있다. 11 (지구) 자원, 환
경 12 ㉐ 콘센트 덮개, 과전류 차단 장치

중단원 확인 평가   1 (2) 전자석의 성질

01 ① 02 한쪽 03 ① 04 ③ 05 (나) 06 (1) ○ (2) ×
(3) ○ 07 ㉠ N, ㉡ S 08 해설 참조 09 ③ 10 ㉠ 전자
석, ㉡ 밀어 내어 11 (1) ㉢, ㉣ (2) ㉠, ㉡ 12 ④

01 전기가 흐를 때만 자석의 성질이 나타나는 자석을 전자
석이라고 합니다. 막대자석, 말굽자석, 동전 자석을 영
구 자석이라고 합니다.

02 종이테이프를 감은 둥근머리 볼트에 에나멜선을 감을
때에는 한쪽 방향으로 촘촘하게 감습니다.

03 둥근머리 볼트에 에나멜선을 감아 만든 전자석에 전기
를 흐르게 하면 자석의 성질이 나타납니다. 자석은 철
로 된 물체를 끌어당깁니다.

04 스위치를 닫을 때만 전기가 흘러 전자석의 끝부분에 시
침바늘이 붙습니다. 이를 통해 전자석은 전기가 흐를
때만 자석의 성질이 나타난다는 것을 알 수 있습니다.

05 전자석은 연결된 전지의 개수를 다르게 하여 전자석의
세기를 조절할 수 있습니다. 전자석에 전지 한 개를 연
결했을 때보다 전지 두 개를 서로 다른 극끼리 한 줄로
연결했을 때 더 많은 시침바늘이 붙습니다.

06 전자석은 영구 자석과 달리 전기가 흐를 때만 자석의
성질이 나타납니다. 영구 자석은 자석의 극이 일정하지
만 전자석은 전지의 두 극을 연결한 방향이 바뀌면 전
자석의 극도 바뀝니다. 영구 자석은 자석의 세기가 일
정하지만 전자석은 전자석에 연결된 전지의 개수를 다
르게 하여 세기를 조절할 수 있습니다.

07 자석은 같은 극끼리 서로 밀어 내고 다른 극끼리 끌어
당기므로, 나침반 바늘의 S극이 가리키는 전자석의 끝
은 N극이고, 반대쪽은 S극입니다.

08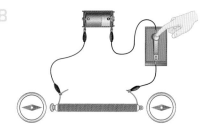

09 머리 말리개는 전동기 속 전자석을 이용해 날개를 돌려
바람을 일으킵니다.

10 자기 부상 열차는 전자석의 성질을 이용하여 만든 것으
로, 전기가 흐를 때 자기 부상 열차와 철로가 서로 밀어
내어 열차가 철로 위에 떠서 이동하기 때문에 열차와
철로 사이의 마찰이 없어 빠르게 달릴 수 있습니다.

11 ㉠, ㉡은 전기를 절약하는 방법이고, ㉢, ㉣은 전기를
안전하게 사용하는 방법입니다. 냉방 기기를 사용할 때
문을 닫고, 냉장고 문을 오랫동안 열어 놓지 않아야 전
기가 낭비되지 않습니다. 또 물 묻은 손으로 전기 기구
를 만지면 감전 사고가 일어날 수 있고, 플러그를 뽑을
때 전선을 당기면 전선이 끊어지는 등의 사고가 발생할
수 있습니다.

12 과전류 차단 장치는 집 밖에서 들어오는 전기가 너무
세거나 집 안에 누전이 생길 때 가정의 전기 시설을 보
호해 줍니다.

대단원 종합 평가   1. 전기의 이용

01 ⑤ 02 집게 달린 전선 03 ⑤ 04 ④ 05 태호 06
(나) 07 (1) - ㉡ (2) - ㉠ 08 ④ 09 (2) ○ 10 ㉡ 11
③ 12 (2) ○ 13 (1) ○ 14 ㉡, ㉢ 15 ④ 16 예준 17
⑤ 18 ① 19 ③ 20 ㉡

01 ① 전구는 빛을 내는 전기 부품으로 (＋)극과 (－)극을
구별하지 않습니다.
② 전지 끼우개는 전지를 전선에 쉽게 연결할 수 있게
합니다.
③ 전구 끼우개는 전구를 돌려 끼우면 전구를 전선에

쉽게 연결할 수 있습니다.

④ 전기 회로에 전기를 흐르게 하는 것은 전지입니다.

02 전기가 흐르는 길로, 집게를 사용해 전기 부품을 쉽게 연결할 수 있는 집게 달린 전선입니다.

03 전구와 전선을 전지의 (＋)극과 (－)극에 끊긴 곳이 없게 연결한 전기 회로의 전구에 불이 켜집니다.

04 전구에 불을 켜려면 전구를 전지의 (＋)극과 (－)극에 각각 연결해야 합니다.

05 전구는 전지의 (＋)극과 (－)극에 각각 연결해야 전구에 불이 켜집니다.

06 ㈎는 전구 두 개가 두 줄에 나뉘어 각각 병렬연결되어 있고, ㈏는 전구 두 개가 한 줄로 직렬연결되어 있습니다.

07 ⑴과 ⓛ은 전구 두 개가 직렬연결되어 있고, ⑵와 ㉠은 전구 두 개가 병렬연결되어 있습니다. 전구 두 개를 병렬연결한 전기 회로의 전구가 전구 두 개를 직렬연결한 전기 회로의 전구보다 더 밝습니다.

08 병렬연결된 전기 회로의 전구가 직렬연결된 전기 회로의 전구보다 더 밝지만 더 많은 에너지를 소비하므로 전지가 더 빨리 닳습니다. 또한, 전구 두 개를 병렬로 연결하면 전구 두 개가 두 줄로 나누어 있어 전구의 밝기는 전구 한 개를 연결한 전기 회로와 같습니다.

09 전구의 병렬연결에서는 전구 한 개의 불이 꺼지면 나머지 전구의 불이 꺼지지 않습니다. 따라서 불이 켜진 전구와 불이 꺼진 전구는 병렬로 연결되어 있습니다.

10 종이테이프를 감은 둥근머리 볼트에 에나멜선을 감을 때에는 한쪽 방향으로 촘촘하게 감습니다.

11 스위치를 닫을 때만 전기가 흘러 전자석의 끝부분에 시침바늘이 붙습니다.

12 전자석에 전지 한 개를 연결했을 때보다 전지 두 개를 서로 다른 극끼리 한 줄로 연결했을 때 더 많은 시침바늘이 붙습니다.

13 전자석에 연결된 전지의 극을 반대로 연결하면 전자석의 극이 바뀝니다.

14 전자석은 막대자석과 달리 전기가 흐를 때만 자석의 성질이 나타납니다. 막대자석은 자석의 극이 일정하지만 전자석은 전지의 두 극을 연결한 방향이 바뀌면 전자석의 극도 바뀝니다.

15 선풍기, 세탁기, 머리 말리개, 전기 자동차는 우리 생활에서 전자석을 이용한 예로 전동기 속에 전자석이 들어 있습니다.

16 나침반 바늘에는 영구 자석이 사용되어 항상 자석의 성질이 나타납니다.

17 전자석 기중기는 전기가 흐를 때만 자석이 되는 성질을 이용하여 무거운 철제품을 전자석에 붙여 다른 장소로 옮길 수 있습니다.

18 플러그를 뽑을 때는 플러그를 잡고 뽑아야 안전합니다. 전선을 당겨 뽑으면 전선이 끊어질 수 있습니다.

19 냉장고에 물건을 가득 넣어 두면 전기 에너지가 낭비되어 전기 요금이 많이 나옵니다.

20 ㉠ 콘센트 덮개를 사용하면 감전 사고를 예방할 수 있습니다.

ⓒ 시간 조절 콘센트를 사용하면 원하는 시간이 되면 자동으로 전원을 차단할 수 있어 전기를 절약할 수 있습니다.

1단원 **서술형・논술형 평가** 15쪽

01 (1) 예 전기 부품에서 전기가 잘 통하는 부분끼리 연결해야 전구에 불이 켜지기 때문이다. (2) 예 전구가 전지의 (－)극에만 연결되어 있기 때문이다. **02** 예 전구 두 개를 다른 줄에 나누어 병렬연결한다. **03** (1) 예 전지를 서로 다른 극끼리 더 연결한다. (2) 예 전지의 두 극을 반대로 연결한다. **04** 예 나침반은 항상 자석의 성질이 나타나지만 전자석 기중기는 전기가 흐를 때만 자석의 성질이 나타난다.

01 (1) 전기 부품에서 전기가 잘 통하는 부분은 금속으로 되어 있는 부분입니다. 금속 부분끼리 연결해야 전구에 불이 켜집니다.

(2) 전구는 전지의 (＋)극과 (－)극에 각각 연결해야 불이 켜집니다.

02 전구 두 개 이상을 한 줄로 연결하는 방법을 전구의 직렬연결이라고 하고, 전구 두 개 이상을 여러 줄에 나누어 각각 연결하는 방법을 전구의 병렬연결이라고 합니다. 전구를 병렬연결한 전기 회로의 전구가 직렬연결한 전기 회로의 전구보다 더 밝습니다.

03 (1) 서로 다른 극끼리 연결한 전지의 수가 많을수록 전자석의 세기가 세집니다.

(2) 전지의 극을 반대로 연결하면 전자석의 N극과 S극이 바뀝니다.

04 나침반 바늘은 영구 자석이고, 전자석 기중기에는 전자석이 이용되었습니다. 전자석 기중기는 나침반과 달리 전기가 흐를 때만 자석의 성질이 나타나고, 전자석의 세기를 조절할 수 있습니다.

2단원 (1) 중단원 쪽지 시험   17쪽

01 태양 고도   **02** 그림자의 끝   **03** 정남쪽   **04** 낮 12시 30분 무렵   **05** 높고, 짧다   **06** 정북쪽   **07** 태양의 남중 고도   **08** 그림자 길이 그래프   **09** 14시 30분(오후 2시 30분) 무렵   **10** 약 2시간   **11** 짧아진다.   **12** 높아진다.

     18~19쪽

중단원 확인 평가   2 (1) 태양 고도, 그림자 길이, 기온

01 ④   **02** ㉡, ㉢, ㉣   **03** ⑤   **04** ⑤   **05** 꺾은선   **06** ③   **07** 태양의 남중 고도   **08** ㈎ 그림자 길이 ㈏ 태양 고도   **09** ④   **10** 재강   **11** 2시간   **12** 해설 참조

01 태양 고도는 태양과 지표면이 이루는 각으로 나타냅니다.

02 ㉠ 태양 고도 측정기를 태양 빛이 잘 드는 편평한 곳에 놓습니다.
㉢ 막대기가 휘면 그림자 길이가 변하여 태양 고도 측정값에 오차가 생기므로, 막대기가 휘지 않도록 실을 당깁니다.

03 ⑤ 하루 중 태양 고도가 가장 높을 때 태양은 정남쪽에 위치합니다.

04 ⑤ 태양 고도가 가장 높은 시각은 낮 12시 30분 무렵이고, 기온이 가장 높은 시각은 14시 30분 무렵으로 약 두 시간 정도 차이가 있습니다.

05 꺾은선그래프는 시간의 흐름에 따라 측정값이 어떻게 변하는지 알아보는 데 편리합니다.

06 가로축에는 측정 시각을 쓰고, 세로축에는 태양 고도, 그림자 길이, 기온을 각각 씁니다.

07 하루 중 태양이 정남쪽에 위치했을 때의 고도를 태양의 남중 고도라고 합니다.

08 ㈎는 오전부터 낮 12시 30분까지 값이 작아지다가 그 이후 다시 커지는 것으로 보아 그림자 길이 그래프입니다. ㈏는 오전부터 낮 12시 30분까지 값이 커지다가 그 이후 작아지는 것으로 보아 태양 고도 그래프입니다.

09 하루 중 태양이 정남쪽에 있을 때의 고도를 태양의 남중 고도라고 합니다. 이때 태양 고도는 하루 중 가장 높고 그림자 길이는 가장 짧으며, 그 후로 태양 고도는 낮아지고 그림자 길이는 길어집니다.

10 기온은 오전에 점점 높아지다가 14시 30분에 가장 높고, 이후 서서히 낮아집니다.

11 우리나라에서 태양이 남중하는 시각은 낮 12시 30분 무렵, 기온이 가장 높은 시각은 14시 30분 무렵으로 약 두 시간 정도 차이가 있습니다.

12
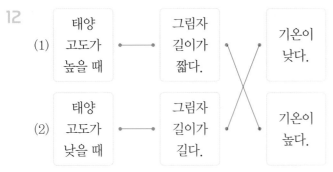

하루 동안 태양 고도가 높아지면 그림자 길이가 짧아지고 기온은 높아집니다. 태양 고도가 낮아지면 그림자 길이는 길어지고 기온은 낮아집니다.

2단원 (2) 중단원 쪽지 시험 21쪽

01 여름 02 겨울 03 길어진다. 04 짧아진다. 05 태양의 남중 고도 06 전등과 태양 전지판이 이루는 각 07 ㉞ 전등의 종류, 태양 전지판의 크기, 소리 발생기의 종류, 전등과 태양 전지판 사이의 거리 등 08 클 때 09 여름 10 태양의 남중 고도 11 높은 때 12 ㉠ 적다(적어진다), ㉡ 낮다

중단원 확인 평가 2 (2) 계절에 따른 태양의 남중 고도, 낮과 밤의 길이, 기온 변화

01 ⑤ 02 ③ 03 ③ 04 ②, ④ 05 ④ 06 ㉢ 07 태양의 남중 고도 08 ⑤ 09 ㉠ 클, ㉡ 좁은, ㉢ 많기 10 ㉠ 많기(많아지기), ㉡ 높다 11 ㈎ 여름, ㈏ 겨울 12 (1) > (2) > (3) >

01 계절이 달라지면 태양의 남중 고도, 낮의 길이, 밤의 길이, 기온, 그림자 길이 등이 달라집니다. 지구의 자전축은 계절에 상관없이 약 23.5° 기울어져 있습니다.

02 태양의 위치가 가장 높은 계절은 여름이고, 가장 낮은 계절은 겨울입니다. 봄, 가을에 태양의 위치는 여름과 겨울의 중간 정도입니다.

03 태양의 남중 고도가 높은 여름에는 태양이 지평선 위로 떠 있는 시간이 길어 낮의 길이가 길지만, 태양의 남중 고도가 낮은 겨울에는 태양이 지평선 위로 떠 있는 시간이 짧아 낮의 길이가 짧습니다. 봄, 가을의 낮의 길이는 여름과 겨울의 중간입니다.

04 태양의 남중 고도는 여름(6월)에 가장 높고, 겨울(12월)에 가장 낮습니다. 봄, 가을은 여름과 겨울의 중간 정도입니다.

05 태양의 남중 고도가 높아질수록 낮의 길이가 길어지고, 태양의 남중 고도가 낮아질수록 낮의 길이는 짧아집니다.

06 ㉠ 기온은 여름(7~8월)에 가장 높고, 겨울(1~2월)에 가장 낮습니다.
㉡ 태양의 남중 고도는 여름(6~7월)에 가장 높고, 겨울(12~1월)에 가장 낮습니다.
㉢ 태양의 남중 고도가 높아질수록 기온은 높아집니다.
㉣ 태양의 남중 고도가 가장 높은 때는 6~7월이고, 기온이 가장 높은 때는 7~8월로 시간 차이가 있습니다.

07 전등과 태양 전지판이 이루는 각은 태양과 지표면이 이루는 각인 태양의 남중 고도를 의미합니다.

08 실험에서 다르게 해야 할 조건은 전등과 태양 전지판이 이루는 각이며, 같게 해야 할 조건은 전등과 태양 전지판 사이의 거리, 전등의 종류, 태양 전지판의 크기, 전등을 비춘 시각, 소리 발생기의 종류 등입니다.

09 전등과 태양 전지판이 이루는 각의 크기가 클 때는 같은 면적에 도달하는 에너지양이 더 많기 때문에 소리가 더 큽니다.

10 태양의 남중 고도가 높아지면 같은 면적의 지표면에 도달하는 태양 에너지양이 많아져 기온이 높아집니다.

11 ㈎는 태양의 남중 고도가 높은 여름이고, ㈏는 태양의 남중 고도가 낮은 겨울입니다.

12 태양의 남중 고도가 높아질수록 같은 면적의 지표면에 도달하는 태양 에너지양이 많아집니다. 지표면에 도달하는 태양 에너지양이 많아지면 지표면이 더 많이 데워져 기온이 높아집니다. 태양의 남중 고도가 낮아지면 같은 면적의 지표면에 도달하는 태양 에너지 양이 적어져 지표면이 덜 데워지고 기온이 낮아집니다.

2단원 (3)   **중단원 쪽지 시험**   25쪽

01 ㉠ 낮의 길이가 길어진다, 기온이 높아진다, 그림자 길이가 짧아진다 등   02 지구본의 자전축 기울기   03 ㉠ 전등과 지구본 사이의 거리, 태양 고도 측정기를 붙이는 위치 등 04 태양   05 짧을   06 수직인 채 공전할 때   07 남중 고도   08 ㉠ 계절이 변하지 않는다.   09 여름   10 겨울   11 길다. 12 여름

26~27쪽

중단원 확인 평가   2 (3) 계절의 변화가 생기는 까닭

01 해성   02 ㉠ 다르게, ㉡ 같게   03 ⑤   04 ㉡ 52, ㉣ 52 05 ②   06 ①   07 남중 고도   08 ②   09 ㈎   10 ㈏   11 ㉣   12 높기

---

01 겨울에는 태양의 남중 고도가 낮아서 빛이 교실 안까지 들어옵니다. 또한, 겨울에는 낮이 짧고 밤이 길며 기온이 낮습니다.

02 같게 해야 할 조건은 전등과 지구본 사이의 거리, 태양 고도 측정기를 붙이는 위치 등이고, 다르게 해야 할 조건은 지구본의 자전축 기울기입니다.

03 ⑤ 태양의 남중 고도를 측정할 때는 태양 고도 측정기의 그림자 길이가 가장 짧아질 때의 고도를 측정하며 그림자 끝이 가리키는 곳의 각도를 읽어야 합니다.

04 지구본의 자전축이 수직인 채 공전하기 때문에 지구본의 위치에 따라 태양의 남중 고도가 변하지 않으므로 ㈎~㈐ 위치에서 태양의 남중 고도는 모두 52°입니다.

05 지구본의 자전축이 기울어진 채 공전할 때에는 지구본의 위치에 따라 태양의 남중 고도가 달라집니다. ㉡의 위치에서 태양의 남중 고도가 가장 높고, ㉣의 위치에서 가장 낮습니다.

06 지구의 자전축이 공전 궤도면에 대하여 기울어진 채 공전하면 지구의 각 위치에 따라 태양의 남중 고도가 달라지고, 낮의 길이와 기온이 변해 계절의 변화가 생깁니다.

07 지구의 자전축이 공전 궤도면에 대하여 기울어진 채 지구가 태양 주위를 공전합니다. 이로 인해 지구의 각 위치에 따라 태양의 남중 고도가 달라져 계절의 변화가 생깁니다.

08 지구의 자전축이 공전 궤도면에 대하여 수직이거나 지구가 태양 주위를 공전하지 않는다면 계절의 변화가 생기지 않아 계절에 따라 태양의 남중 고도, 기온, 낮의 길이, 그림자 길이가 달라지지 않습니다.

09 지구가 ㈎ 위치에 있을 때 우리나라는 태양의 남중 고도가 높은 여름입니다. 지구가 ㈏ 위치에 있을 때 우리나라는 태양의 남중 고도가 낮은 겨울입니다. 여름에 낮의 길이가 가장 깁니다.

10 태양의 남중 고도는 겨울에 가장 낮습니다.

11 지구가 (나)의 위치에 있을 때 북반구는 겨울이므로 기온이 낮습니다.

12 지구의 자전축이 기울어진 채 태양 주위를 공전하기 때문에 북반구와 남반구에서 태양의 남중 고도가 가장 높거나 가장 낮게 나타나는 지구의 위치는 반대가 됩니다. 따라서 북반구와 남반구의 계절은 반대가 됩니다.

28~30쪽

대단원 종합 평가 2. 계절의 변화

01 ㉢ 02 ② 03 ② 04 ① 05 ③ 06 (나) 07 ②
08 (가) 겨울, (다) 여름 09 (가) ㉢, (나) ㉡, (다) ㉠ 10 (다) 11
③ 12 (1) 태양 (2) 지표면 13 ㉢ 14 ③ 15 ㉣ 16 ③
17 (나) 18 ㉠ 기울어진 채, ㉡ 공전 19 우진 20 (1) 겨울
(2) 여름

01 태양 고도는 태양과 지표면이 이루는 각으로 나타냅니다. 태양 고도 측정기를 이용하여 태양 고도를 측정할 때는 막대기의 그림자 끝과 실이 이루는 각을 측정합니다.

02 하루 중 태양이 남중하는 시각은 낮 12시 30분 무렵입니다. 이때 태양이 가장 높이 위치하므로 태양 고도가 하루 중 가장 높고, 그림자의 길이는 가장 짧습니다. 기온이 가장 높은 시각은 14시 30분 무렵입니다.

03 태양 고도가 높아질수록 그림자 길이가 짧아집니다.

04 하루 중 태양이 정남쪽에 위치했을 때의 고도를 태양의 남중 고도라고 하며, 이때 태양 고도는 하루 중 가장 높습니다. 태양이 남중했을 때 그림자는 정북쪽을 향하고, 그림자 길이는 하루 중 가장 짧습니다.

05 태양 고도는 낮 12시 30분 무렵에 가장 높고 그 후 점점 낮아지며, 그림자 길이는 낮 12시 30분 무렵에 가장 짧고 그 후 점점 길어집니다.

06 (가)는 오전부터 낮 12시 30분까지 값이 커지다가 그 이후 작아지는 것으로 보아 태양 고도 그래프입니다. (나)는 오전부터 14시 30분까지 값이 커지다가 그 이후 작아지는 것으로 보아 기온 그래프입니다.

07 태양 고도가 높아질수록 기온은 높아집니다.

08 여름에 태양의 남중 고도가 가장 높고, 겨울에 가장 낮습니다. 봄과 가을은 여름과 겨울의 중간 정도입니다.

09 (가)는 낮의 길이가 가장 긴 여름이고, (나)는 낮의 길이가 여름과 겨울의 중간 정도인 가을입니다. (다)는 낮의 길이가 가장 짧은 겨울입니다. 여름에는 태양의 남중 고도가 가장 높고, 겨울에는 가장 낮으며 가을은 여름과 겨울의 중간 정도입니다.

10 겨울에는 태양의 남중 고도가 낮아 햇빛이 교실 안 깊숙한 곳까지 들어옵니다.

11 계절에 따라 태양의 남중 고도가 높으면 낮의 길이가 길어지고, 태양의 남중 고도가 낮으면 낮의 길이가 짧아집니다.

12 전등은 태양, 태양 전지판은 지표면, 전등과 태양 전지판이 이루는 각은 태양의 남중 고도를 의미합니다.

13 전등과 태양 전지판이 이루는 각이 클 때 전등이 좁은 면적을 비추기 때문에 같은 면적에 도달하는 에너지양이 많습니다. 전등과 태양 전지판이 이루는 각이 작을 때 전등이 넓은 면적을 비추기 때문에 같은 면적에 도달하는 에너지양이 적습니다. 따라서 태양의 남중 고도가 높아지면 같은 면적의 지표면에 도달하는 태양 에너지양이 많아져 지표면이 더 데워지고 기온이 높아진다는 것을 알 수 있습니다.

14 계절에 따라 기온이 달라지는 까닭은 계절에 따라 태양의 남중 고도가 다르기 때문입니다. 태양의 남중 고도가 달라지면 같은 면적의 지표면에 도달하는 태양 에너지양이 달라지기 때문에 기온이 달라집니다.

15 태양의 남중 고도가 가장 높은 계절은 여름입니다. 여름에는 기온이 높아 강이나 바다 등에서 물놀이를 즐깁니다.

16 지구본의 자전축 기울기에 따른 태양의 남중 고도를 측정하는 실험이므로 지구본의 자전축 기울기만 다르게

17 지구본의 자전축이 기울어진 채 태양 주위를 공전하면 태양의 남중 고도가 달라집니다.

18 지구의 자전축이 공전 궤도면에 대하여 기울어진 채 태양 주위를 공전하면 지구의 각 위치에 따라 태양의 남중 고도가 달라지고, 계절이 변합니다.

19 지구가 ㉮ 위치에 있을 때 북반구는 태양의 남중 고도가 가장 높은 여름입니다. 지구가 ㉯ 위치에 있을 때 북반구는 태양의 남중 고도가 가장 낮은 겨울입니다.

20 남반구는 북반구와 계절이 서로 반대입니다. 따라서 북반구에 있는 우리나라가 겨울일 때 남반구에 있는 뉴질랜드는 여름입니다.

2단원 서술형·논술형 평가   31쪽

01 (1) ㉔ 하루 중 태양이 정남쪽에 위치하면 태양이 남중했다고 하고, 이때의 고도를 태양의 남중 고도라고 한다. **02** (1) ㉢ (2) ㉔ 태양의 남중 고도가 높을수록 낮의 길이가 길어지기 때문이다. **03** ㉔ 태양 고도가 높아지면(낮아지면) 그림자 길이가 짧아진다(길어진다), 태양 고도가 높아지면(낮아지면) 기온이 높아진다(낮아진다), 태양 고도가 가장 높은 때와 기온이 가장 높은 때는 2시간 정도 차이가 난다. **04** (1) ㉠ 수직인 채, ㉡ 기울어진 채 (2) ㉔ 지구의 자전축이 공전 궤도면에 대하여 기울어진 채 태양 주위를 공전하기 때문이다.

01 태양의 남중 고도는 태양이 남중했을 때의 고도를 의미하며, 이때 하루 중 태양 고도가 가장 높습니다.

02 (1) ㉠은 겨울, ㉡은 봄과 가을, ㉢은 여름에 해당합니다.
(2) 태양의 남중 고도가 높으면 태양이 지표면 위에서 지나가는 길도 길어지기 때문에 낮의 길이가 길어집니다.

---

03 태양 고도가 높아질수록 그림자 길이는 짧아지고, 기온은 높아집니다. 하루 중 태양 고도는 낮 12시 30분 무렵에 가장 높고, 기온은 14시 30분 무렵에 가장 높습니다. 하루 동안 기온이 가장 높게 나타나는 시각은 태양이 남중한 시각보다 약 두 시간 정도 뒤입니다.

04 (1) 지구본의 자전축이 수직인 채 공전할 때는 지구본의 각 위치에 따라 태양의 남중 고도가 변하지 않습니다. 지구본의 자전축이 기울어진 채 공전할 때는 지구본의 각 위치에 따라 태양의 남중 고도가 변합니다.
(2) 계절이 변하는 까닭은 지구의 자전축 기울기와 지구의 공전과 관련이 있습니다. 지구의 북극과 남극을 이은 가상의 직선인 자전축은 공전 궤도면에 대해 기울어져 있습니다. 지구의 자전축이 공전 궤도면에 대하여 기울어진 채 태양 주위를 공전하면 지구의 위치에 따라 태양의 남중 고도가 달라집니다.

3단원 (1) 중단원 쪽지 시험   33쪽

01 따뜻하다. **02** 열 **03** ㉔ 정전된 밤에 촛불로 주변을 밝힌다. **04** 크기가 작은 아크릴 통 속 촛불 **05** 산소 **06** 성냥의 머리 부분 **07** 발화점 **08** ㉔ 물질마다 발화점이 다르기 때문이다. **09** 연소 **10** 탈 물질, 산소, 발화점 이상의 온도 **11** 붉은색 **12** 뿌옇게 흐려진다.

중단원 확인 평가 3 (1) 연소

01 ㉠, ㉡ 02 (3) ○ 03 ⑤ 04 (1) ㈎ (2) ㈎ 05 ④
06 ⑤ 07 ㉠ 머리, ㉡ 나무 08 ④ 09 ㉠, ㉢, ㉣ 10 ③
11 이산화 탄소 12 물, 이산화 탄소

01 알코올이 탈 때 빛과 열이 발생하여 불꽃 주변이 밝아지며 따뜻해집니다.

02 초가 타기 전에 비해 초가 탄 이후 비커 속 공기 중 산소의 비율이 줄어듭니다.

03 초가 타고 난 후 비커 속 산소의 비율이 줄어들지만 여전히 공기 중에 산소는 있습니다. 그런데도 불이 꺼진 까닭은 산소가 충분히 공급되지 못하면 불이 꺼진다는 것을 알 수 있습니다.

04 아크릴 통 속 공기의 양이 많은 것과 촛불이 늦게 꺼지는 것 모두 크기가 큰 아크릴 통 ㈎입니다.

05 ④ 두 초에 동시에 불을 붙인 후 동시에 아크릴 통을 덮어야 합니다.

06 성냥의 머리 부분과 나무 부분에 불을 직접 붙이지 않고 탈 수 있는지 알아보려면, 성냥의 머리 부분과 나무 부분의 크기를 같게 하고, 철판 중앙으로부터 같은 거리에 올려놓아야 합니다. 그런 후 알코올램프에 불을 붙여 철판 중앙이 가열되도록 해야 합니다.

07 성냥의 머리 부분이 나무 부분보다 불이 먼저 붙습니다.

08 성냥의 나무 부분보다 머리 부분에 불이 먼저 붙는 까닭은 물질마다 불이 붙기 시작하는 온도가 다르기 때문입니다.

09 물질이 연소하려면 산소와 탈 물질, 발화점 이상의 온도가 필요합니다. 이것을 연소의 조건이라고 합니다.

10 석회수는 이산화 탄소와 만나면 뿌옇게 흐려지는 성질이 있습니다.

11 초가 연소할 때 이산화 탄소가 생성되었기 때문에 석회수가 뿌옇게 흐려진 것입니다.

12 초가 연소할 때는 물과 이산화 탄소가 생깁니다.

3단원 (2) 중단원 **쪽지** 시험

01 탈 물질 02 ㉮ 산소가 지속적으로 공급되지 않아 결국 꺼지게 된다. 03 ㉠ 발화점, ㉡ 낮아져 04 소화 05 탈 물질 없애기, 산소 공급 차단하기, 발화점 미만으로 온도 낮추기 06 (1) × 07 ㉡ 08 ㉠ 09 (2) ○ (3) ○ 10 ㉮ 비상벨을 누른다. 11 ㉮ 젖은 수건으로 코와 입을 가리고 낮은 자세로 이동한다. 12 계단

중단원 확인 평가 3 (2) 소화

01 ①, ③ 02 (1) ○ (3) ○ 03 ④ 04 ③ 05 (1) - ㉡
(2) - ㉢ (3) - ㉠ 06 ㉠, ㉣ 07 소화기 08 ㉢ 09 ②
10 ②, ④, ⑤ 11 ㉠, ㉢ 12 ①

01 촛불을 끄는 여러 가지 방법 중 탈 물질을 없애 불을 끄는 방법에는 입으로 불기, 심지를 핀셋으로 집기, 심지 자르기 등이 있습니다.

02 (2) 탈 물질과 산소가 있어야 하며 발화점 이상의 온도가 필요한 것은 연소의 조건입니다.

03 두꺼운 담요로 불을 덮기, 드라이아이스를 가까이 가져가기, 마른 모래를 불이 덮이도록 뿌리기, 분말 소화기로 불이 덮이도록 분말 가루 뿌리기는 모두 산소 공급을 차단하여 불을 끄는 방법입니다.
④ 가스레인지의 연료 조절 밸브를 잠그는 것은 탈 물질을 제거하는 방법입니다.

04 알코올램프의 뚜껑을 덮어 불을 끄는 것은 산소 공급을 차단하면 불이 꺼지는 원리를 이용한 것입니다.

05 촛불을 입으로 불어 불을 끄는 것은 탈 물질을 제거하는 방법이며, 분무기로 물을 뿌리는 것은 발화점 미만으로 온도를 낮추는 방법입니다. 그리고 집기병으로 촛

불을 덮는 것은 산소 공급을 차단하여 불을 끄는 방법입니다.

06 핀셋으로 초의 심지를 집으면 촛불이 꺼지는 까닭은 탈물질이 더 이상 공급되지 않기 때문입니다. 이와 같이 불을 끄는 방법에는 초의 심지 자르기, 낙엽 등 탈 물질 제거하기 등이 있습니다.

07 소화기는 화재 초기 단계에서 작은 불씨가 큰 불로 변하기 전에 불을 끌 수 있는 유용한 도구입니다.

08 ⓒ 소화기를 들고 바람을 등지고 서야 합니다.

09 ② 화재 대비 대피 훈련은 화재로 인한 피해를 줄이기 위한 노력 중 하나입니다.

10 ① 화재가 발생했을 때는 승강기 대신 계단으로 대피합니다.
③ 나무 책상 아래에 웅크리면 화재에 더 위험할 수 있으니 안전한 곳으로 신속히 대피합니다.

11 ⊙ 119에는 화재나 긴급한 사고가 났을 때 신고하도록 합니다. 119에 직접 전화해 화재 신고 연습을 하는 것은 올바른 행동이 아닙니다.
ⓒ 비상구는 갑작스런 사고가 났을 때 대피해야 하는 통로이므로 막지 않도록 합니다.

12 우리가 사는 건물에서 화재가 발생할 때를 대비한 화재 대피도에 학교 전화번호는 꼭 필요한 정보가 아닙니다.

40~42쪽

대단원 종합 평가   3. 연소와 소화

01 ④, ⑤   02 빛(열), 열(빛)   03 ⓒ   04 (나)   05 ④   06 줄어든다.   07 성냥의 머리 부분   08 ⓒ, ②   09 ⑤   10 ④   11 희진   12 ⊙ 부채질, ⓒ 발화점   13 ③   14 붉은색   15 ③   16 물, 이산화 탄소   17 대한, 이수   18 ④   19 (1) ○ (2) × (3) × (4) ○   20 ⓒ

01 초가 탈 때 불꽃의 모양은 위아래로 길쭉하고, 불꽃의 색깔은 주황색, 붉은색, 노란색 등을 띱니다. 불꽃의 중간 부분이 가장 밝고, 손을 가까이 대면 윗부분이 옆부분보다 더 뜨겁습니다. 시간이 지날수록 초의 길이가 짧아집니다.

02 초와 알코올이 탈 때는 공통적으로 빛과 열을 내면서 탑니다.

03 공기의 양에 따라 초가 타는 시간을 비교하는 실험이므로, 아크릴 통의 크기만 다르게 하고 나머지 조건은 모두 같게 해야 합니다.

04 크기가 작은 아크릴 통 속의 촛불이 먼저 꺼집니다.

05 큰 아크릴 통보다 작은 아크릴 통 속에 공기가 적게 들어 있기 때문에 촛불이 먼저 꺼집니다.

06 초가 타면서 산소를 사용하기 때문에 초가 타고 난 후 비커 속 산소의 비율이 초가 타기 전보다 줄어듭니다.

07 성냥의 머리 부분이 나무 부분보다 먼저 불이 붙습니다.

08 철판 위에 성냥을 놓고 가열하여 불이 붙는 순서를 확인하는 실험으로 물질에 직접 불을 붙이지 않아도 불이 붙는다는 것과 성냥의 머리 부분이 나무 부분보다 빨리 불이 붙는다는 것을 확인할 수 있습니다.

09 이 실험으로 물질마다 발화점이 다르고, 발화점이 낮을수록 먼저 불이 붙는다는 것을 알 수 있습니다.

10 물질이 연소하려면 탈 물질, 발화점 이상의 온도, 산소가 모두 필요합니다.

11 연소는 물질이 산소와 빠르게 반응하여 빛과 열을 내는 현상을 의미하므로, 희진이가 바르게 말했습니다.

12 나무는 탈 물질이고, 부채질로 산소를 공급하며, 불씨는 발화점 이상의 온도를 의미합니다.

13 촛불을 입으로 불어서 끄는 것은 탈 물질을 제거하는 것으로 초의 심지를 핀셋으로 집어서 불을 끄는 것과 같은 원리입니다.

14 초가 연소한 후 푸른색 염화 코발트 종이가 붉게 변하였습니다. 이것으로 보아 초가 연소한 후 물이 생겼음을 알 수 있습니다.

15 촛불을 덮었던 집기병에 석회수를 넣고 흔들면 투명한 석회수가 뿌옇게 변합니다.

16 푸른색 염화 코발트 종이와 석회수의 변화로 보아, 초가 연소한 후 물과 이산화 탄소가 만들어짐을 알 수 있습니다.

17 촛불을 집기병으로 덮으면 산소 공급이 차단되기 때문에 촛불이 꺼집니다.

18 기름에 불이 붙었을 때에는 절대로 물을 뿌리지 말고 유류 화재용 소화기를 사용하여 불을 끕니다.

19 화재가 발생하면, 비상벨을 눌러 사람들에게 알리고, 젖은 수건 등으로 코와 입을 막고 낮은 자세로 이동합니다.

20 안전을 위하여 커튼이나 벽 장식은 불에 잘 타지 않는 소재를 사용합니다.

3단원 서술형·논술형 평가 43쪽

01 (1) (개) (2) (내)에는 산소가 공급되지만 (개)에는 산소가 공급되지 않기 때문이다. **02** 예 아크릴 통 속 공기 중 산소의 양에 따라 촛불이 꺼지는 시간이 다른지 알아보기 위해 **03** 초가 타면서 이산화 탄소가 생기는지를 알아보기 위해서 사용한다. **04** 예 촛불이 계속 타려면 일정 비율 이상의 산소가 있어야 한다. 등

01 (내)에는 산소가 공급되고, (개)에는 산소가 공급되지 않기 때문에 (개)의 초가 먼저 꺼집니다.

채점 기준	
상	(개)를 쓰고, (내)에 비해 (개)는 산소가 공급되지 않기 때문이라는 의미로 쓴 경우
중	(개)를 쓰고, 산소 공급만 쓴 경우
하	답을 틀리게 쓴 경우

02 아크릴 통 속 공기 중 산소의 양에 따라 촛불이 꺼지는 시간이 다른지 알아보기 위해서 크기가 다른 아크릴 통을 사용합니다.

채점 기준	
상	아크릴 통 속 공기 중 산소의 양에 따라 촛불이 꺼지는 시간이 다른지 알아보기 위함이라는 의미로 쓴 경우
중	산소의 양 비교하기만 쓴 경우, 내용의 정확성이 부족한 경우
하	답을 틀리게 쓴 경우

03 석회수는 이산화 탄소와 만나면 뿌옇게 변합니다. 이것을 이용해 초가 타면서 이산화 탄소가 생기는지를 알아보기 위해서 사용합니다.

채점 기준	
상	초가 타면서 이산화 탄소가 생기는지를 알아보기 위해서 또는 석회수가 이산화 탄소와 만나면 석회수가 뿌옇게 변하는 성질을 이용한다는 의미로 쓴 경우
중	석회수가 뿌옇게 변한다는 의미만 쓴 경우 등 설명이 부족한 경우
하	답을 틀리게 쓴 경우

04 이 실험은 공기 중 산소가 일정 비율 아래로 떨어지게 되면 촛불이 꺼진다는 것을 의미합니다. 따라서 촛불이 계속 타려면 일정 비율 이상의 산소가 있어야 합니다.

채점 기준	
상	초가 계속 타려면 공기 중 산소가 일정 비율 이상으로 있어야 한다는 의미로 쓴 경우
중	산소 공급이 안 된다는 의미 등 설명이 다소 부족한 경우
하	답을 틀리게 쓴 경우

4단원 (1) 중단원 쪽지 시험 45쪽

01 근육 **02** 뼈 **03** 짧아진다. **04** 위 **05** 작은창자 **06** 수분(물) **07** 호흡 **08** 기관지 **09** 산소 **10** 펌프 작용 **11** 심장 **12** 배설

중단원 확인 평가 4 (1) 우리 몸속 기관의 생김새와 하는 일

01 척추뼈 02 (1) - ⓒ (2) - ⊙ 03 ④ 04 ⊙ 위, ⓒ 큰
창자 05 (1) ② (2) ⓒ 06 ③ 07 ⓒ, ②, ⓒ, ⊙ 08 ③
09 (1) 느려진다. (2) 적어진다. 10 ⑤ 11 ⊙ 12 ⊙ 노폐
물, ⓒ 방광

01 척추뼈는 짧은 뼈가 길게 이어져 있어 우리 몸의 기둥
역할을 합니다.

02 뼈와 근육 모형실험에서 비닐봉지가 부풀어 오르고 길
이가 짧아지는 모습은 팔이 구부러지는 과정을 의미합
니다. 반대로 비닐봉지에서 바람이 빠져 길이가 길어지
는 모습은 팔이 펴지는 과정을 의미합니다.

03 우리 몸에 필요한 영양소가 들어 있는 음식물을 잘게
쪼개 몸에 흡수될 수 있는 형태로 분해하는 과정을 소
화라고 합니다.

04 입으로 들어온 음식물은 식도 → 위 → 작은창자 → 큰
창자를 거치며 소화되고 항문을 통해 배출됩니다.

05 (1) 작은창자는 소화를 돕는 액체를 이용해 음식물을 더
잘게 쪼개고, 영양소를 흡수합니다.
(2) 큰창자는 음식물 찌꺼기에서 수분을 흡수합니다.

06 몸속 기관 중 갈비뼈로 둘러싸여 있으며, 공기 중의 산
소를 받아들이는 곳은 폐입니다.

07 숨을 내쉴 때 몸속의 공기는 폐 → 기관지 → 기관 →
코를 거쳐 몸 밖으로 나갑니다.

08 주입기 실험에서 붉은 색소 물이 의미하는 것은 혈액입
니다.

09 주입기 실험에서 펌프를 느리게 누르면 붉은 색소 물의
이동 빠르기가 느려지고 붉은 색소 물의 이동량은 줄어
듭니다.

10 혈액은 영양소와 산소를 몸속 필요한 곳에 운반하는 역
할을 합니다.

11 우리 몸속 기관 중 콩팥은 혈액 속 노폐물을 걸러 내어
오줌을 만듭니다.

12 콩팥은 혈액 속의 노폐물을 걸러 내고, 걸러진 노폐물
은 오줌 속에 포함되어 방광에 저장되었다가 관을 통해
몸 밖으로 나갑니다.

4단원 (2) 중단원 쪽지 시험

01 감각 기관 02 혀 03 피부 04 신경계 05 (3) ○
06 운동 기관 07 심장이 빨리 뛴다. 08 맥박 수 09 콩
팥 10 소화 기관 11 ⓔ 혈액에 있는 노폐물을 걸러 내 오줌
으로 배설한다. 12 ⓔ 위장병, 변비 등

중단원 확인 평가 4 (2) 자극과 반응, 운동할 때 몸의 변화

01 ① 02 ② 03 ② 04 ⑤ 05 ⊙ 전달, ⓒ 결정, ⓒ 명
령 06 ④ 07 증가한다. 08 ⊙ 높아진다, ⓒ 빨라진다
09 ⓔ 땀이 난다. 맥박 수가 증가한다. 등 10 ④ 11 ③
12 ⊙ 혈액, ⓒ 노폐물

01 주변에서 전달된 자극을 느끼고 받아들이는 기관을 감
각 기관이라고 합니다. 우리 몸의 감각 기관에는 눈,
코, 혀, 귀, 피부가 있습니다.

02 우리는 음식의 냄새를 맡을 때 후각을 사용합니다.

03 피부는 물체의 온도와 물체 표면이 부드럽거나 거친 정
도를 느낄 수 있습니다.

04 인형의 옷감이 부드러운지 만져 보는 것은 촉각을 활용
하는 것입니다.
① 밝고 어둠을 느끼는 것은 눈입니다.
② 차거나 따뜻함을 느끼는 것은 피부입니다.
③ 물체를 보는 것은 눈입니다.
④ 크고 작은 소리를 듣는 것은 귀입니다.

05 자극이 전달되고 반응하는 과정은 감각 기관 → 자극을

전달하는 신경계 → 행동을 결정하는 신경계 → 명령을
전달하는 신경계 → 운동 기관의 순으로 이루어집니다.

06 찌개가 넘치는 것을 보면, 뚜껑을 열거나 가스 불을 줄
이거나 끕니다.

07 줄넘기 직후에 우리 몸이 필요로 하는 산소의 양은 줄
넘기하기 전과 비교하여 늘어납니다.

08~09 줄넘기를 오래 하면 체온이 높아지고, 호흡이 빨라
집니다. 또 땀이 나기도 하며, 맥박 수가 증가합니다.

10 운동을 한 후 충분한 휴식을 취하면 체온과 호흡이 운
동하기 전과 비슷한 상태로 회복됩니다.

11 우리 몸의 운동 기관에서 운동량이 증가할 때 순환 기
관은 운동 기관이 움직이는 데 필요한 영양소와 산소를
더 빠르게 많이 공급합니다.

12 콩팥이 기능을 제대로 하지 못하면 혈액에 있는 노폐물
을 걸러 내지 못하여 몸속에 노폐물이 쌓이고 병이 생
깁니다.

52~54쪽

대단원 종합 평가 | **4. 우리 몸의 구조와 기능**

01 뼈 02 ③, ⑤ 03 ㉡ 04 소화 05 ①, ⑤ 06 ㉠ 위,
㉡ 작은창자, ㉢ 큰창자 07 ④, ⑤ 08 기관지 09 ⑤
10 ③ 11 ④ 12 ㉡ 13 ④ 14 ⑤ 15 ③, ④ 16 준서
17 (1) ㉠ (2) ㉢ 18 ① 19 ㉡, ㉢, ㉣ 20 ③

01 뼈는 몸의 형태를 만들어 주며 몸을 지지하는 역할을
하고 심장이나 폐, 뇌 등을 보호합니다.

02 뼈와 근육 모형에서 납작한 빨대는 뼈를, 비닐봉지는
근육을 의미합니다. 비닐봉지에 바람을 불어 넣으면 비
닐봉지가 부풀어 올라 길이가 짧아지면서 손 모양이 구
부러집니다. 이를 통해 뼈에 붙은 근육이 움직이면서
우리 몸에 움직임이 나타나는 것을 알 수 있습니다.

03 비닐봉지에 바람을 불어 넣으면 비닐봉지가 부풀어 올
라 길이가 짧아집니다.

04 우리 몸에 필요한 영양소가 들어 있는 음식물을 잘게
쪼개 몸에 흡수될 수 있는 형태로 분해하는 과정을 소
화라고 합니다.

05 소화에 직접 관여하는 기관은 입, 식도, 위, 작은창자,
큰창자, 항문 등이 있습니다.

06 그림에서 제시된 몸속 기관은 소화 기관이며, ㉠은 위,
㉡은 작은창자, ㉢은 큰창자입니다.

07 위는 소화를 돕는 액체를 분비해 음식물을 더 잘게 쪼
개 죽처럼 만듭니다. 작은창자는 소화를 돕는 액체를
이용해 음식물을 더 잘게 쪼개고, 영양소를 흡수하며,
큰창자는 음식물 찌꺼기에서 수분을 흡수합니다.

08 ㉠은 기관지입니다. 기관지는 나뭇가지처럼 여러 갈래
로 갈라져 있고, 기관과 폐 사이를 이어 주는 관으로 공
기가 이동하는 통로 역할을 합니다.

09 ㉡은 폐의 모습입니다. 폐는 산소와 이산화 탄소가 교
환되는 곳입니다.

10 숨을 들이마실 때 공기는 코 → 기관 → 기관지 → 폐를
거쳐 우리 몸에 들어옵니다.

11 ④ 주입기의 펌프를 느리게 누르면 붉은 색소 물의 이
동량이 적어지고, 주입기의 펌프를 빠르게 누르면 붉은
색소 물의 이동량은 많아집니다.

12 심장의 펌프 작용으로 심장에서 나온 혈액이 혈관을 통
해 온몸으로 이동하고, 이 혈액은 다시 심장으로 들어
가는 것을 반복하여 순환합니다.

13 혈액은 심장의 펌프 작용으로 온몸을 순환하며 다시 심
장으로 되돌아옵니다.

14 혈액에 있는 노폐물을 몸 밖으로 내보내는 배설에 관여
하는 기관을 나타낸 그림입니다.

15 ㉠은 콩팥이고, 혈액 속 노폐물을 걸러 내 혈액을 깨끗
하게 합니다. ㉡은 ㉠에서 걸러진 노폐물이 ㉢으로 이
동하는 통로입니다. ㉢은 작은 공 모양으로 노폐물을
모아 두었다가 몸 밖으로 내보냅니다.

16 ㉠(콩팥)을 지난 혈액은 노폐물이 걸러져 다시 온몸을 순환합니다. 걸러진 노폐물은 오줌이 되어 ㉢(방광)에 저장되었다가 몸 밖으로 나갑니다.

17~18 빠르게 날아오는 공을 본 것이 외부로부터 눈을 통해 들어오는 자극입니다. 그리고 공을 피하는 것이 자극에 따른 반응입니다.

18 눈으로 주변의 사물을 볼 수 있습니다.

19 ㉡은 자극을 전달하는 신경계, ㉢은 행동을 결정하는 신경계, ㉣은 명령을 전달하는 신경계가 하는 일입니다.

20 운동을 하면 맥박 수가 체온에 비해 더 뚜렷하게 변화합니다.

4단원 **서술형·논술형 평가** 55쪽

01 ⓔ 뼈에 붙어 있는 근육이 수축과 이완을 하면서 뼈를 움직여 몸이 움직인다. **02** (1) ㉠ 빨라진다. ㉡ 많아진다. ㉢ 느려진다. ㉣ 적어진다. (2) ⓔ 심장이 빨리 뛰면 우리 몸의 혈액도 빨리 흘러 이동하는 양이 많아지며, 심장이 천천히 뛰면 혈액도 천천히 흘러 이동하는 양이 적어진다. **03** ⓔ 감각 기관인 눈이 공이 오는 것을 본다. 자극을 전달하는 신경계를 통해 공의 움직임이 전달된다. 행동을 결정하는 신경계가 공을 치겠다고 결정한다. 명령을 전달하는 신경계가 공을 치라고 전달하고 운동 기관이 방망이를 휘둘러 공을 친다. **04** ⓔ 혈액 속 노폐물이 걸러지지 못해 혈액에 노폐물이 많아져 질병이 생기게 된다. 등

---

01 뼈에 붙어 있는 근육이 수축과 이완을 하면서 뼈를 움직여 몸이 움직입니다.

채점 기준	
상	뼈에 붙은 근육의 길이가 늘어나거나 줄어들면서 움직인다는 의미로 쓴 경우
중	근육이 늘어나거나 줄어들면서 움직인다는 의미로 쓴 경우
하	답을 틀리게 쓴 경우

02 (1) 주입기의 펌프를 빠르게 누르면 붉은 색소 물이 이

동하는 빠르기가 빨라지고 물의 이동량이 많아집니다. 주입기의 펌프를 천천히 누르면 붉은 색소 물이 이동하는 빠르기가 느려지고 물의 이동량은 적어집니다.

(2) 심장이 빨리 뛰면 우리 몸의 혈액도 빨리 흘러 이동하는 양이 많아지며, 심장이 천천히 뛰면 혈액도 천천히 흘러 이동하는 양이 적어집니다.

채점 기준	
상	심장이 뛰는 정도와 혈액의 흐름과 양을 어울리게 쓴 경우
중	혈액의 흐름이나 양 중 한 가지만 쓴 경우
하	답을 틀리게 쓴 경우

03 야구 선수가 감각 기관인 눈으로 공이 오는 것을 본 후, 자극을 전달하는 신경계를 통해 공의 움직임이 전달됩니다. 행동을 결정하는 신경계는 공을 치라고 결정하고, 명령을 전달하는 신경계가 운동 기관에 공을 치라고 명령을 전달합니다. 운동 기관이 방망이를 휘둘러 공을 칩니다.

채점 기준	
상	자극이 들어오고 그림과 어울리는 적절한 행동이 나오기까지의 과정을 옳게 설명하고 자극을 전달하는 신경계, 행동을 결정하는 신경계, 명령을 전달하는 신경계의 역할을 적절하게 설명한 경우
중	신경계의 역할을 제시하지 않고 자극과 반응의 내용만 쓴 경우
하	답을 틀리게 쓴 경우

04 우리 몸속 콩팥이 제 기능을 하지 못하면 혈액 속 노폐물이 걸러지지 못해 혈액에 노폐물이 많아져 질병이 생기게 됩니다.

채점 기준	
상	혈액 속 노폐물이 많아져 질병이 생긴다는 의미로 쓴 경우
중	단순히 질병이 생긴다는 의미로 쓴 경우
하	답을 틀리게 쓴 경우

01 벼   02 에너지   03 ⑩ 연료를 넣는다. 전기를 충전한다.
04 식물   05 동물   06 없고, 없습니다.   07 빛에너지, 열에너지   08 화학 에너지   09 열에너지   10 화학 에너지   11 운동 에너지   12 위치 에너지

58~59쪽

중단원 확인 평가   5 (1) 에너지의 형태

01 에너지   02 ㉠ 햇빛, ㉡ 빛에너지, ㉢ 광합성   03 ㉡
04 ⑤   05 ③   06 ㉡   07 ④   08 (1) – ㉡ (2) – ㉠ (3) – ㉢
09 ㉠   10 ①   11 화학   12 빛에너지, 열에너지

01 기계를 움직이거나 생물이 살아가는 데에는 에너지가 필요하며, 기계는 전기나 기름 등에서 에너지를 얻습니다.

02 식물은 햇빛에서 오는 빛에너지를 이용하여 광합성을 통해 스스로 양분을 만들어 에너지를 얻습니다.

03 시계가 스스로 움직이는 데 필요한 에너지는 전기 에너지이므로 건전지를 새것으로 교환합니다.

04 사람에게 에너지가 부족해지면 배가 고프고 움직이기 어려워지기도 하고, 살이 빠지거나, 영양이 부족하여 질병에 걸리기 쉬워지거나 키가 크지 못합니다.

05 식물은 햇빛을 받아 스스로 양분을 만들어 에너지를 얻습니다.

06 휴대 전화와 선풍기는 전기 에너지를 필요로 합니다.

07 다른 식물을 먹어 양분을 얻음으로써 에너지를 얻는 생물은 초식동물입니다.

08 열에너지는 물체의 온도를 높여주는 에너지이며, 빛에너지는 주변을 밝게 비춰 주는 에너지, 전기 에너지는 전기 기구를 작동하게 하는 에너지입니다.

09 움직이는 아기에는 생명 활동에 필요한 화학 에너지가 있습니다.

10 전기나 기름에서 더는 에너지를 얻을 수 없게 되면, 휴대 전화 등을 충전할 수 없게 되고, 컴퓨터나 텔레비전을 켤 수 없고, 자동차나 배, 비행기 등을 운행할 수 없습니다.

11 음식, 사람, 나무와 공통으로 관련된 에너지는 화학 에너지입니다.

12 촛불에서 찾을 수 있는 에너지의 형태는 빛에너지, 열에너지입니다.

---

01 위치, 운동   02 빛에너지   03 화학, 빛   04 화학 에너지   05 ⑩ 태양을 향할 때 움직인다.   06 발광 다이오드(LED)등   07 '에너지 소비 효율 등급' 표시   08 줄일   09 줄여야   10 단열재   11 열에너지   12 ⑩ 겨울잠을 잔다.

62~63쪽

중단원 확인 평가   5 (2) 에너지 전환과 이용

01 ㉠ 다양한, ㉡ 있다   02 ㉠ 전기, ㉡ 빛(열), ㉢ 열(빛)
03 ②   04 ㉠, ㉢   05 ㉠ 전기 에너지, ㉡ 열에너지   06
④   07 ㉢   08 빛에너지   09 ⑤   10 ①   11 ㉠ 겨울눈, ㉡
열에너지   12 (나)

01 에너지는 다양한 형태가 있으며 다른 형태로 바뀔 수 있습니다.

02 손전등에 불이 켜질 때 전기 에너지가 빛에너지와 열에너지로 전환됩니다.

03 떠오르는 열기구에서 나타나는 에너지는 연료의 화학 에너지 → 불의 열에너지 → 열기구의 운동 에너지 → 열기구의 위치 에너지로 전환됩니다.

04 얼어 있는 물, 꺼져 있는 텔레비전에서는 에너지 전환이 일어나지 않습니다.
㉡ 떨어지는 고드름은 위치 에너지가 운동 에너지로 전

환되는 사례입니다.

ⓒ 반짝이는 전광판은 전기 에너지가 빛에너지로 전환되는 사례입니다.

ⓔ 햇빛 받는 진달래는 태양의 빛에너지가 화학 에너지로 전환되는 사례입니다.

05 전기밥솥에 쌀을 씻어 넣고 버튼을 누르면 전기 에너지가 열에너지로 전환됩니다.

06 폭포에서 떨어지는 물은 위치 에너지가 운동 에너지로 전환되는 사례입니다. 미끄럼을 타고 내려오는 상황에서도 이러한 에너지 전환이 일어납니다.

07 타는 장작불은 화학 에너지가 열에너지, 빛에너지로 전환되는 사례입니다.

ⓐ 자전거를 타는 사람: 화학 에너지 → 운동 에너지
ⓑ 켜져 있는 선풍기: 전기 에너지 → 운동 에너지

08 태양에서 오는 에너지는 빛에너지입니다.

09 광합성 하는 벼의 화학 에너지, 물을 증발시킨 열에너지, 높은 곳에 고여 있는 물의 위치 에너지, 발전기의 전기 에너지입니다.

10 에너지 소비 효율 등급 1등급이 가장 효율이 높습니다.

11 겨울눈은 추운 겨울에 어린 싹이 열에너지를 빼앗겨 어는 것을 막아 줍니다.

12 전등은 주위를 밝게 하는 도구이므로 전기 에너지가 빛에너지로 많이 전환될수록 에너지 효율이 높습니다.

64~66쪽

대단원 종합 평가 5. 에너지와 생활

01 에너지 02 ④ 03 ⓐ 광합성, ⓑ 먹어 04 위치 에너지 05 ③ 06 ⓐ, ⓔ 07 ④ 08 ⓒ 09 ⓒ, ⓔ 10 에너지 전환 11 ③ 12 ⓐ 화학, ⓑ 운동 13 ⓒ 14 ⑤ 15 ⓐ 화학 에너지, ⓑ 열에너지 16 ⓒ, ⓔ 17 ⓐ 열에너지, ⓑ 줄여야 18 ③ 19 ⑤ 20 ⓑ

01 에너지는 일을 할 수 있는 힘이나 능력을 의미합니다.

02 ④ 전기나 기름에서 더는 에너지를 얻을 수 없게 되면 겨울철 난방을 할 수 없습니다.

03 식물은 햇빛을 받아 광합성을 하여 스스로 양분을 만들어 냄으로써 에너지를 얻고, 동물은 다른 생물을 먹어 얻은 양분으로 에너지를 얻습니다.

04 벽이나 천장 등 높은 곳에 있는 물체는 위치 에너지를 가지고 있습니다.

05 운동 에너지는 움직이는 물체가 가진 에너지입니다.

06 보행자 신호등과 관련이 있는 에너지의 형태는 전기 에너지와 빛에너지입니다.

07 떨어지고 있는 물체는 위치 에너지가 운동 에너지로 전환되는 과정에 있습니다.

08 ⓒ 천장에 매달린 작품은 위치 에너지를 가지고 있습니다.

09 그네를 타고 있는 아이와 관련 있는 에너지의 형태는 아이가 가지고 있는 화학 에너지, 가장 높은 곳에서 가지는 위치 에너지입니다.

10 에너지의 형태가 바뀌는 것을 에너지 전환이라고 합니다. 에너지 전환을 이용해 우리는 필요한 형태의 에너지를 얻을 수 있습니다.

11 타고 있는 석탄과 타고 있는 촛불에는 타는 재료가 가지고 있는 화학 에너지가 있고, 뛰고 있는 아이에도 화학 에너지가 있습니다.

12 사람이 움직일 때에는 화학 에너지가 운동 에너지로 전환됩니다.

13 움직이는 범퍼카는 전기 에너지가 운동 에너지로 전환되는 것을 이용한 것이며, 반짝이는 전광판은 전기 에너지가 빛에너지가로 전환되는 것을 이용한 것입니다.

14 떨어지는 놀이 기구는 위치 에너지가 운동 에너지로 전환되는 것을 이용하는 것입니다.

15 가스 연료의 화학 에너지가 불의 열에너지로 전환되고, 열에너지가 물을 끓이는 에너지로 전환됩니다.

16 높은 곳에 고인 물은 위치 에너지를 가지고 있으며, 이 위치 에너지를 이용해 전기를 만듭니다.

17 백열등은 발광 다이오드(LED)등보다 열에너지로 전환되는 에너지 비율이 높습니다. 에너지를 효율적으로 이용하려면 의도하지 않은 방향으로 전환되는 에너지의 양을 줄여야 합니다.

18 곰이나 다람쥐 등의 동물이 겨울잠을 자는 까닭은 먹이가 부족한 추운 겨울 동안 자신의 화학 에너지를 효율적으로 사용하기 위해서입니다.

19 자주 사용하지 않는 곳은 사람이 들어올 때 켜지고 나갈 때 꺼지는 등을 설치하면, 에너지를 효율적으로 사용할 수 있습니다.

20 교실 전등을 발광 다이오드(LED)등으로 설치하면 에너지를 좀 더 효율적으로 사용할 수 있습니다.

5단원 서술형·논술형 평가   67쪽

01 (1) 전기 에너지, 화학 에너지, 운동 에너지 등 (2) 예 사람이 살아가는 데 에너지가 꼭 필요하며, 전기 에너지를 사용하여 헤드폰으로 음악을 듣고 춤을 추는 등의 활동에도 에너지가 필요하다.

02 예 벼는 태양의 빛에너지를 이용하여 광합성으로 스스로 양분을 만들어 에너지를 얻지만, 소는 식물을 먹음으로써 에너지를 얻는다. 03 예 식물은 태양의 빛에너지를 이용해 광합성으로 스스로 양분을 만들고, 사람은 그 양분을 먹음으로써 생활하고 운동하는 데 필요한 에너지를 얻는다. 04 (1) 전기 에너지 (2) 예 아무도 없는데 화장실 형광등이 계속 켜져 있으면 에너지 효율이 낮으므로, 평상시 화장실 사용 후 불을 끄도록 알린다. 또 형광등을 발광 다이오드(LED)등으로 교체하고 사람이 드나들 때만 켜지도록 설치한다.

01 (1) 헤드폰의 전기 에너지, 춤추는 사람의 화학 에너지, 운동 에너지가 관련이 있습니다.

---

(2) 사람이 살아가는 데 꼭 에너지가 필요하며, 전기 에너지를 활용하여 헤드폰으로 음악을 듣고 춤을 추는 등의 활동에도 에너지가 필요합니다.

채점 기준	
상	에너지가 필요한 까닭을 옳게 제시하고, 에너지 형태를 바르게 제시한 경우
중	에너지가 필요한 까닭과 에너지 형태에 대한 설명이 부족한 경우
하	답을 틀리게 쓴 경우

02 벼는 태양의 빛에너지를 이용하여 광합성으로 스스로 양분을 만들어 에너지를 얻지만, 소는 식물을 먹음으로써 에너지를 얻습니다.

채점 기준	
상	벼와 소가 에너지를 얻는 과정을 옳게 비교한 경우
중	한 가지 내용만 바르게 쓴 경우
하	답을 틀리게 쓴 경우

03 식물은 태양의 빛에너지를 이용해 광합성으로 스스로 양분을 만들고, 사람은 그 양분을 먹음으로써 생활하고 운동하는 데 필요한 에너지를 얻습니다.

채점 기준	
상	조건 을 만족하며, 설명을 바르게 한 경우
중	조건 의 일부가 충족되지 않게 쓴 경우
하	답을 틀리게 쓴 경우

04 아무도 없는데 화장실 형광등이 계속 켜져 있으면 전기 에너지가 낭비됩니다. 낭비되는 전기 에너지를 줄이기 위해 평상시 화장실 사용 후 불을 끄도록 알립니다. 또 형광등을 에너지 효율이 높은 발광 다이오드(LED)등으로 교체하고 사람이 드나들 때만 켜지도록 설치합니다.

채점 기준	
상	조건 을 만족하며, 설명을 바르게 한 경우
중	조건 의 일부가 충족되지 않게 쓴 경우
하	답을 틀리게 쓴 경우

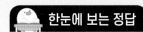

한눈에 보는 정답

Book 1 개념책

① 단원 전기의 이용

(1) 전구의 밝기

탐구 문제 — 11쪽

1 (가), (다)　2 (나), (라)

핵심 개념 문제 — 12~13쪽

01 (1) 전지(건전지) (2) 스위치　02 ③　03 (나)　04 (2) ○
(3) ○　05 ㉠ 직렬, ㉡ 병렬　06 (나)　07 (가)　08 ㉠ 직렬,
㉡ 병렬

중단원 실전 문제 — 14~16쪽

01 ㉣, 스위치　02 전기 회로　03 ㉡　04 만세　05 ⑤
06 ㉡, ㉣　07 (나), (다)　08 예 전구가 전지의 (＋)극과 (－)
극에 각각 연결되어 있지 않다.　09 (1) － ㉠ (2) － ㉡　10
(가) 직렬연결 (나) 병렬연결　11 (나)　12 ⑤　13 ③　14 (나), (라),
예 전구 두 개를 다른 줄에 나누어 연결하였다.　15 (나), (라)
16 예 전구 두 개를 한 줄로 연결한다.　17 ⑤　18 병렬

서술형·논술형 평가 돋보기 — 17쪽

1 (1) (다), (라) (2) 예 (다)는 전구가 전지의 (＋)극에만 연결되어
있기 때문이다. (라)는 전구에 연결된 전선이 모두 전지의 (－)
극에만 연결되어 있기 때문이다. (3) 예 전지, 전선, 전구를 끊
기지 않게 연결하고, 전구를 전지의 (＋)극과 (－)극에 각각
연결한다.　2 예 세 개의 전구가 직렬연결되어 있다.　3 (1)
㉠: (나), (라), ㉡: (가), (다) (2) 예 (가)와 (다)는 전구 두 개를 한 줄로
연결하였다. (나)와 (라)는 전구 두 개를 다른 줄에 나누어 연결
하였다. (3) 예 전구를 병렬연결한 전기 회로의 전구가 전구를
직렬연결한 전기 회로의 전구보다 더 밝다.

(2) 전자석의 성질

탐구 문제 — 22쪽

1 (나)　2 ②

핵심 개념 문제 — 23~26쪽

01 자석　02 (1) － ㉠ (2) － ㉡　03 ⑤　04 ＜　05 S
06 N　07 ㉠　08 (1) △ (2) ㉠ (3) ㉠ (4) △　09 ㉡
10 ④　11 ④　12 감전　13 (1) ○ (2) × (3) × (4) ○　14
㉠ 자원, ㉡ 환경　15 ①　16 (가)

중단원 실전 문제 — 27~30쪽

01 ②　02 ㉡　03 예 에나멜선을 100번 이상 한쪽 방향으
로 촘촘하게 감는다.　04 ㉢　05 ①　06 ㉠ 전자석, ㉡ 영
구 자석　07 (나)　08 세기　09 (나)　10 ㉠ S, ㉡ N　11 ③
12 예 전지의 극을 반대로 하면 전자석의 극이 바뀌기 때문이
다.　13 소민　14 예 전자석은 전기가 흐를 때 자석이 되므로
철로 된 물체를 끌어당겨.　15 ③, ④　16 ③　17 ㉠ 전자석,
㉡ 밀어 내어, ㉢ 없어　18 예 감전 사고를 예방할 수 있다.
19 ㉡　20 예 플러그를 뽑을 때는 머리 부분을 잡고 뽑는다.
21 ㉠ 화재, ㉡ 환경　22 ④　23 퓨즈　24 ②

서술형·논술형 평가 돋보기 — 31쪽

1 예 사포로 문질러 겉면을 벗겨 낸다.　2 (1) 예 (가)와 (나)의
나침반 바늘이 가리키는 방향이 반대이다. (2) 예 전지의 두
극을 연결한 방향을 바꾸어 전자석의 극을 바꿀 수 있다.　3
예 막대자석과 달리 전자석은 전기가 흐를 때만 자석의 성질
이 나타난다. 막대자석은 자석의 세기를 조절할 수 없지만, 전
자석은 자석의 세기를 조절할 수 있다. 막대자석은 자석의 극
이 일정하지만, 전자석은 자석의 극을 바꿀 수 있다.　4 예
콘센트에서 플러그를 뽑을 때 전선을 잡아당기지 않는다. 물
묻은 손으로 전기 기구를 만지지 않는다. 콘센트 한 개에 플
러그 여러 개를 한꺼번에 꽂아 사용하지 않는다. 전선에 걸려
넘어지지 않도록 전선을 정리한다.

대단원 마무리　　　　33~36쪽

01 ① **02** ⑤ **03** ⑤ **04** ③ **05** ① **06** ㉠ 직렬, ㉡ 병렬 **07** (가) **08** (3) ○ **09** (나) **10** ①, ③ **11** 예 전등 한 개가 고장 나도 다른 전등이 꺼지지 않는다. **12** ㉠, ㉣, ㉢, ㉡ **13** 예 전자석은 전기가 흐를 때만 자석의 성질이 나타난다. **14** ⑤ **15** ④ **16** ② **17** ㉥ **18** ⑤ **19** (1) ㉡ (2) ㉢ **20** 예 전기가 흐를 때만 자석이 되는 성질을 이용하여 무거운 철제품을 원하는 장소로 옮길 수 있다. **21** ④ **22** 예 전기를 안전하게 사용하지 않으면 감전되거나 화재가 발생할 수 있다. **23** 희선 **24** ③, ⑤

수행 평가 미리 보기　　　　37쪽

1 (1) 해설 참조 (2) 예 전지, 전선, 전구가 끊기지 않게 연결한다. 전구를 전지의 (+)극과 (−)극에 각각 연결한다. 전기 부품에서 전기가 통하는 부분끼리 연결한다. **2** (1) 닫았을 때 (2) 예 전자석의 세기를 조절할 수 있다. (3) 반대 (4) 예 전자석의 극을 바꿀 수 있다.

2 단원
계절의 변화

(1) 태양 고도, 그림자 길이, 기온

탐구 문제　　　　42쪽

1 기온 그래프 **2** ⑤

핵심 개념 문제　　　　43~44쪽

01 태양 고도 **02** (나) **03** ④ **04** 30° **05** 그림자 길이 **06** ② **07** ㉢ **08** ①

중단원 실전 문제　　　　45~46쪽

01 ④ **02** ② **03** (가) **04** ② **05** 52° **06** (1) (가) (2) 예 태양 고도가 높아질수록 그림자 길이는 짧아지기 때문이다. **07** ㉠ (나), ㉡ 높고, ㉢ 짧으며, ㉣ 정북쪽 **08** ① **09** (1) 12:30 (2) 14:30 **10** ⑤ **11** 예 태양 고도가 높아질수록 그림자 길이는 짧아지고, 기온은 높아진다. **12** ④

서술형·논술형 평가 돋보기　　　　47쪽

1 (1) 예 그림자 끝과 실이 이루는 각을 측정한다. (2) 예 막대기의 길이가 길어지면 그림자 길이도 함께 길어지므로 태양 고도는 변화가 없다. **2** 예 태양 고도는 가장 높고, 그림자 길이는 가장 짧다. **3** 예 태양 고도는 높아지고, 그림자 길이는 짧아진다. 기온은 높아진다. **4** (1) ㉢ (2) 예 기온은 14시 30분 무렵에 가장 높기 때문이다.

(2) 계절에 따른 태양의 남중 고도, 낮과 밤의 길이, 기온 변화

탐구 문제　　　　50쪽

1 ④ **2** (1) ○

핵심 개념 문제　　　　51~52쪽

01 (다) **02** ⑤ **03** ㉢ **04** ㉠, ㉡ **05** ④ **06** (가) **07** ①, ④ **08** ㉠ 많아지기, ㉡ 높다

중단원 실전 문제　　　　53~54쪽

01 ㉢ **02** ② **03** ㉡, ㉢ **04** ③, ⑤ **05** ④ **06** 예 태양의 남중 고도가 높으면 낮의 길이가 길어지고, 태양의 남중 고도가 낮으면 낮의 길이가 짧아진다. **07** ㉠ 길어, ㉡ 높아, ㉢ 짧아, ㉣ 낮아 **08** ② **09** (1) - ㉠ (2) - ㉡ (3) - ㉢ **10** (1) (가) (2) (나) **11** (가) 여름, (나) 겨울 **12** 예 태양의 남중 고도가 달라지면 일정한 면적의 지표면에 도달하는 태양 에너지양이 달라져서 기온이 달라진다.

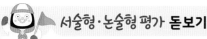

1 (1) ㉠ 겨울, ㉡ 봄, 가을, ㉢ 여름 (2) ⑩ 태양의 남중 고도는 ㉢일 때 가장 높고 ㉠일 때 가장 낮으며, ㉡일 때 ㉠과 ㉢의 중간 정도이다. (3) ⑩ 낮의 길이가 길어진다, 기온이 높아진다 등 **2** ⑩ 태양의 남중 고도가 낮을수록 낮의 길이가 짧아지기 때문이야. **3** ⑩ 여름에는 태양의 남중 고도가 높아서 지표면에 도달하는 태양 에너지양이 많아 지표면이 많이 데워져 기온이 높아지고, 겨울에는 태양의 남중 고도가 낮아서 지표면에 도달하는 태양 에너지양이 적어 지표면이 적게 데워져 기온이 낮아진다.

(3) 계절의 변화가 생기는 까닭

 탐구 문제 58쪽

1 ③ **2** (나)

 핵심 개념 문제 59~60쪽

01 ㉤ **02** (1) – ㉡, ㉢ (2) – ㉠, ㉣ **03** (3) ○ **04** (나)
05 ②, ③ **06** 영웅 **07** (나) **08** 겨울

 중단원 실전 문제 61~62쪽

01 ④ **02** ㉠, ㉢, ㉡ **03** ① **04** ⑩ 지구본의 자전축을 23.5° 기울이고 지구본을 공전시킨다. **05** (나) 여름, (라) 겨울 **06** ㉡ **07** ⑤ **08** ②, ⑤ **09** 계절의 변화가 생기지 않는다. ⑩ 왜냐하면 지구의 자전축이 수직인 채로 태양 주위를 공전하면 태양의 남중 고도가 변하지 않기 때문이다. **10** > **11** ㉡ **12** 여름, ⑩ 북반구에서 겨울일 때 남반구에서는 태양의 남중(북중) 고도가 높기 때문이다.

1 (1) ⑩ 다르게 해야 할 조건은 지구본의 자전축 기울기이고, 같게 해야 할 조건은 전등과 지구본 사이의 거리, 태양 고도 측정기를 붙이는 위치 등이다. (2) ⑩ ㉡의 위치에서 태양의 남중 고도가 가장 높고, ㉣의 위치에서 가장 낮다. ㉠과 ㉢의 태양의 남중 고도는 ㉡과 ㉣의 중간 정도이다. (3) ⑩ 지구의 자전축이 공전 궤도면에 대하여 기울어진 채 태양 주위를 공전하기 때문이다. **2** ⑩ 계절의 변화가 생기지 않는다. 지구가 공전하지 않고 자전만 한다면 태양의 남중 고도가 달라지지 않기 때문이다. **3** (1) ㉠ 겨울, ㉡ 여름 (2) ⑩ 북반구에서 겨울일 때 남반구에서는 태양의 남중(북중) 고도가 높기 때문에 여름이다.

 대단원 마무리 65~68쪽

01 ① **02** ㉡ **03** ③ **04** 해설 참조 **05** ㉢ **06** ⑩ 하루 중 태양 고도가 가장 높은 때는 낮 12시 30분이고 기온이 가장 높은 때는 14시 30분이다. **07** (가) **08** ㉤ **09** ②
10 ② **11** (1) 겨울 (2) 여름 **12** ⑤ **13** ③ **14** ③ **15** ④
16 (가) **17** (1) – ㉠ (2) – ㉡ **18** 서후, ⑩ 태양의 남중 고도가 높아질수록 같은 면적의 지표면에 도달하는 태양 에너지양이 많아져. **19** ② **20** 지구본의 자전축 기울기 **21** ②
22 ③, ④ **23** ② **24** ③

 수행 평가 미리 보기 69쪽

1 (1) ⑩ 계절에 따라 기온이 달라지는 까닭은 태양의 남중 고도가 달라지기 때문일 것이다. (2) ⑩ 전등과 태양 전지판이 이루는 각이 클 때 소리가 더 크다. 왜냐하면 빛이 좁은 면적을 비추기 때문에 같은 면적에 도달하는 에너지양이 더 많기 때문이다. **2** (1) 해설 참조 (2) ⑩ 지구의 자전축이 공전 궤도면에 대하여 기울어진 채 태양 주위를 공전하면 지구의 각 위치에 따라 태양의 남중 고도가 달라지고, 계절이 변한다.

3 단원
연소와 소화

(1) 연소

탐구 문제   75쪽

1 (2) ○   2 ㉠ 붉게(붉은색으로), ㉡ 물

 ### 핵심 개념 문제   76~77쪽

01 ④   02 ①   03 (나)   04 ③   05 연소   06 ⑤   07 (1) ○   08 ⑤

중단원 실전 문제   78~80쪽

01 ⑤   02 성조   03 예 불꽃 주변이 밝아진다. 열이 생기고 주변의 온도가 높아진다.   04 ②   05 (3) ○   06 (가)   07 ②   08 처음보다 줄어들었다   09 ⑤   10 성냥의 머리 부분   11 ④   12 탈 물질, 산소, 발화점 이상의 온도   13 ②   14 예 연소 후 물이 생성되는지 확인하기 위해   15 ⑤   16 ②   17 이산화 탄소   18 ㉢, ㉥

 ### 서술형·논술형 평가 돋보기   81쪽

1 (1) 성냥의 머리 부분 (2) 예 성냥의 머리 부분이 나무 부분보다 발화점이 더 낮기 때문이다.   2 예 물질에 불을 직접 붙이지 않아도 발화점 이상의 온도가 되면 물질이 타기 때문이다.   3 (1) 작은 아크릴 통 속의 촛불이 먼저 꺼진다. (2) 예 큰 아크릴 통보다 작은 아크릴 통 속에 공기(산소)가 더 적게 들어 있기 때문이다.   4 예 초가 연소하면서 작은 물방울이 맺혔기 때문이다.

(2) 소화

탐구 문제   84쪽

1 ②   2 산소

 ### 핵심 개념 문제   85~86쪽

01 ①   02 ㉡, ㉣, ㉤   03 소화   04 ㉠   05 ①   06 ㉠ 젖은, ㉡ 낮춰, ㉢ 아래   07 (2) ○   08 ㉢

 ### 중단원 실전 문제   87~88쪽

01 (1) – ㉡ (2) – ㉢ (3) – ㉠   02 예 초의 심지를 따라 탈 물질이 올라가지 못하기 때문이다.   03 ㉠ 탈 물질, ㉡ 소화   04 ④   05 ㉡, ㉠, ㉣, ㉢   06 (1) ㉠, ㉣ (2) ㉡, ㉢   07 (1) – ㉢ (2) – ㉠ (3) – ㉡   08 (1) × (2) ○ (3) ×   09 ⑤   10 ④   11 ①   12 예 평소 학교 곳곳에 마련된 소화기의 위치를 미리 파악해 둔다. 평상시 화재 발생 대비 훈련에 진지하게 참여하여 대피 경로를 익혀 둔다. 등

 ### 서술형·논술형 평가 돋보기   89쪽

1 (1) ㉢ (2) 예 불이 켜진 난로 주변에 탈 물질을 제거하여 화재를 예방하는 것이다.   2 예 흙을 덮어 산소를 차단하여 불을 끄는 것이다.   3 (1) 불을 끄려고 물을 뿌렸다는 내용 (2) 예 유류 화재용 소화기를 사용하여 불을 끈다.   4 예 재빨리 선생님이나 어른들께 화재가 발생한 곳을 알린다. 119에 신고한다. 등

 ### 대단원 마무리   91~94쪽

01 ④   02 ⑤   03 ㉠ 산소, ㉡ 열   04 (1) ○ (2) × (3) ○   05 ㉡   06 예 (나)에는 산소가 공급되므로 (가)에 비해 초가 더 오래 탈 수 있다.   07 ㉢   08 ④   09 ㉡   10 (2) ○   11 발화점   12 ②   13 예 공기 중의 산소를 공급해서 나무가 잘 타도록 하기 위한 것이다.   14 ㉠, ㉢   15 (1) ○   16 ②   17 (1) – ㉡ (2) – ㉠ (3) – ㉢   18 ④   19 ㉠ 탈 물질, ㉡ 한   20 (1) ㉡, ㉣ (2) ㉢, ㉤ (3) ㉠   21 ④   22 ㉢, ㉤   23 효주   24 예 젖은 수건이나 옷을 적셔 입과 코를 막는다.

1 (1) 해설 참조, (2) 해설 참조　2 (1) 예 초를 연소시키기 전 집기병 안쪽에 물이 있는지 확인하기 위해서 (2) 예 붉은색으로 변한다.

4 단원
우리 몸의 구조와 기능

(1) 우리 몸속 기관의 생김새와 하는 일

탐구 문제　　102쪽

1 ㉢　2 펌프

핵심 개념 문제　　103~106쪽

01 뼈　02 ③　03 (1) 근육 (2) 뼈　04 ③　05 ②　06 ㉡, ㉤, ㉥　07 ④　08 작은창자　09 ㉣　10 폐　11 ㉠ 심장, ㉡ 혈관　12 ㉠ 산소(영양소), ㉡ 영양소(산소)　13 ㉠　14 ㉠ 빨라지고, ㉡ 많아　15 ②　16 ㉠

중단원 실전 문제　　107~110쪽

01 ㉠, ㉢　02 ㉣　03 (1) – ㉡ (2) – ㉢ (3) – ㉠　04 ⑤　05 (1) ◯ (2) × (3) ◯　06 (나)　07 ㉠ 근육, ㉡ 근육, ㉢ 뼈　08 ①　09 ㉢, 위　10 영양소　11 ③　12 음식물은 입 → 식도 → 위 → 작은창자 → 큰창자 → 항문의 순서로 이동한다.　13 ㉠ 코, ㉡ 기관, ㉢ 폐, ㉣ 기관지　14 ①, ④, ⑤　15 ②　16 ㉢, ㉤　17 ④　18 ㉠ 심장, ㉡ 혈관, ㉢ 혈액　19 예 혈액이 이동하는 빠르기가 빨라지고 혈액의 이동량이 많아진다.　20 ⑤　21 ㉠ 콩팥, ㉡ 방광　22 ③　23 예 콩팥에서 걸러진 혈액은 다시 온몸을 순환한다.　24 ㉢, ㉡, ㉠, ㉣

1 예 뼈에 붙은 근육이 늘어나거나 줄어들면서 근육과 연결된 뼈가 움직이기 때문이다.　2 (1) ㉠ 위, ㉡ 작은창자 (2) 예 소화를 돕는 액체를 이용해 음식물을 더 잘게 쪼개고, 영양소를 흡수한다.　3 예 몸속으로 들어온 공기는 영양소와 함께 몸을 움직이거나 여러 기관이 일을 하는 데 사용된다.　4 예 심장은 펌프 작용으로 혈액을 온몸으로 순환시키는 역할을 한다.

(2) 자극과 반응, 운동할 때 몸의 변화

탐구 문제　　114쪽

1 (1) × (2) × (3) ◯　2 ㉠ 열, ㉡ 올라간다, ㉢ 심장, ㉣ 빨라진다

핵심 개념 문제　　115~116쪽

01 ④　02 ②, ④　03 ③　04 신경계　05 ③　06 ㉠　07 ①, ④　08 ⑤

중단원 실전 문제　　117~118쪽

01 ②　02 (1) – ㉠ (2) – ㉣ (3) – ㉡ (4) – ㉢　03 ④　04 신경계　05 (1) 예 공이 날아온다. (2) 예 공을 피한다.　06 ④　07 ㉠, ㉤, ㉣, ㉢, ㉡　08 ②　09 ㉠ 올라, ㉡ 증가　10 예 운동을 하면 운동하기 전보다 체온이 올라가고 호흡과 맥박 수가 증가하고, 운동 후 휴식을 취하면 다시 운동하기 전과 비슷하게 회복된다.　11 ③　12 ④

1 예 코로 냄새를 맡는다. 혀로 맛을 본다.　2 (1) 눈 (2) 공을 잡겠다고 결정한다.　3 (1) ㉠ 체온, ㉡ 맥박 수 (2) 예 운동을 하면서 우리 몸에 산소와 영양소를 평상시보다 더 많이 필요로 하기 때문에 심장이 빨리 뛰면서 맥박 수가 빨라진다.　4 예 일상 생활을 하면서 혈액에 쌓인 노폐물은 콩팥을 통해 걸러져 방광에 저장되었다가 몸 밖으로 나가며, 노폐물이 걸러진 혈액은 다시 온몸을 순환한다.

대단원 마무리 121~124쪽

01 (1) (가) (2) (나) **02** ① **03** ㉠ 뼈, ㉡ 운동 기관 **04** ②, ③, ④ **05** ② **06** ㉡ 위, ㉢ 작은창자, ㉣ 큰창자 **07** ③ **08** ⑩ ㉢(작은창자)은 소화를 돕는 액체를 이용해 음식물을 더 잘게 쪼개고, 영양소를 흡수하고, ㉣(큰창자)은 남은 음식물에서 수분을 흡수한다. **09** ④ **10** ④ **11** ⑩ 코로 들이마신 공기를 폐 구석구석으로 전달하는 데 효과적이다. **12** ② **13** 혈관 **14** ㉠ 심장, ㉡ 혈관 **15** ②, ③, ⑤ **16** ㉧, ㉩ **17** ⑩ 노폐물이 많은 혈액은 콩팥에서 노폐물이 걸러진 후 다시 온몸을 순환한다. **18** ② **19** ③ **20** 귀 **21** ㉠ 자극을 전달하는 신경계, ㉡ 행동을 결정하는 신경계, ㉢ 명령을 전달하는 신경계 **22** 맥박 수 **23** (1) × (2) × (3) ○ **24** ②

 수행 평가 미리 보기 125쪽

1 (1) 바람을 불어 넣었을 때 (2) ⑩ 팔뼈에 붙은 근육이 늘어나거나 줄어들면서 근육과 연결된 팔뼈가 움직이기 때문에 우리 몸이 움직일 수 있다. **2** (1) ㉠ 심장, ㉡ 혈관, ㉢ 혈액 (2) ⑩ 주입기의 펌프를 빠르게 눌렀을 때 붉은 색소 물이 빠르게 이동하듯이 심장이 빨리 뛰면 혈관을 따라 혈액이 빠르게 온몸을 순환한다.

⑤ 단원
에너지와 생활

(1) 에너지의 형태

 탐구 문제 130쪽

1 (1) ○ **2** 열에너지

 핵심 개념 문제 131~132쪽

01 에너지 **02** ⑤ **03** 불편해진다 **04** ④ **05** 전기 에너지 **06** ③ **07** ④ **08** ㉢

 중단원 실전 문제 133~134쪽

01 에너지 **02** ㉣, ㉤ **03** ⑩ 밥을 먹는다. 음식을 먹는다. **04** ㉡, ㉤ **05** ⑤ **06** ③ **07** ⑩ 밤에 전등을 켤 수 없다. 텔레비전을 켤 수 없다. 등 **08** ④ **09** ⑤ **10** ⑩ 전기 에너지, 화학 에너지 **11** ③ **12** 휴대 전화로 사진이나 영상을 찍고 있다.

 서술형·논술형 평가 돋보기 135쪽

1 ⑩ 식물은 햇빛을 받아 광합성으로 스스로 양분을 만들어 냄으로써 에너지를 얻고, 동물은 다른 생물을 먹어서 얻은 양분으로 에너지를 얻는다. **2** ⑩ 충전기의 플러그를 콘센트에 연결해 충전한다. **3** ⑩ 화학 에너지 – 나무 또는 아이들, 위치 에너지 – 점프하고 있는 아이들 또는 깃발, 빛에너지 – 태양 등 **4** ⑩ 현주, 위치 에너지는 높은 곳에 있는 물체가 가진 에너지야.

(2) 에너지 전환과 이용

 탐구 문제 138쪽

1 (1) ○ **2** ㉠ 빛에너지, ㉡ 전기 에너지

 핵심 개념 문제 139~140쪽

01 운동 에너지 **02** ④ **03** ㉠ 열에너지, ㉡ 위치 에너지 **04** 전기 **05** ㉢ **06** 발광 다이오드(LED)등 **07** ⑤ **08** 열

 중단원 실전 문제 141~142쪽

01 에너지 전환 **02** ② **03** ㉠ 전기, ㉡ 빛 **04** ④ **05** ㉡ **06** 전기 에너지가 뜨거운 물의 열에너지로 전환된다. **07** ④ **08** ㉡, ㉣ **09** ② **10** ⑩ 추운 겨울에 어린 싹이 열에너지를 빼앗겨 어는 것을 막기 위해서이다. **11** ② **12** ㉡, ㉢, ㉤

서술형·논술형 평가 돋보기 143쪽

1 예 전기 난로 – 전기 난로를 이용하여 주변의 공기를 따뜻하게 한다. 전기 주전자 – 전기 주전자를 이용하여 물을 끓인다. **2** 예 태양에서 온 빛에너지는 식물의 광합성을 통해 화학 에너지로 전환된다. 그리고 소가 풀을 먹음으로써 다시 소의 화학 에너지로 전환된다. **3** (1) 운동 에너지, 위치 에너지 (2) 예 롤러코스터가 ㉡(높은 곳)에서 ㉢(낮은 곳)으로 이동할 때는 위치 에너지가 운동 에너지로 전환되고, ㉢(낮은 곳)에서 ㉣(높은 곳)로 이동할 때는 반대로 전환된다. **4** (1) 발광 다이오드(LED)등 (2) 예 같은 양의 전기 에너지를 사용해도 열에너지로 소모되는 양이 가장 적고, 빛에너지로 전환되는 양이 가장 많기 때문이다.

대단원 마무리 145~148쪽

01 ㉡ **02** ⑤ **03** ③ **04** 예 식물이 자라고 열매를 맺는 데 에너지가 필요하기 때문이다. **05** ④ **06** ① **07** ④ **08** ㉡ **09** 전기 에너지, 빛에너지 **10** ③ **11** 예 전기 에너지가 빛에너지로 전환되고 있다. **12** (2) ○ **13** 예 태양 전지가 태양을 향할 때는 해파리가 움직이고, 태양을 향하지 않을 때는 해파리가 움직이지 않는다. **14** ② **15** ③ **16** ㉤ **17** (1) ㉢ (2) ㉣, ㉭ **18** ③ **19** ㉠, ㉣ **20** 예 이 전기 제품의 에너지 소비 효율은 1등급이다. **21** ⑤ **22** (다) **23** ④ **24** 예 전기를 아껴 전기 요금을 줄일 수 있다. 전기 에너지를 만드는 과정에서 일어나는 환경 오염을 줄일 수 있다.

수행 평가 미리 보기 149쪽

1 (1) ㉠ 빛에너지로 전환된다. ㉡ 열에너지로 전환된다. (2) 화학 에너지 → 운동 에너지, 예 달리는 아이 등 **2** (1) 예 태양 전지에 햇빛이 잘 비춰지도록 한다. (2) 태양 전지

1단원 (1) 중단원 쪽지 시험 5쪽

01 전기 부품 **02** 전기 회로 **03** 스위치 **04** 철 **05** ㉡ **06** 예 전구를 전지의 (+)극과 (−)극에 각각 연결한다. **07** 전구의 직렬연결 **08** 전구의 병렬연결 **09** 전구 두 개를 병렬연결한 전기 회로 **10** 전구의 직렬연결 **11** 전구의 병렬연결 **12** 병렬

6~7쪽

중단원 확인 평가 1 (1) 전구의 밝기

01 ㉠ 전기 부품, ㉡ 전기 회로 **02** ② **03** ㉡ **04** ④, ⑤ **05** ⑤ **06** ⑤ **07** ㉠ 직렬, ㉡ 병렬 **08** (1) − ㉡ (2) − ㉠ **09** ㉢ **10** ③ **11** (나) **12** ㉠ 꺼진다, ㉡ 켜진다

1단원 (2) 중단원 쪽지 시험 9쪽

01 자석 **02** 예 한쪽 방향으로 촘촘하게 감는다. **03** 전자석에 붙는다. **04** 영구 자석, 전자석 **05** 전자석 **06** 극이 바뀐다. **07** 전자석 기중기 **08** 밀어 내어 **09** 플러그 **10** 예 감전되거나 화재가 발생할 수 있다. **11** (지구) 자원, 환경 **12** 예 콘센트 덮개, 과전류 차단 장치

10~11쪽

중단원 확인 평가 1 (2) 전자석의 성질

01 ① **02** 한쪽 **03** ① **04** ③ **05** (나) **06** (1) ○ (2) × (3) ○ **07** ㉠ N, ㉡ S **08** 해설 참조 **09** ③ **10** ㉠ 전자석, ㉡ 밀어 내어 **11** (1) ㉢, ㉣ (2) ㉠, ㉡ **12** ④

12~14쪽

대단원 종합 평가 1. 전기의 이용

01 ⑤ **02** 집게 달린 전선 **03** ⑤ **04** ④ **05** 태호 **06** (나) **07** (1) − ㉡ (2) − ㉠ **08** ④ **09** (2) ○ **10** ㉡ **11** ③ **12** (2) ○ **13** (1) ○ **14** ㉡, ㉢ **15** ④ **16** 예준 **17** ⑤ **18** ① **19** ③ **20** ㉡

1단원 서술형·논술형 평가 15쪽

01 (1) 예 전기 부품에서 전기가 잘 통하는 부분끼리 연결해야 전구에 불이 켜지기 때문이다. (2) 예 전구가 전지의 (−)극에만 연결되어 있기 때문이다. 02 예 전구 두 개를 다른 줄에 나누어 병렬연결한다. 03 (1) 예 전지를 서로 다른 극끼리 더 연결한다. (2) 예 전지의 두 극을 반대로 연결한다. 04 예 나침반은 항상 자석의 성질이 나타나지만 전자석 기중기는 전기가 흐를 때만 자석의 성질이 나타난다.

2단원 (1) 중단원 쪽지 시험 17쪽

01 태양 고도 02 그림자의 끝 03 정남쪽 04 낮 12시 30분 무렵 05 높고, 짧다 06 정북쪽 07 태양의 남중 고도 08 그림자 길이 그래프 09 14시 30분(오후 2시 30분) 무렵 10 약 2시간 11 짧아진다. 12 높아진다.

중단원 확인 평가 2 (1) 태양 고도, 그림자 길이, 기온 18~19쪽

01 ④ 02 ㉡, ㉢, ㉣ 03 ⑤ 04 ⑤ 05 꺾은선 06 ③ 07 태양의 남중 고도 08 ㈎ 그림자 길이 ㈏ 태양 고도 09 ④ 10 재강 11 2시간 12 해설 참조

2단원 (2) 중단원 쪽지 시험 21쪽

01 여름 02 겨울 03 길어진다. 04 짧아진다. 05 태양의 남중 고도 06 전등과 태양 전지판이 이루는 각 07 예 전등의 종류, 태양 전지판의 크기, 소리 발생기의 종류, 전등과 태양 전지판 사이의 거리 등 08 클 때 09 여름 10 태양의 남중 고도 11 높은 때 12 ㉠ 적다(적어진다), ㉡ 낮다

중단원 확인 평가 2 (2) 계절에 따른 태양의 남중 고도, 낮과 밤의 길이, 기온 변화 22~23쪽

01 ⑤ 02 ③ 03 ③ 04 ②, ④ 05 ④ 06 ㉢ 07 태양의 남중 고도 08 ⑤ 09 ㉠ 클, ㉡ 좁은, ㉢ 많기 10 ㉠ 많기(많아지기), ㉡ 높다 11 ㈎ 여름, ㈏ 겨울 12 (1) > (2) > (3) >

2단원 (3) 중단원 쪽지 시험 25쪽

01 예 낮의 길이가 길어진다, 기온이 높아진다, 그림자 길이가 짧아진다 등 02 지구본의 자전축 기울기 03 예 전등과 지구본 사이의 거리, 태양 고도 측정기를 붙이는 위치 등 04 태양 05 짧을 06 수직인 채 공전할 때 07 남중 고도 08 예 계절이 변하지 않는다. 09 여름 10 겨울 11 길다. 12 여름

중단원 확인 평가 2 (3) 계절의 변화가 생기는 까닭 26~27쪽

01 해성 02 ㉠ 다르게, ㉡ 같게 03 ⑤ 04 ㉡ 52, ㉣ 52 05 ② 06 ① 07 남중 고도 08 ② 09 ㈎ 10 ㈏ 11 ㉣ 12 높기

대단원 종합 평가 2. 계절의 변화 28~30쪽

01 ㉢ 02 ② 03 ② 04 ① 05 ③ 06 ㈏ 07 ② 08 ㈎ 겨울, ㈐ 여름 09 ㈎ ㉢, ㈏ ㉡, ㈐ ㉠ 10 ㈐ 11 ③ 12 (1) 태양 (2) 지표면 13 ㉢ 14 ③ 15 ㉣ 16 ③ 17 ㈏ 18 ㉠ 기울어진 채, ㉡ 공전 19 우진 20 (1) 겨울 (2) 여름

2단원 서술형·논술형 평가 31쪽

01 (1) 예 하루 중 태양이 정남쪽에 위치하면 태양이 남중했다고 하고, 이때의 고도를 태양의 남중 고도라고 한다. 02 (1) ㉢ (2) 예 태양의 남중 고도가 높을수록 낮의 길이가 길어지기 때문이다. 03 예 태양 고도가 높아지면(낮아지면) 그림자 길이가 짧아진다(길어진다), 태양 고도가 높아지면(낮아지면) 기온이 높아진다(낮아진다), 태양 고도가 가장 높은 때와 기온이 가장 높은 때는 2시간 정도 차이가 난다. 04 (1) ㉠ 수직인 채, ㉡ 기울어진 채 (2) 예 지구의 자전축이 공전 궤도면에 대하여 기울어진 채 태양 주위를 공전하기 때문이다.

3단원 (1) 중단원 쪽지 시험　33쪽

01 따뜻하다.　02 열　03 예 정전된 밤에 촛불로 주변을 밝힌다.　04 크기가 작은 아크릴 통 속 촛불　05 산소　06 성냥의 머리 부분　07 발화점　08 예 물질마다 발화점이 다르기 때문이다.　09 연소　10 탈 물질, 산소, 발화점 이상의 온도　11 붉은색　12 뿌옇게 흐려진다.

중단원 확인 평가　3 (1) 연소　34〜35쪽

01 ㉠, ㉡　02 (3) ○　03 ⑤　04 (1) (가) (2) (가)　05 ④　06 ⑤　07 ㉠ 머리, ㉡ 나무　08 ④　09 ㉠, ㉢, ㉤　10 ③　11 이산화 탄소　12 물, 이산화 탄소

3단원 (2) 중단원 쪽지 시험　37쪽

01 탈 물질　02 예 산소가 지속적으로 공급되지 않아 결국 꺼지게 된다.　03 ㉠ 발화점, ㉡ 낮아져　04 소화　05 탈 물질 없애기, 산소 공급 차단하기, 발화점 미만으로 온도 낮추기　06 (1) ×　07 ㉡　08 ㉠　09 (2) ○ (3) ○　10 예 비상벨을 누른다.　11 예 젖은 수건으로 코와 입을 가리고 낮은 자세로 이동한다.　12 계단

중단원 확인 평가　3 (2) 소화　38〜39쪽

01 ①, ③　02 (1) ○ (3) ○　03 ④　04 ③　05 (1) – ㉡ (2) – ㉢ (3) – ㉠　06 ㉠, ㉣　07 소화기　08 ㉢　09 ②　10 ②, ④, ⑤　11 ㉠, ㉢　12 ①

대단원 종합 평가　3. 연소와 소화　40〜42쪽

01 ④, ⑤　02 빛(열), 열(빛)　03 ㉢　04 (나)　05 ④　06 줄어든다.　07 성냥의 머리 부분　08 ㉢, ㉣　09 ⑤　10 ④　11 희진　12 ㉠ 부채질, ㉡ 발화점　13 ③　14 붉은색　15 ③　16 물, 이산화 탄소　17 대한, 이수　18 ④　19 (1) ○ (2) × (3) × (4) ○　20 ㉢

3단원 서술형·논술형 평가　43쪽

01 (1) (가) (2) (나)에는 산소가 공급되지만 (가)에는 산소가 공급되지 않기 때문이다.　02 예 아크릴 통 속 공기 중 산소의 양에 따라 촛불이 꺼지는 시간이 다른지 알아보기 위해　03 초가 타면서 이산화 탄소가 생기는지를 알아보기 위해서 사용한다.　04 예 촛불이 계속 타려면 일정 비율 이상의 산소가 있어야 한다. 등

4단원 (1) 중단원 쪽지 시험　45쪽

01 근육　02 뼈　03 짧아진다.　04 위　05 작은창자　06 수분(물)　07 호흡　08 기관지　09 산소　10 펌프 작용　11 심장　12 배설

중단원 확인 평가　4 (1) 우리 몸속 기관의 생김새와 하는 일　46〜47쪽

01 척추뼈　02 (1) – ㉡ (2) – ㉠　03 ④　04 ㉠ 위, ㉡ 큰창자　05 (1) ㉣ (2) ㉢　06 ③　07 ㉢, ㉣, ㉡, ㉠　08 ③　09 (1) 느려진다. (2) 적어진다.　10 ⑤　11 ㉠　12 ㉠ 노폐물, ㉡ 방광

4단원 (2) 중단원 쪽지 시험　49쪽

01 감각 기관　02 혀　03 피부　04 신경계　05 (3) ○　06 운동 기관　07 심장이 빨리 뛴다.　08 맥박 수　09 콩팥　10 소화 기관　11 예 혈액에 있는 노폐물을 걸러 내 오줌으로 배설한다.　12 예 위장병, 변비 등

중단원 확인 평가　4 (2) 자극과 반응, 운동할 때 몸의 변화　50〜51쪽

01 ①　02 ②　03 ②　04 ⑤　05 ㉠ 전달, ㉡ 결정, ㉢ 명령　06 ④　07 증가한다.　08 ㉠ 높아진다, ㉡ 빨라진다　09 예 땀이 난다. 맥박 수가 증가한다. 등　10 ④　11 ③　12 ㉠ 혈액, ㉡ 노폐물

대단원 종합 평가   4. 우리 몸의 구조와 기능
52~54쪽

01 뼈   02 ③, ⑤   03 ㉡   04 소화   05 ①, ⑤   06 ㉠ 위, ㉡ 작은창자, ㉢ 큰창자   07 ④, ⑤   08 기관지   09 ⑤   10 ③   11 ④   12 ㉡   13 ④   14 ⑤   15 ③, ④   16 준서   17 (1) ㉠ (2) ㉤   18 ①   19 ㉡, ㉢, ㉣   20 ③

4단원 서술형·논술형 평가
55쪽

01 ㉠ 뼈에 붙어 있는 근육이 수축과 이완을 하면서 뼈를 움직여 몸이 움직인다.   02 (1) ㉠ 빨라진다. ㉡ 많아진다. ㉢ 느려진다. ㉣ 적어진다.   (2) ㉠ 심장이 빨리 뛰면 우리 몸의 혈액도 빨리 흘러 이동하는 양이 많아지며, 심장이 천천히 뛰면 혈액도 천천히 흘러 이동하는 양이 적어진다.   03 ㉠ 감각 기관인 눈이 공이 오는 것을 본다. 자극을 전달하는 신경계를 통해 공의 움직임이 전달된다. 행동을 결정하는 신경계가 공을 치겠다고 결정한다. 명령을 전달하는 신경계가 공을 치라고 전달하고 운동 기관이 방망이를 휘둘러 공을 친다.   04 ㉠ 혈액 속 노폐물이 걸러지지 못해 혈액에 노폐물이 많아져 질병이 생기게 된다. 등

5단원 (1) 중단원 쪽지 시험
57쪽

01 벼   02 에너지   03 ㉠ 연료를 넣는다. 전기를 충전한다.   04 식물   05 동물   06 없고, 없습니다.   07 빛에너지, 열에너지   08 화학 에너지   09 열에너지   10 화학 에너지   11 운동 에너지   12 위치 에너지

중단원 확인 평가   5 (1) 에너지의 형태
58~59쪽

01 에너지   02 ㉠ 햇빛, ㉡ 빛에너지, ㉢ 광합성   03 ㉡   04 ⑤   05 ③   06 ㉡   07 ④   08 (1) - ㉡ (2) - ㉠ (3) - ㉢   09 ㉠   10 ①   11 화학   12 빛에너지, 열에너지

5단원 (2) 중단원 쪽지 시험
61쪽

01 위치, 운동   02 빛에너지   03 화학, 빛   04 화학 에너지   05 ㉠ 태양을 향할 때 움직인다.   06 발광 다이오드(LED)등   07 '에너지 소비 효율 등급' 표시   08 줄일   09 줄여야   10 단열재   11 열에너지   12 ㉠ 겨울잠을 잔다.

중단원 확인 평가   5 (2) 에너지 전환과 이용
62~63쪽

01 ㉠ 다양한, ㉡ 있다   02 ㉠ 전기, ㉡ 빛(열), ㉢ 열(빛)   03 ②   04 ㉠, ㉤   05 ㉠ 전기 에너지, ㉡ 열에너지   06 ④   07 ㉢   08 빛에너지   09 ⑤   10 ①   11 ㉠ 겨울눈, ㉡ 열에너지   12 (나)

대단원 종합 평가   5. 에너지와 생활
64~66쪽

01 에너지   02 ④   03 ㉠ 광합성, ㉡ 먹어   04 위치 에너지   05 ③   06 ㉠, ㉣   07 ④   08 ㉢   09 ㉢, ㉣   10 에너지 전환   11 ③   12 ㉠ 화학, ㉡ 운동   13 ㉢   14 ⑤   15 ㉠ 화학 에너지, ㉡ 열에너지   16 ㉢, ㉣   17 ㉠ 열에너지, ㉡ 줄여야   18 ③   19 ⑤   20 ㉡

5단원 서술형·논술형 평가
67쪽

01 (1) 전기 에너지, 화학 에너지, 운동 에너지 등   (2) ㉠ 사람이 살아가는 데 에너지가 꼭 필요하며, 전기 에너지를 사용하여 헤드폰으로 음악을 듣고 춤을 추는 등의 활동에도 에너지가 필요하다.

02 ㉠ 벼는 태양의 빛에너지를 이용하여 광합성으로 스스로 양분을 만들어 에너지를 얻지만, 소는 식물을 먹음으로써 에너지를 얻는다.   03 ㉠ 식물은 태양의 빛에너지를 이용해 광합성으로 스스로 양분을 만들고, 사람은 그 양분을 먹음으로써 생활하고 운동하는 데 필요한 에너지를 얻는다.   04 (1) 전기 에너지   (2) ㉠ 아무도 없는데 화장실 형광등이 계속 켜져 있으면 에너지 효율이 낮으므로, 평상시 화장실 사용 후 불을 끄도록 알린다. 또 형광등을 발광 다이오드(LED)등으로 교체하고 사람이 드나들 때만 켜지도록 설치한다.

누구보다도 빠르고 정확하게 얻는 교육 정보

함께학교에 다 있다

학생, 학부모, 교원 모두의 교육 공간
언제 어디서나 우리 함께학교로 가자!

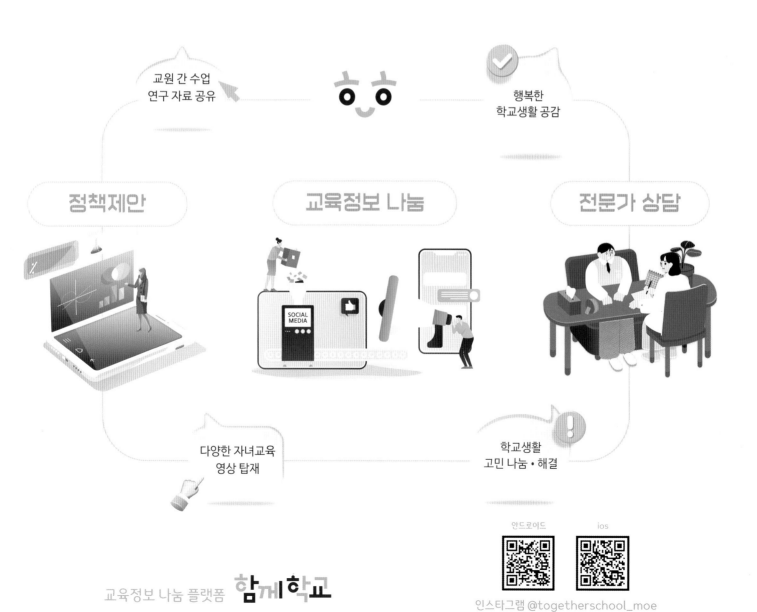

교원 간 수업
연구 자료 공유

행복한
학교생활 공감

정책제안

교육정보 나눔

전문가 상담

SOCIAL
MEDIA

다양한 자녀교육
영상 탑재

학교생활
고민 나눔·해결

안드로이드

ios

교육정보 나눔 플랫폼 **함께학교**

인스타그램 @togetherschool_moe
유튜브 '함께학교_교육부'를 통해서도 함께학교에 방문할 수 있어요!

EBS와 함께하는 자기주도 학습 초등·중학 교재 로드맵

		예비 초등	1학년	2학년	3학년	4학년	5학년	6학년
전과목 기본서/평가				**만점왕** 국어/수학/사회/과학 교과서 중심 초등 기본서		**만점왕 통합본** 학기별(8책) **HOT** 바쁜 초등학생을 위한 국어·사회·과학 압축본		
				만점왕 단원평가 학기별(8책) 한 권으로 학교 단원평가 대비				
				기초학력 진단평가 초2~중2 초2부터 중2까지 기초학력 진단평가 대비				
국어	독해			**4주 완성 독해력** 1~6단계 학년별 교과 연계 단기 독해 학습				
	문학							
	문법							
	어휘		**어휘가 독해다!** 초등 국어 어휘 1~2단계 1, 2학년 교과서 필수 낱말 + 읽기 학습		**어휘가 독해다!** 초등 국어 어휘 기본 3, 4학년 교과서 필수 낱말 + 읽기 학습		**어휘가 독해다!** 초등 국어 어휘 실력 5, 6학년 교과서 필수 낱말 + 읽기 학습	
	한자	**참 쉬운 급수 한자** 8급/7급 II/7급 한자능력검정시험 대비 급수별 학습		**어휘가 독해다!** 초등 한자 어휘 1~4단계 하루 1개 한자 학습을 통한 어휘 + 독해 학습				
	쓰기	**참 쉬운 글쓰기** 1-따라 쓰는 글쓰기 맞춤법·받아쓰기로 시작하는 기초 글쓰기 연습			**참 쉬운 글쓰기** 2-문법에 맞는 글쓰기/3-목적에 맞는 글쓰기 초등학생에게 꼭 필요한 기초 글쓰기 연습			
	문해력		**어휘/쓰기/ERI독해/배경지식/디지털독해가 문해력이다** 평생을 살아가는 힘, 문해력을 키우는 학기별·단계별 종합 학습				**문해력 등급 평가** 초1~중1 내 문해력 수준을 확인하는 등급 평가	
영어	독해	**EBS ELT 시리즈** | 권장 학년: 유아~중1 EBS Big Cat Collins BIG CAT — 다양한 스토리를 통한 영어 리딩 실력 향상			**EBS랑 홈스쿨 초등 영독해** Level 1~3 다양한 부가 자료가 있는 단계별 영독해 학습			
							EBS 기초 영독해 중학 영어 내신 만점을 위한 첫 영독해	
	문법	EBS Big Cat Shinoy and the Chaos Crew — 흥미롭고 몰입감 있는 스토리를 통한 풍부한 영어 독서			**EBS랑 홈스쿨 초등 영문법** 1~2 다양한 부가 자료가 있는 단계별 영문법 학습			
							EBS 기초 영문법 1~2 **HC** 중학 영어 내신 만점을 위한 첫 영문법	
	어휘	EBS easy learning easy learning — 저연령 학습자를 위한 기초 영어 프로그램			**EBS랑 홈스쿨 초등 필수 영단어** Level 1~2 다양한 부가 자료가 있는 단계별 영단어 테마 연상 종합 학습			
	쓰기							
	듣기				**초등 영어듣기평가 완벽대비** 학기별(8책) 듣기 + 받아쓰기 + 말하기 All in One 학습서			
수학	연산	**만점왕 연산** Pre 1~2단계, 1~12단계 과학적 연산 방법을 통한 계산력 훈련						
	개념							
	응용		**만점왕 수학 플러스** 학기별(12책) 교과서 중심 기본 + 응용 문제					
	심화					**만점왕 수학 고난도** 학기별(6책) 상위권 학생을 위한 초등 고난도 문제집		
	특화	**초등 수해력** 영역별 P단계, 1~6단계(14책) 다음 학년 수학이 쉬워지는 영역별 초등 수학 특화 학습서						
사회	사회 역사			**초등학생을 위한 多담은 한국사 연표** 연표로 흐름을 잡는 한국사 학습				
				매일 쉬운 스토리 한국사 1~2 / **스토리 한국사** 1~2 하루 한 주제를 이야기로 배우는 한국사/ 고학년 사회 학습 입문서				
과학	과학							
기타	창체		**창의체험 탐구생활** 1~12권 창의력을 키우는 창의체험활동·탐구					
	AI	**쉽게 배우는 초등 AI** 1(1~2학년) 초등 교과와 융합한 초등 1~2학년 인공지능 입문서		**쉽게 배우는 초등 AI** 2(3~4학년) 초등 교과와 융합한 초등 3~4학년 인공지능 입문서		**쉽게 배우는 초등 AI** 3(5~6학년) 초등 교과와 융합한 초등 5~6학년 인공지능 입문서		